首届全国教材建设奖

全国优秀教材二等奖

本教材获得中国机械工业科学技术奖二等奖
“十二五”普通高等教育本科国家级规划教材
普通高等教育“十一五”国家级规划教材
全国高校测控技术与仪器专业教学指导委员会审编教材

误差理论与数据处理

第7版

主编　费业泰
参编　陈晓怀　秦　岚　宋明顺　许陇云　黄强先
主审　罗南星

机械工业出版社

本书是全国高等学校首本“误差理论与数据处理”课程教材，自1981年出版第1版以来，深受高等学校和科研院所欢迎。

本书讲述科学实验和工程实践中常用的静态测量和动态测量的误差理论与数据处理，内容包括：绪论、误差的基本性质与处理、误差的合成与分配、测量不确定度、线性测量的参数最小二乘法处理、回归分析、动态测试数据处理的基本方法等。第7版教材在保持第6版教材特色的基础上，对部分内容做了修改，以适应更多专业的教学需要，其中主要是删减部分几何量测量实例，补充了电学量等其他物理量测量实例，并删除第6版中线性递推回归和谱估计的基本方法等章节内容。全书各章附有大量习题供选用，书末附录为常用数表。为了便于本课程教学，本书配有《误差理论与数据处理习题集及典型题解》（重庆大学秦岚编著），该书各章内容与本教材内容相对应，可与本教材配套使用。

本书为高等学校测控技术与仪器专业规划教材，也可作为机械类、电气电子类、信息类专业和其他相关专业教材，还可供科研及生产单位的研究设计和计量测试等工程技术人员使用。

（责任编辑邮箱：jinacmp@163.com）

图书在版编目（CIP）数据

误差理论与数据处理/费业泰主编. —7版. —北京：机械工业出版社，2015.5（2025.5重印）

“十二五”普通高等教育本科国家级规划教材 普通高等教育“十一五”国家级规划教材

ISBN 978-7-111-49524-6

Ⅰ.①误… Ⅱ.①费… Ⅲ.①测量误差-误差理论-高等学校-教材②测量-数据处理-高等学校-教材 Ⅳ.①O241.1

中国版本图书馆CIP数据核字（2015）第044937号

机械工业出版社（北京市百万庄大街22号 邮政编码100037）

策划编辑：贡克勤 责任编辑：贡克勤 王小东 吉 玲

封面设计：张 静 责任校对：陈 越

责任印制：张 博

三河市宏达印刷有限公司印刷

2025年5月第7版第21次印刷

184mm×260mm · 13.75印张 · 334千字

标准书号：ISBN 978-7-111-49524-6

定价：39.00元

电话服务	网络服务
客服电话：010-88361066	机 工 官 网：www.cmpbook.com
010-88379833	机 工 官 博：weibo.com/cmp1952
010-68326294	金 书 网：www.golden-book.com
封底无防伪标均为盗版	机工教育服务网：www.cmpedu.com

前　　言

任何科学实验及工程实践都离不开测量及仪器。由于测量与实验结果中存在误差的必然性与普遍性，影响了测量与实验结果的可信赖性，甚至失去其科学价值与实际意义，因此，为了全面认识测量及仪器的各项误差，具有分析误差性质及其产生原因、减小和控制误差及最终结果评定的能力，是非常必要的。在长期大量的实践中，人们越来越认识到误差理论与数据处理在科学技术和工程实践中的重要地位与作用，掌握误差理论与数据处理知识已为广大科技工作者之必需。现在全国各高校相关专业已普遍开设“误差理论与数据处理”课程，在2010年举办的、具有测试技术与仪器学科博士学位授权点的30余所高校相关学院负责人参加的论坛上，与会学者、专家研讨本学科特色时，一致认为误差理论及技术是本学科唯一特有的专业基础课程。在科学研究与工程技术应用方面，从测试技术及仪器系统设计方案的误差分析、误差建模计算、误差分配、误差分离与修正以及最后误差合成与不确定度评定等方面，本课程进行了全面系统的论述，为本学科科技工作者提供了必不可少的重要专业基础理论及技术，而其他学科专业少有专门设立本课程进行全面系统地讲述误差理论知识，而且在科技实际工作中不可避免地涉及误差理论方面的问题，则需应用或参考本学科误差理论全面系统知识的相关内容。此外，本学科专业教学中开设了几门专业课程，讲述具体的测试技术及仪器，但是随着科技发展，不断研制出新的测试技术及仪器，将逐渐取代原有的测试技术及仪器，而误差理论与数据处理论述的基本内容，则是测试科技工作者需要终身常用的专业基础知识，它像数学和物理学一样是科技工作者终身应用的基础知识，必须熟练掌握和灵活运用。由此可知，本学科专业开设误差理论课程具有的独特性和编写出版本教材的必要性及其重要意义。

根据现代科技发展需要以及世界有关高校开设相关课程的情况，在认识到掌握误差理论知识重要性的基础上，1978年4月，本教材主编在天津大学主持召开的全国高等学校原精密仪器专业教学指导委员会上提出开设“误差理论与数据处理”这门新课，经会议讨论决定开设此课程，并于1981年编写出版首本教材，由此开创了高等学校“误差理论与数据处理”课程教学史。35年来，在高等学校测控技术与仪器专业教学指导委员会的指导下，本教材已连续6次修订出版，1987年出版第2版、1995年出版第3版、2000年出版第4版、2005年出版第5版、2010年出版第6版，现在出版第7版。各次修订版教材内容不断更新，教材质量不断提高。本教材于1982年获原机械工业部优秀图书奖、1998年获高等学校机电类专业优秀教材奖。自1997年至2014年，本教材连续评为“九五”“十五”“十一五”“十二五”国家级规划教材。本教材一直是出版使用面最广、深受各校师生和科技工作者欢迎的教材，目前有200余所高校使用本教材，发行量大，仅教材第6版出版5年来已9次印刷发行。此外，本书主编所在的合肥工业大学的“误差理论与数据处理”课程被教育部评为国家精品课程，本教材也起着关键作用。

为了适应科学技术的不断发展和各个高等学校测控技术与仪器专业不同专业特色人才培养的需要，根据有关高校教师建议并参考“全国误差与不确定度研究会”多次主办的误差理论及应用教学与学术研讨会与会学者的意见，本教材在第6版基础上再次修订，现出版第

7 版。为了适应本学科不同特色专业教学需要和不同教学时数限制，此次主要修改内容包括：删减了部分几何量测量应用实例，增加了电学测量、力学测量以及其他物理量测量应用实例；删除原书第六章第六节线性递推回归和第七章第四节谱估计的基本方法；对第 6 版各章存在的个别文字叙述不妥之处及出版印刷错误，均逐一进行了修正。

本书第 7 版仍由第 6 版原编者负责修订，即主编为费业泰并编写第一、第二、第三章，陈晓怀编写第四章、秦岚编写第五章、宋明顺编写第六章、许陇云编写第七章。另有合肥工业大学黄强先教授参加第 7 版全书有关修订工作，并负责有关章节应用实例修改补充。此外，为了便于本课程教学，本书编者重庆大学秦岚教授编著了《误差理论与数据处理习题集及典型题解》，机械工业出版社已于 2014 年出版发行，该书各章内容与本教材内容相对应，可与本教材配套使用。

本书出版 35 年来，初期版本曾有哈尔滨工业大学丁振良教授、上海理工大学姚景风教授和合肥工业大学邓善熙教授参加了部分编写工作。在各版修订的不同时期，先后有许多学者给予热情支持并提出了宝贵意见，其中除全国著名学者外，还有“全国误差与不确定度研究会”各位理事以及参加 12 次的误差理论及应用教学与学术研讨会与会学者。主要有：中国计量科学研究院钱钟泰和刘智敏研究员，清华大学严普强、朱鹤年和李岩教授，北京理工大学林洪桦和沙定国教授，燕山大学史锦珊教授，原哈尔滨科技大学王天荣教授，华中科技大学李柱和谢铁邦教授，西安交通大学蒋庄德教授，上海交通大学张鄂、施文康和颜国正教授，华南理工大学刘桂雄教授，四川大学赵世平教授，北京工业大学石照耀教授，北京航空航天大学王中宇教授，北京信息科技大学祝连庆教授，东南大学宋爱国教授，天津大学胡小唐教授和贾果欣副教授，中国计量学院李东升教授，中国科技大学褚家如教授和安徽理工大学杨洪涛教授等多位学者。对他们长期以来给予本书修订的热忱关心、支持与帮助，在此表示衷心感谢！此外，我们还深切怀念原高等学校仪器仪表类专业教学指导委员会（现改为测控技术与仪器专业）主任、本教材前主审天津大学陈林才教授，他生前为本教材初版编写及多次修订再版所做的贡献，我们永远不会忘记！

由于编者水平有限和现代科技的迅速发展，本书第 7 版存在不妥之处在所难免，恳请广大读者批评指正。

费业泰

目　　录

第一章　绪　　论

第一节　研究误差的意义

人类为了认识自然与遵循其发展规律用于自然，需要不断地对自然界的各种现象进行测量和研究。由于实验方法和实验设备的不完善，周围环境的影响，以及受人们认识能力所限等，测量和实验所得数据和被测量的真值之间，不可避免地存在着差异，这在数值上即表现为误差。随着科学技术的日益发展和人们认识水平的不断提高，虽可将误差控制得越来越小，但终究不能完全消除它。误差存在的必然性和普遍性，已为大量实践所证明。为了充分认识并进而减小或消除误差，必须对测量过程和科学实验中始终存在着的误差进行研究。

研究误差的意义为

1）正确认识误差的性质，分析误差产生的原因，以消除或减小误差。

2）正确处理测量和实验数据，合理计算所得结果，以便在一定条件下得到更接近于真值的数据。

3）正确组织实验过程，合理设计仪器或选用仪器和测量方法，以便在最经济条件下，得到理想的结果。

第二节　误差的基本概念

一、误差的定义及表示法

所谓误差就是测得值与被测量的真值之间的差，可用下式表示：

$$误差=测得值-真值 \tag{1-1}$$

例如在长度计量测试中，测量某一尺寸的误差公式具体形式为

$$误差=测得尺寸-真实尺寸 \tag{1-2}$$

测量误差可用绝对误差表示，也可用相对误差表示。

（一）绝对误差

某量值的测得值和真值之差为绝对误差，通常简称为误差，即

$$绝对误差=测得值-真值 \tag{1-3}$$

由式（1-3）可知，绝对误差可能是正值或负值。

所谓真值是指在观测一个量时，该量本身所具有的真实大小。量的真值是一个理想的概念，一般是不知道的。但在某些特定情况下，真值又是可知的。例如：三角形三个内角之和为180°；一个整圆周角为360°；按定义规定的国际千克基准的值可认为真值是1kg等。为了使用上的需要，在实际测量中，常用被测的量的实际值来代替真值，而实际值的定义是满

足规定精确度的用来代替真值使用的量值。例如在检定工作中，把高一等级精度的标准所测得的量值称为实际值。如用二等标准活塞压力计测量某压力，测得值为 9000.2N/cm^2，若该压力用高一等级的精确方法测得值为 9000.5N/cm^2，则后者可视为实际值，此时二等标准活塞压力计的测量误差为 -0.3N/cm^2。

在实际工作中，经常使用修正值。为消除系统误差而用代数法加到测量结果上的值称为修正值。将测得值加上修正值后可得近似的真值，即

$$\text{真值} \approx \text{测得值} + \text{修正值} \tag{1-4}$$

由此得

$$\text{修正值} = \text{真值} - \text{测得值} \tag{1-5}$$

修正值与误差值的大小相等而符号相反，测得值加修正值后可以消除该误差的影响。但必须注意，一般情况下难以得到真值，因为修正值本身也有误差，修正后只能得到较测得值更为准确的结果。

（二）相对误差

绝对误差与被测量的真值之比值称为相对误差。因测得值与真值接近，故也可近似用绝对误差与测得值之比值作为相对误差，即

$$\text{相对误差} = \frac{\text{绝对误差}}{\text{真值}} \approx \frac{\text{绝对误差}}{\text{测得值}} \tag{1-6}$$

由于绝对误差可能为正值或负值，因此相对误差也可能为正值或负值。

相对误差是无名数，通常以百分数（%）来表示。例如用水银温度计测得某一温度为 20.3℃，该温度用高一等级的温度计测得值为 20.2℃，因后者精度高，故可认为 20.2℃ 接近真实温度，而水银温度计测量的绝对误差为 0.1℃，其相对误差为

$$\frac{0.1}{20.2} \approx \frac{0.1}{20.3} \approx 0.5\%$$

对于相同的被测量，绝对误差可以评定其测量精度的高低，但对于不同的被测量以及不同的物理量，绝对误差就难以评定其测量精度的高低，而采用相对误差来评定较为确切。

例如用两种方法来测量 $L_1 = 100\text{mm}$ 的尺寸，其测量误差分别为 $\delta_1 = \pm 10\mu\text{m}$，$\delta_2 = \pm 8\mu\text{m}$，根据绝对误差大小，可知后者的测量精度高。但若用第三种方法测量 $L_2 = 80\text{mm}$ 的尺寸，其测量误差为 $\delta_3 = \pm 7\mu\text{m}$，此时用绝对误差就难以评定它与前两种方法精度的高低，必须采用相对误差来评定。

第一种方法的相对误差为

$$\frac{\delta_1}{L_1} = \pm \frac{10\mu\text{m}}{100\text{mm}} = \pm \frac{10}{100000} = \pm 0.01\%$$

第二种方法的相对误差为

$$\frac{\delta_2}{L_1} = \pm \frac{8\mu\text{m}}{100\text{mm}} = \pm \frac{8}{100000} = \pm 0.008\%$$

第三种方法的相对误差为

$$\frac{\delta_3}{L_2} = \pm \frac{7\mu\text{m}}{80\text{mm}} = \pm \frac{7}{80000} \approx \pm 0.009\%$$

由此可知，第一种方法精度最低，第二种方法精度最高。

（三）引用误差

所谓引用误差指的是一种简化和实用方便的仪器仪表示值的相对误差，它是以仪器仪表某一刻度点的示值误差为分子，以测量范围上限值或全量程为分母，所得的比值称为引用误差，即

$$\text{引用误差} = \frac{\text{示值误差}}{\text{测量范围上限}} \tag{1-7}$$

例如测量范围上限为19600N的工作测力计（拉力表），在标定示值为14700N处的实际作用力为14778.4N，则此测力计在该刻度点的引用误差为

$$\frac{14700\text{N} - 14778.4\text{N}}{19600\text{N}} = \frac{-78.4}{19600} = -0.4\%$$

在仪器全量程范围内有多个刻度点，每个刻度点都有相应的引用误差，其中绝对值最大的引用误差称为仪器的最大引用误差。

例 某台标称示值范围为0～150V的电压表（即满量程为150V），在示值为100V处，用标准电压表检定得到的电压表实际示值为99.4V，求使用该电压表在测得示值为100V时的绝对误差、相对误差和引用误差？

由式（1-3）、式（1-6）和式（1-7），可得该电压表在100V处的

$$\text{绝对误差} = 100\text{V} - 99.4\text{V} = 0.6\text{V}$$

$$\text{相对误差} = \frac{0.6\text{V}}{99.4\text{V}} \times 100\% \approx \frac{0.6\text{V}}{100\text{V}} \times 100\% = 0.6\%$$

$$\text{引用误差} = \frac{100\text{V} - 99.4\text{V}}{150\text{V}} \times 100\% = 0.4\%$$

二、误差来源

在测量过程中，误差产生的原因可归纳为以下几个方面：

（一）测量装置误差

1. 标准量具误差

以固定形式复现标准量值的器具，如氪86灯管、标准量块、标准线纹尺、标准电池、标准电阻、标准砝码等，它们本身体现的量值，不可避免地都含有误差。

2. 仪器误差

凡用来直接或间接将被测量和已知量进行比较的器具设备，称为仪器或仪表，如阿贝比较仪、天平等比较仪器，压力表、温度计等指示仪表，它们本身都具有误差。

3. 附件误差

仪器的附件及附属工具，如测长仪的标准环规，千分尺的调整量棒等的误差，也会引起测量误差。

（二）环境误差

由于各种环境因素与规定的标准状态不一致而引起的测量装置和被测量本身的变化所造成的误差，如温度、湿度、气压（引起空气各部分的扰动）、振动（外界条件及测量人员引起的振动）、照明（引起视差）、重力加速度、电磁场等所引起的误差。通常仪器仪表在规

定的正常工作条件所具有的误差称为基本误差，而超出此条件时所增加的误差称为附加误差。

（三）方法误差

由于测量方法不完善所引起的误差，如采用近似的测量方法而造成的误差。例如用钢卷尺测量大轴的圆周长 s，再通过计算求出大轴的直径 $d=s/\pi$，因近似数 π 取值的不同，将会引起误差。

（四）人员误差

由于测量者受分辨能力的限制，因工作疲劳引起的视觉器官的生理变化，固有习惯引起的读数误差，以及精神上的因素产生的一时疏忽等所引起的误差。

总之，在计算测量结果的精度时，对上述 4 个方面的误差来源，必须进行全面的分析，力求不遗漏、不重复，特别要注意对误差影响较大的那些因素。

三、误差分类

按照误差的特点与性质，误差可分为系统误差、随机误差和粗大误差三类。

（一）系统误差

在同一条件下，多次测量同一量值时，绝对值和符号保持不变，或在条件改变时，按一定规律变化的误差称为系统误差。例如标准量值的不准确、仪器刻度的不准确而引起的误差。

系统误差又可按下列方法分类：

1. 按对误差掌握的程度分

已定系统误差，是指误差绝对值和符号已经确定的系统误差。

未定系统误差，是指误差绝对值和符号未能确定的系统误差，但通常可估计出误差范围。

2. 按误差出现规律分

不变系统误差，是指误差绝对值和符号固定的系统误差。

变化系统误差，是指误差绝对值和符号变化的系统误差。按其变化规律，又可分为线性系统误差、周期性系统误差和复杂规律系统误差等。

（二）随机误差

在同一测量条件下，多次测量同一量值时，绝对值和符号以不可预定方式变化的误差称为随机误差。例如仪器仪表中传动部件的间隙和摩擦、连接件的弹性变形等引起的示值不稳定。

（三）粗大误差

超出在规定条件下预期的误差称为粗大误差，或称“寄生误差”。此误差值较大，明显歪曲测量结果，如测量时对错了标志、读错或记错了数、使用有缺陷的仪器以及在测量时因操作不细心而引起的过失性误差等。

上面虽将误差分为三类，但必须注意各类误差之间在一定条件下可以相互转化。对某项具体误差，在此条件下为系统误差，而在另一条件下可为随机误差，反之亦然。如按一定基本尺寸制造的量块，存在着制造误差，对某一块量块的制造误差是确定数值，可认为是系统误差，但对一批量块而言，制造误差是变化的，又成为随机误差。在使用某一量块时，没有检定出该量块的尺寸偏差，而按基本尺寸使用，则制造误差属随机误差；若检定出量块的尺寸偏差，按实际尺寸使用，则制造误差属系统误差。掌握误差转化的特点，可将系统误差转化为随机误差，用数据统计处理方法减小误差的影响；或将随机误差转化为系统误差，用修正方法减小其影响。

总之，系统误差和随机误差之间并不存在绝对的界限。随着对误差性质认识的深化和测试技术的发展，有可能把过去作为随机误差的某些误差分离出来作为系统误差处理，或把某些系统误差当作随机误差来处理。

第三节　精　　度

反映测量结果与真值接近程度的量，通常称为精度㊀，它与误差的大小相对应，因此可用误差大小来表示精度的高低，误差小则精度高，误差大则精度低。

精度可分为

1）准确度：它反映测量结果中系统误差的影响程度。

2）精密度：它反映测量结果中随机误差的影响程度。

3）精确度：它反映测量结果中系统误差和随机误差综合的影响程度，其定量特征可用测量的不确定度（或极限误差）来表示。

精度在数量上有时可用相对误差来表示，如相对误差为 0.01%，可笼统说其精度为 10^{-4}，若纯属随机误差引起，则说其精密度为 10^{-4}，若是由系统误差与随机误差共同引起，则说其精确度为 10^{-4}。

对于具体的测量，精密度高的准确度不一定高，准确度高的精密度也不一定高，但精确度高，则精密度与准确度都高。

如图 1-1 所示的打靶结果，子弹落在靶心周围有三种情况，图 1-1a 的系统误差小而随机误差大，即准确度高而精密度低；图 1-1b 的系统误差大而随机误差小，即准确度低而精密度高；图 1-1c 的系统误差与随机误差都小，即精确度高，我们希望得到精确度高的结果。

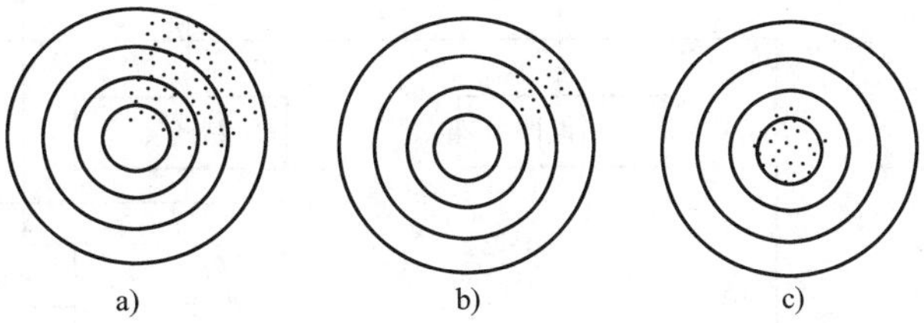

图　1-1

误差来源、分类和精度评定的系统图见图 1-2。

㊀ 本书应用广泛，为科研与工程技术众多领域学者所使用，有关误差的某些名词术语及定义与有的行业技术规范会存在一定差别，考虑到在相关行业技术规范中亦已明确指出，其规范只对其本身具有一定约束力，而对行业其他方面和相关科技领域中的使用也是推荐性的，同时又充分考虑到我国其他众多工程科技领域使用名词术语的传统习惯现状，故本版教材对名词术语暂不全面修改，仍保留广泛使用的“精度”一词及其内涵等。在教学时，若涉及某个具体行业领域有不同的相关名词术语及定义，可作适当补充说明。

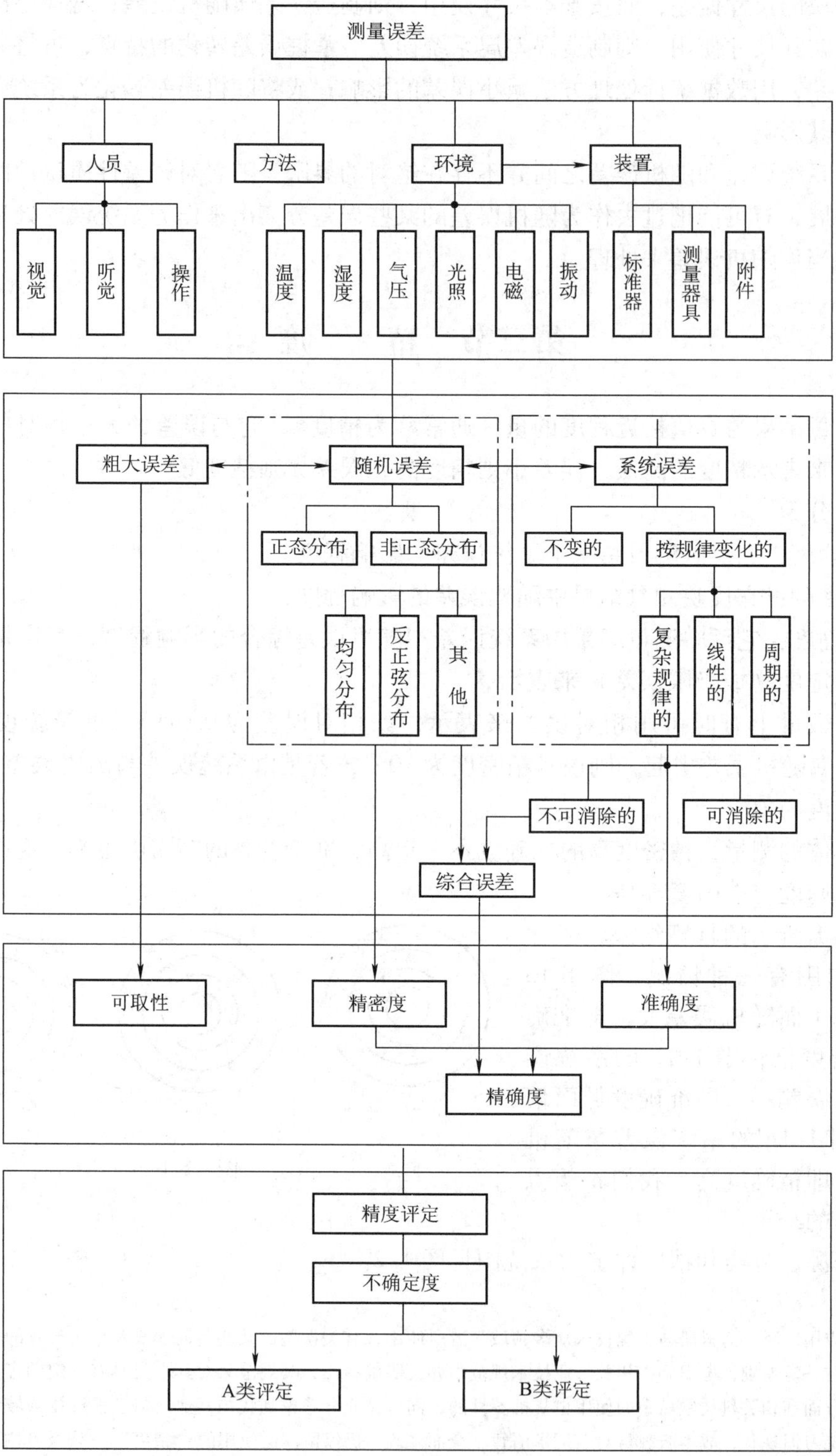
测量误差
人员
方法
环境
装置
视觉
听觉
操作
温度
湿度
气压
光照
电磁
振动
标准器
测量器具
附件
粗大误差
随机误差
系统误差
正态分布
非正态分布
不变的
按规律变化的
均匀分布
反正弦分布
其他
复杂规律的
线性的
周期的
不可消除的
可消除的
综合误差
可取性
精密度
准确度
精确度
精度评定
不确定度
A类评定
B类评定

图 1-2

第四节　有效数字与数据运算

在测量结果和数据运算中，确定用几位数字来表示测量或数据运算的结果，是一个十分重要的问题。测量结果既然包含误差，说明它是一个近似数，其精度有一定限度，在记录测量结果的数据位数或进行数据运算时的取值多少时，皆应以测量所能达到的精度为依据。如果认为，不论测量结果的精度如何，在一个数值中小数点后面的位数越多，这个数值就越精确；或者在数据运算中，保留的位数越多，精度就越高，这种认识都是片面的。若将不必要的数字写出来，既费时间，又无意义。一方面是因为小数点的位置决定不了精度，它仅与所采用的单位有关，如35.6mm 和0.0356m 的精度完全相同，而小数点位置则不同。另一方面，测量结果的精度与所用测量方法及仪器有关，在记录或数据运算时，所取的数据位数，其精度不能超过测量所能达到的精度；反之，若低于测量精度，也是不正确的，因为它将损失精度。此外，在求解方程组时，若系数为近似值，其取值多少对方程组的解有很大影响。例如，下面的方程组（a）和（b）及其对应解为

$$\begin{cases}x-y=1\\x-1.0001y=0\end{cases}\quad \text{对应解为}\begin{cases}x=10001\\y=10000\end{cases}\tag{a}$$

$$\begin{cases}x-y=1\\x-0.9999y=0\end{cases}\quad \text{对应解为}\begin{cases}x=-9999\\y=-10000\end{cases}\tag{b}$$

两个方程组仅有一个系数相差万分之二，但所得结果差异极大，由此也可看出研究有效数字和数据运算规则的重要性。

一、有效数字

含有误差的任何近似数，如果其绝对误差界是最末位数的半个单位，那么从这个近似数左方起的第一个非零的数字，称为第一位有效数字。从第一位有效数字起到最末一位数字止的所有数字，不论是零或非零的数字，都叫有效数字。若具有 n 个有效数字，就说是 n 位有效位数。例如取 $\pi=3.14$，第一位有效数字为3，共有3位有效位数；又如0.0027，第一位有效数字为2，共有两位有效位数；而0.00270，则为3位有效位数。

若近似数的右边带有若干个零的数字，通常把这个近似数写成 $a\times10^n$ 形式，而 $1\leqslant a<10$。利用这种写法，可从 a 含有几个有效数字来确定近似数的有效位数。如 2.400×10^3 表示4位有效位数；2.40×10^3 和 2.4×10^3，分别表示3位和两位有效位数。

在测量结果中，最末一位有效数字取到哪一位，是由测量精度来决定的，即最末一位有效数字应与测量精度是同一量级的。例如用千分尺测量时，其测量精度只能达到0.01mm，若测出长度 $l=20.531\text{mm}$，显然小数点后第二位数字已不可靠，而第三位数字更不可靠，此时只应保留小数点后第二位数字，即写成 $l=20.53\text{mm}$，为4位有效位数。由此可知，测量结果应保留的位数原则是：其最末一位数字是不可靠的，而倒数第二位数字应是可靠的。测量误差一般取1～2位有效数字，因此上述用千分尺测量结果可表示为 $l=(20.53\pm0.01)\text{mm}$。

在进行比较重要的测量时，测量结果和测量误差可比上述原则再多取一位数字作为参考，如测量结果可表示为 15.214 ± 0.042。因此，凡遇有这种形式表示的测量结果，其可靠数字为倒数第三位数字，不可靠数字为倒数第二位数字，而最后一位数字则为参考数字。

二、数字舍入规则

对于位数很多的近似数，当有效位数确定后，其后面多余的数字应予舍去，而保留的有效数字最末一位数字应按下面的舍入规则进行凑整：

1）若舍去部分的数值，大于保留部分的末位的半个单位，则末位加1。

2）若舍去部分的数值，小于保留部分的末位的半个单位，则末位不变。

3）若舍去部分的数值，等于保留部分的末位的半个单位，则末位凑成偶数，即当末位为偶数时则末位不变，当末位为奇数时则末位加1。

例如，按上述舍入规则，将下面各个数据保留4位有效数字进行凑整：

原有数据	舍入后数据
3.14159	3.142
2.71729	2.717
4.51050	4.510
3.21550	3.216
6.378501	6.379
7.691499	7.691
5.43460	5.435

由于数字舍入而引起的误差称为舍入误差，按上述规则进行数字舍入，其舍入误差皆不超过保留数字最末位的半个单位。必须指出，这种舍入规则的第三条明确规定，被舍去的数字不是见5就入，从而使舍入误差成为随机误差，在大量运算时，其舍入误差的均值趋于零。这就避免了过去所采用的四舍五入规则时，由于舍入误差的累积而产生系统误差。

三、数据运算规则

在近似数运算中，为了保证最后结果有尽可能高的精度，所有参与运算的数据，在有效数字后可多保留一位数字作为参考数字，或称为安全数字。

1）在近似数加减运算时，各运算数据以小数位数最少的数据位数为准，其余各数据可多取一位小数，但最后结果应与小数位数最少的数据小数位相同。

例如，求 $2643.0+987.7+4.187+0.2354=?$

$$
\begin{aligned}
2643.0+987.7+4.187+0.2354 &\approx 2643.0+987.7+4.19+0.24\\
&=3635.13\approx 3635.1
\end{aligned}
$$

2）在近似数乘除运算时，各运算数据以有效位数最少的数据位数为准，其余各数据要比有效位数最少的数据位数多取一位数字，而最后结果应与有效位数最少的数据位数相同。

例如，求 $15.13\times 4.12=?$

$$15.13\times 4.12=62.3356\approx 62.3$$

3）在近似数平方或开方运算时，平方相当于乘法运算，开方是平方的逆运算，故可按乘除运算处理。

4）在对数运算时，n 位有效数字的数据应该用 n 位对数表，或用（$n+1$）位对数表，以免损失精度。

5）三角函数运算中，所取函数值的位数应随角度误差的减小而增多，其对应关系如下表所示。

角度误差/(″)	10	1	0.1	0.01
函数值位数	5	6	7	8

以上所述的运算规则，都是一些常见的最简单情况，但实际问题的数据运算皆较复杂，往往一个问题要包括几种不同的简单运算，对中间的运算结果所保留的数据位数可比简单运算结果多取一位数字。

习　题

1-1　研究误差的意义是什么？简述误差理论的主要内容。

1-2　试述测量误差的定义及分类，不同种类误差的特点是什么？

1-3　试述误差的绝对值与绝对误差有何异同，并举例说明。

1-4　什么叫测量误差？什么叫修正值？含有误差的测得值经修正后，能否获得被测量的真值？

1-5　测得某三角块的三个角度之和为 180°0′2″，试求测量的绝对误差和相对误差。

1-6　在万能测长仪上，测量某一被测件的长度为 50mm，已知其最大绝对误差为 1μm，试问该被测件的真实长度为多少？

1-7　用二等标准活塞压力计测量某压力得 100.2Pa，该压力用更准确的办法测得为 100.5Pa，问二等标准活塞压力计测量值的误差为多少？

1-8　在测量某一长度时，读数值为 2.31m，其最大绝对误差为 20μm，试求其最大相对误差。

1-9　使用凯特摆时，g 由公式 $g=4\pi^2(h_1+h_2)/T^2$ 给定。今测出长度（h_1+h_2）为（1.04230 ± 0.00005）m，振动时间 T 为（2.0480 ± 0.0005）s。试求 g 及其最大相对误差。如果（h_1+h_2）测出为（1.04220 ± 0.0005）m，为了使 g 的误差能小于 0.001m/s^2，T 的测量必须精确到多少？

1-10　检定 2.5 级（即引用误差为 2.5%）的全量程为 100V 的电压表，发现 50V 刻度点的示值误差 2V 为最大误差，问该电压表是否合格？

1-11　为什么在使用微安表等各种电表时，总希望指针在全量程的 2/3 范围内使用？

1-12　用两种方法分别测量 $L_1=50$mm，$L_2=80$mm。测得值各为 50.004mm、80.006mm。试评定两种方法测量精度的高低。

1-13　多级弹道火箭的射程为 10000km 时，其射击偏离预定点不超过 0.1km；在射击场中，优秀射手能在距离 50m 远处准确地射中直径为 2cm 的靶心，试评述哪一个射击精度高。

1-14　若用两种测量方法测量某零件的长度 $L_1=110$mm，其测量误差分别为 ±11μm 和 ±9μm；而用第三种测量方法测量另一零件的长度 $L_2=150$mm，其测量误差为 ±12μm，试比较三种测量方法精度的高低。

1-15　某量值 y 由被测量 x 表示为 $y=4x-\dfrac{2}{x}$，若 x 的相对误差为 1% 时，求 y 的相对误差为多少？

1-16　如何根据测量误差的特点来减小或消除测量误差？

1-17　什么是有效数字及数字舍入有哪些规则？

1-18　根据数据运算规则，分别计算下式结果：

（1）$3151.0+65.8+7.326+0.4162+152.28=?$

（2）$28.13\times0.037\times1.473=?$

1-19　在测量实践中有效数字的作用以及它与测量精度的关系如何？试举例说明。

第二章　误差的基本性质与处理

任何测量总是不可避免地存在误差，为了提高测量精度，必须尽可能消除或减小误差，因此有必要对各种误差的性质、出现规律、产生原因、发现与消除或减小它们的主要方法以及测量结果的评定等方面，作进一步的分析。

第一节　随 机 误 差

一、随机误差的产生原因

当对同一量值进行多次等精度的重复测量时，得到一系列不同的测量值（常称为测量列），每个测量值都含有误差，这些误差的出现又没有确定的规律，即前一个误差出现后，不能预定下一个误差的大小和方向，但就误差的总体而言，却具有统计规律性。

随机误差是由很多暂时未能掌握或不便掌握的微小因素所构成，主要有以下几方面：

（1）测量装置方面的因素

零部件配合的不稳定性、零部件的变形、零件表面油膜不均匀、摩擦等。

（2）环境方面的因素

温度的微小波动、湿度与气压的微量变化、光照强度变化、灰尘以及电磁场变化等。

（3）人员方面的因素

瞄准、读数的不稳定等。

二、正态分布

若测量列中不包含系统误差和粗大误差，则该测量列中的随机误差一般具有以下几个特征：

1）绝对值相等的正误差与负误差出现的次数相等，这称为误差的对称性。

2）绝对值小的误差比绝对值大的误差出现的次数多，这称为误差的单峰性。

3）在一定的测量条件下，随机误差的绝对值不会超过一定界限，这称为误差的有界性。

4）随着测量次数的增加，随机误差的算术平均值趋向于零，这称为误差的抵偿性。

最后一个特征可由第一特征推导出来，因为绝对值相等的正误差和负误差之和可以互相抵消。对于有限次测量，随机误差的算术平均值是一个有限小的量，而当测量次数无限增大时，它趋向于零。

服从正态分布的随机误差均具有以上 4 个特征。由于多数随机误差都服从正态分布，因而正态分布在误差理论中占有十分重要的地位。

设被测量的真值为 L_0，一系列测得值为 l_i，则测量列中的随机误差 δ_i 为

$$\delta_i = l_i - L_0 \tag{2-1}$$

式中，$i=1, 2, \cdots, n$。

正态分布的分布密度 $f(\delta)$ 与分布函数 $F(\delta)$ 为

$$f(\delta) = \frac{1}{\sigma\sqrt{2\pi}} e^{-\delta^2/(2\sigma^2)} \tag{2-2}$$

$$F(\delta) = \frac{1}{\sigma\sqrt{2\pi}}\int_{-\infty}^{\delta} e^{-\delta^2/(2\sigma^2)} d\delta \tag{2-3}$$

式中，σ 为标准差（或称方均根误差）；e 为自然对数的底，其值为 2.7182…。

它的数学期望为

$$E = \int_{-\infty}^{\infty} \delta f(\delta) d\delta = 0 \tag{2-4}$$

它的方差为

$$\sigma^2 = \int_{-\infty}^{\infty} \delta^2 f(\delta) d\delta \tag{2-5}$$

其平均误差为

$$\theta = \int_{-\infty}^{\infty} |\delta| f(\delta) d\delta = 0.7979\sigma \approx \frac{4}{5}\sigma \tag{2-6}$$

此外由

$$\int_{-\rho}^{\rho} f(\delta) d\delta = \frac{1}{2}$$

可解得或然误差为

$$\rho = 0.6745\sigma \approx \frac{2}{3}\sigma \tag{2-7}$$

图 2-1 所示为正态分布曲线以及各精度参数在图中的坐标。σ 值为曲线上拐点 A 的横坐标，θ 值为曲线右半部面积重心 B 的横坐标，ρ 值的纵坐标线则平分曲线右半部面积。

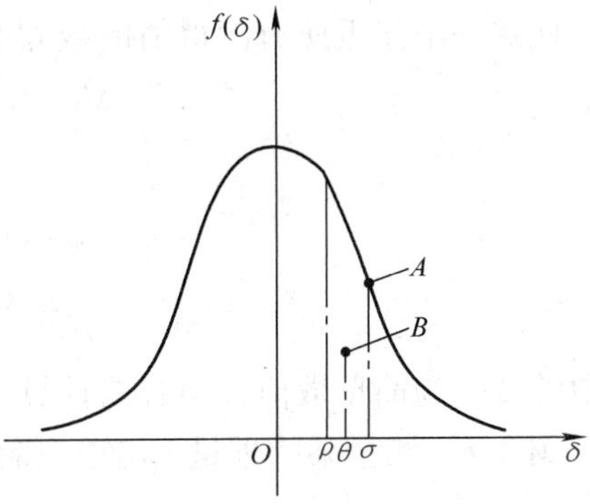

图 2-1

三、算术平均值

对某一量进行一系列等精度测量，由于存在随机误差，其测得值皆不相同，应以全部测得值的算术平均值作为最后测量结果。

（一）算术平均值的意义

在系列测量中，被测量的 n 个测得值的代数和除以 n 而得的值称为算术平均值。

设 l_1，l_2，…，l_n 为 n 次测量所得的值，则算术平均值 $\bar{x}$ 为

$$\bar{x} = \frac{l_1 + l_2 + \cdots + l_n}{n} = \frac{\sum_{i=1}^{n} l_i}{n} \tag{2-8}$$

算术平均值与被测量的真值最为接近，由概率论的大数定律可知，若测量次数无限增加，则算术平均值 $\bar{x}$ 必然趋近于真值 L_0。

由式（2-1）求和得

$$\delta_1 + \delta_2 + \cdots + \delta_n = (l_1 + l_2 + \cdots + l_n) - nL_0$$

$$\sum_{i=1}^{n} \delta_i = \sum_{i=1}^{n} l_i - nL_0$$

$$L_0 = \frac{\sum_{i=1}^{n} l_i}{n} - \frac{\sum_{i=1}^{n} \delta_i}{n}$$

根据正态分布随机误差的第四特征可知：当 $n \to \infty$ 时，有 $\frac{\sum_{i=1}^{n}\delta_i}{n} \to 0$，所以

$$\bar{x} = \frac{\sum_{i=1}^{n} l_i}{n} \to L_0$$

由此可见，如果能够对某一量进行无限多次测量，就可得到不受随机误差影响的测量值，或其影响甚微，可予忽略。这就是当测量次数无限增大时，算术平均值（数学上称之为最大值或然值）被认为是最接近于真值的理论依据。由于实际上都是有限次测量，人们只能把算术平均值近似地作为被测量的真值。

一般情况下，被测量的真值为未知，不可能按式（2-1）求得随机误差，这时可用算术平均值代替被测量的真值进行计算，则有

$$v_i = l_i - \bar{x} \tag{2-9}$$

式中，l_i 为第 i 个测得值，$i=1, 2, \cdots, n$；v_i 为 l_i 的残余误差（简称残差）。

如果测量列中的测量次数和每个测量数据的位数皆较多，直接按式（2-8）计算算术平均值，既烦琐，又容易产生错误，此时可用简便法进行计算。

任选一个接近所有测得值的数 l_0 作为参考值，计算出每个测得值 l_i 与 l_0 的差值

$$\Delta l_i = l_i - l_0 \qquad i=1, 2, \cdots, n$$

因

$$\bar{x} = \frac{\sum_{i=1}^{n} l_i}{n} \qquad \Delta\bar{x}_0 = \frac{\sum_{i=1}^{n}\Delta l_i}{n}$$

则

$$\bar{x} = l_0 + \Delta\bar{x}_0 \tag{2-10}$$

式中的 $\Delta\bar{x}_0$ 为简单数值，很容易计算，因此按式（2-10）求算术平均值比较简便。

例 2-1 测量某物理量 10 次，得到结果见表 2-1，求算术平均值。

表 2-1

序号	l_i/mm	Δl_i/mm	v_i/mm
1	1879.64	−0.01	0
2	1879.69	+0.04	+0.05
3	1879.60	−0.05	−0.04
4	1879.69	+0.04	+0.05
5	1879.57	−0.08	−0.07
6	1879.62	−0.03	−0.02
7	1879.64	−0.01	0
8	1879.65	0	+0.01
9	1879.64	−0.01	0
10	1879.65	0	+0.01
	$\bar{x}$ = 1879.65 − 0.01 = 1879.64	$\Delta\bar{x}_0 = \frac{\sum_{i=1}^{10}\Delta l_i}{10} = -0.01$	$\sum_{i=1}^{10} v_i = -0.01$

任选参考值 $l_0=1879.65\text{mm}$，计算差值 Δl_i 和 $\Delta\bar{x}_0$ 列于表中，很容易求得算术平均值 $\bar{x}=1879.64\text{mm}$。

（二）算术平均值的计算校核

算术平均值及其残余误差的计算是否正确，可用求得的残余误差代数和性质来校核。

根据式（2-9）求得的残余误差，其代数和为

$$\sum_{i=1}^{n} v_i = \sum_{i=1}^{n} l_i - n\bar{x}$$

式中的算术平均值 $\bar{x}$ 是根据式（2-8）计算的，当求得的 $\bar{x}$ 为未经凑整的准确数时，则有

$$\sum_{i=1}^{n} v_i = 0 \tag{2-11}$$

残余误差代数和为零这一性质，可用来校核算术平均值及其残余误差计算的正确性。但是按式（2-8）计算 $\bar{x}$ 时，往往会遇到小数位较多或除不尽的情况，必须根据测量的有效数字，按数据舍入规则，对算术平均值 $\bar{x}$ 进行截取与凑整，因此实际得到的 $\bar{x}$ 可能为经过凑整的非准确数，存在舍入误差 Δ，即

$$\bar{x} = \frac{\sum_{i=1}^{n} l_i}{n} + \Delta$$

而

$$\sum_{i=1}^{n} v_i = \sum_{i=1}^{n} l_i - n\left(\frac{\sum_{i=1}^{n} l_i}{n} + \Delta\right) = -n\Delta$$

经过分析证明，用残余误差代数和校核算术平均值及其残余误差，其规则为

1）残余误差代数和应符合：

当 $\sum_{i=1}^{n} l_i = n\bar{x}$，求得的 $\bar{x}$ 为非凑整的准确数时，$\sum_{i=1}^{n} v_i$ 为零；

当 $\sum_{i=1}^{n} l_i > n\bar{x}$，求得的 $\bar{x}$ 为凑整的非准确数时，$\sum_{i=1}^{n} v_i$ 为正，其大小为求 $\bar{x}$ 时的余数；

当 $\sum_{i=1}^{n} l_i < n\bar{x}$，求得的 $\bar{x}$ 为凑整的非准确数时，$\sum_{i=1}^{n} v_i$ 为负，其大小为求 $\bar{x}$ 时的亏数。

2）残余误差代数和绝对值应符合：

当 n 为偶数时，$\left|\sum_{i=1}^{n} v_i\right| \leqslant \frac{n}{2}A$；

当 n 为奇数时，$\left|\sum_{i=1}^{n} v_i\right| \leqslant \left(\frac{n}{2}-0.5\right)A$。

式中的 A 为实际求得的算术平均值 $\bar{x}$ 末位数的一个单位。

以上两种校核规则，可根据实际运算情况选择一种进行校核，但大多数情况选用第二种规则可能较为方便，它不需要知道所有测得值之和。

例 2-2 用例 2-1 数据，对计算结果进行校核。

因 n 为偶数，$\frac{n}{2}=\frac{10}{2}=5$，$A=0.01$，由表 2-1 知

$$\left|\sum_{i=1}^{10} v_i\right| = 0.01 < \frac{n}{2}A = 0.05$$

故计算结果正确。

例 2-3 测量某直径 11 次，得到结果见表 2-2，求算术平均值并进行校核。

表 2-2

序 号	l_i/mm	v_i/mm
1	2000.07	+0.003
2	2000.05	-0.017
3	2000.09	+0.023
4	2000.06	-0.007
5	2000.08	+0.013
6	2000.07	+0.003
7	2000.06	-0.007
8	2000.05	-0.017
9	2000.08	+0.013
10	2000.06	-0.007
11	2000.07	+0.003
	$\sum_{i=1}^{11} l_i = 22000.74$	$\sum_{i=1}^{11} v_i = 0.003$

算术平均值 $\bar{x}$ 为

$$\bar{x} = \frac{\sum_{i=1}^{11} l_i}{11} = \frac{22000.74}{11}\text{mm} = 2000.0673\text{mm}$$

取

$$\bar{x} = 2000.067\text{mm}$$

用第一种规则校核，则有

$$\sum_{i=1}^{11} l_i = 22000.74\text{mm} > n\bar{x} = 11 \times 2000.067\text{mm} = 22000.737\text{mm}$$

$$\sum_{i=1}^{11} v_i = \sum_{i=1}^{11} l_i - 11\bar{x} = 22000.74\text{mm} - 22000.737\text{mm} = 0.003\text{mm}$$

用第二种规则校核，则有

$$\frac{n}{2} - 0.5 = \frac{11}{2} - 0.5 = 5, \quad A = 0.001\text{mm}$$

$$\left|\sum_{i=1}^{11} v_i\right| = 0.003\text{mm} < \left(\frac{n}{2} - 0.5\right)A = 0.005\text{mm}$$

故用两种规则校核皆说明计算结果正确。

四、测量的标准差

测量的标准偏差简称为标准差，也可称之为方均根误差。

（一）测量列中单次测量的标准差

由于随机误差的存在，等精度测量列中各个测得值一般皆不相同，它们围绕着该测量列的算术平均值有一定的分散，此分散度说明了测量列中单次测得值的不可靠性，必须用一个数值作为其不可靠性的评定标准。

符合正态分布的随机误差分布密度如式（2-2）所示。由此式可知：σ 值越小，则 e 的指数的绝对值越大，因而 $f(\delta)$ 减小得越快，即曲线变陡。而 σ 值越小，在 e 前面的系数值变大，即对应于误差为零（$\delta=0$）的纵坐标也大，曲线变高。反之，σ 越大，$f(\delta)$ 减小越慢，曲线平坦，同时对应于误差为零的纵坐标也小，曲线变低。图 2-2 中三个测量列所得的分布曲线不同，其标准差 σ 也不相同，且 $\sigma_1<\sigma_2<\sigma_3$。

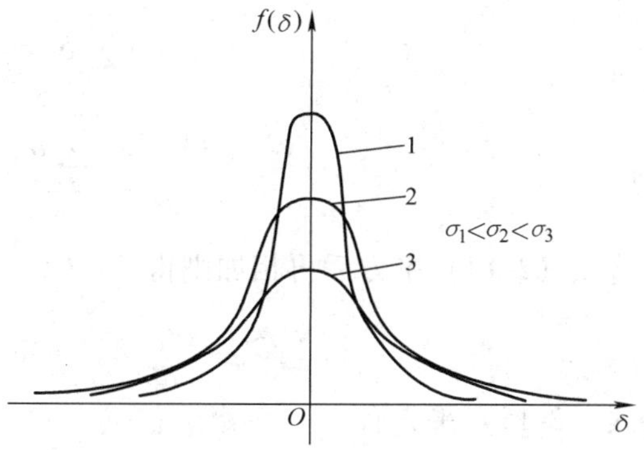

图 2-2

标准差 σ 的数值小，该测量列相应小的误差就占优势，任一单次测得值对算术平均值的分散度就小，测量的可靠性就大，即测量精度高（如图中的曲线 1）；反之，测量精度就低（如图中的曲线 3）。因此单次测量的标准差 σ 是表征同一被测量的 n 次测量的测得值分散性的参数，可作为测量列中单次测量不可靠性的评定标准。

应该指出，标准差 σ 不是测量列中任何一个具体测得值的随机误差，σ 的大小只说明，在一定条件下等精度测量列随机误差的概率分布情况。在该条件下，任一单次测得值的随机误差 δ，一般都不等于 σ，但却认为这一系列测量中所有测得值都属同样一个标准差 σ 的概率分布。在不同条件下，对同一被测量进行两个系列的等精度测量，其标准差 σ 也不相同。

在等精度测量列中，单次测量的标准差按下式计算：

$$\sigma=\sqrt{\frac{\delta_1^2+\delta_2^2+\cdots+\delta_n^2}{n}}=\sqrt{\frac{\sum_{i=1}^{n}\delta_i^2}{n}} \tag{2-12}$$

式中，n 为测量次数（应充分大）；δ_i 为测得值与被测量的真值之差。

当被测量的真值为未知时，按式（2-12）不能求得标准差。实际上，在有限次测量情况下，可用残余误差 v_i 代替真误差，而得到标准差的估计值。由式（2-1）知

$$\delta_i=l_i-L_0$$

由此可得

$$\left.\begin{aligned}\delta_1&=l_1-\bar{x}+\bar{x}-L_0\\ \delta_2&=l_2-\bar{x}+\bar{x}-L_0\\ &\vdots\\ \delta_n&=l_n-\bar{x}+\bar{x}-L_0\end{aligned}\right\} \tag{2-13}$$

式中，$(\bar{x}-L_0)=\delta_{\bar{x}}$ 称为算术平均值的误差，将它和式（2-9）代入式（2-13），则有

$$\left.\begin{aligned}\delta_1&=v_1+\delta_{\bar{x}}\\ \delta_2&=v_2+\delta_{\bar{x}}\\ &\vdots\\ \delta_n&=v_n+\delta_{\bar{x}}\end{aligned}\right\} \tag{2-14}$$

将式（2-14）对应项相加得

$$\sum_{i=1}^{n} \delta_i = \sum_{i=1}^{n} v_i + n\delta_{\bar{x}}$$

$$\delta_{\bar{x}} = \frac{\sum_{i=1}^{n} \delta_i}{n} - \frac{\sum_{i=1}^{n} v_i}{n} = \frac{\sum_{i=1}^{n} \delta_i}{n} \tag{2-15}$$

若将式（2-14）平方后再相加则得

$$\sum_{i=1}^{n} \delta_i^2 = \sum_{i=1}^{n} v_i^2 + n\delta_{\bar{x}}^2 + 2\delta_{\bar{x}} \sum_{i=1}^{n} v_i = \sum_{i=1}^{n} v_i^2 + n\delta_{\bar{x}}^2 \tag{2-16}$$

将式（2-15）平方有

$$\delta_{\bar{x}}{}^2 = \left[\frac{\sum_{i=1}^{n} \delta_i}{n} \right]^2 = \frac{\sum_{i=1}^{n} \delta_i^2}{n^2} + \frac{2\sum_{1 \leqslant i < j}^{n} \delta_i \delta_j}{n^2}$$

当 n 适当大时，可认为 $\sum_{i=1}^{n} \delta_i \delta_j$ 趋近于零，并将 $\delta_{\bar{x}}{}^2$ 代入式（2-16）得

$$\sum_{i=1}^{n} \delta_i^2 = \sum_{i=1}^{n} v_i^2 + \frac{\sum_{i=1}^{n} \delta_i^2}{n} \tag{2-17}$$

由式（2-12）可知

$$\sum_{i=1}^{n} \delta_i^2 = n\sigma^2$$

代入式（2-17）得

$$n\sigma^2 = \sum_{i=1}^{n} v_i^2 + \sigma^2$$

$$\sigma = \sqrt{\frac{\sum_{i=1}^{n} v_i^2}{n-1}} \tag{2-18}$$

式（2-18）称为贝塞尔（Bessel）公式，根据此式可由残余误差求得单次测量的标准差的估计值㊀。

评定单次测量不可靠性的参数还有或然误差 ρ 和平均误差 θ，若用残余误差表示则为

$$\rho \approx \frac{2}{3} \sqrt{\frac{\sum_{i=1}^{n} v_i^2}{n-1}} \tag{2-19}$$

$$\theta \approx \frac{4}{5} \sqrt{\frac{\sum_{i=1}^{n} v_i^2}{n-1}} \tag{2-20}$$

㊀ 根据我国有关名词的规定对一列有限次 n 个测量值，应视为测量总体的取样，所求得的标准差估计值用代号 s 表示，以区别于总体标准差 σ。由此本书各章将经常会同时出现 σ 和 s 两个代号，容易混淆。为便于教学叙述，对标准差估计值仍用 σ 表示，但在实际测量时计算有限次测量值的标准差，则用代号 s 表示。

（二）测量列算术平均值的标准差

在多次测量的测量列中，是以算术平均值作为测量结果，因此必须研究算术平均值不可靠性的评定标准。

如果在相同条件下对同一量值做多组重复的系列测量，每一系列测量都有一个算术平均值，由于随机误差的存在，各个测量列的算术平均值也不相同，它们围绕着被测量的真值有一定的分散。此分散说明了算术平均值的不可靠性，而算术平均值的标准差 $\sigma_{\bar{x}}$ 则是表征同一被测量的各个独立测量列算术平均值分散性的参数，可作为算术平均值不可靠性的评定标准。

由式（2-8）已知算术平均值 $\bar{x}$ 为

$$\bar{x} = \frac{l_1 + l_2 + \cdots + l_n}{n}$$

取方差

$$D(\bar{x}) = \frac{1}{n^2}[D(l_1) + D(l_2) + \cdots + D(l_n)]$$

因

$$D(l_1) = D(l_2) = \cdots = D(l_n) = D(l)$$

故有

$$D(\bar{x}) = \frac{1}{n^2}nD(l) = \frac{1}{n}D(l)$$

所以

$$\sigma_{\bar{x}}{}^2 = \frac{\sigma^2}{n}$$

$$\sigma_{\bar{x}} = \frac{\sigma}{\sqrt{n}} \tag{2-21}$$

由此可知，在 n 次测量的等精度测量列中，算术平均值的标准差为单次测量标准差的 $1/\sqrt{n}$，当测量次数 n 越大时，算术平均值越接近被测量的真值，测量精度也越高。

增加测量次数，可以提高测量精度，但是由式（2-21）可知，测量精度与测量次数的平方根成反比，因此要显著地提高测量精度，必须付出较大的劳动。由图2-3可知，σ 一定时，当 $n>10$ 以后，$\sigma_{\bar{x}}$ 已减少得非常缓慢。此外，由于测量次数越大时，也越难保证测量条件的恒定，从而带来新的误差，因此一般情况下取 $n \leqslant 10$ 较为适宜。总之，要提高测量精度，应采用适当精度的仪器，选取适当的测量次数。

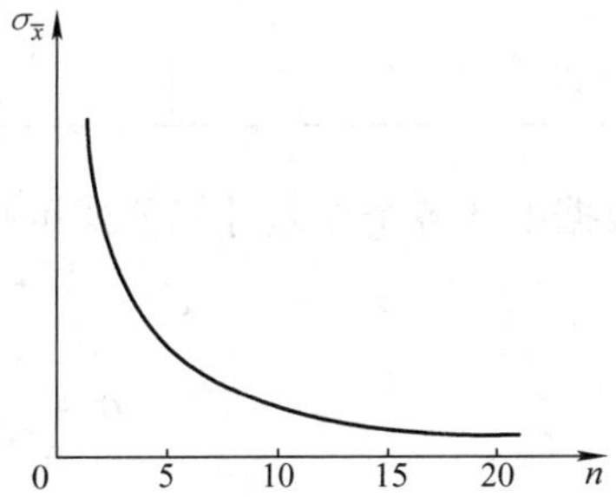

图 2-3

评定算术平均值的精度标准，也可用或然误差 R 或平均误差 T，相应的公式为

$$R = 0.6745\sigma_{\bar{x}} \approx \frac{2}{3}\sigma_{\bar{x}} = \frac{2}{3}\frac{\sigma}{\sqrt{n}} = \frac{\rho}{\sqrt{n}} \tag{2-22}$$

$$T = 0.7979\sigma_{\bar{x}} \approx \frac{4}{5}\sigma_{\bar{x}} = \frac{4}{5}\frac{\sigma}{\sqrt{n}} = \frac{\theta}{\sqrt{n}} \tag{2-23}$$

若用残余误差 v 表示上述公式，则有

$$R = \frac{2}{3}\sqrt{\frac{\sum_{i=1}^{n} v_i^2}{n(n-1)}} \tag{2-24}$$

$$T = \frac{4}{5}\sqrt{\frac{\sum_{i=1}^{n} v_i^2}{n(n-1)}} \tag{2-25}$$

例 2-4 用游标卡尺对某一尺寸测量 10 次，假定已消除系统误差和粗大误差，得到数据如下（单位为 mm）：

75.01，75.04，75.07，75.00，75.03，75.09，75.06，75.02，75.05，75.08

求算术平均值及其标准差。

现将算术平均值的计算和校核结果列于表 2-3 中，表中的算术平均值 $\bar{x} = 75.045\text{mm}$，$\sum_{i=1}^{n} v_i = 0$。因为 $\sum_{i=1}^{10} l_i - n\bar{x} = 750.45\text{mm} - 10 \times 75.045\text{mm} = 0$，与表中的 $\sum_{i=1}^{10} v_i = 0$ 结果一致，故计算正确。

表 2-3

序　号	l_i/mm	v_i/mm	v_i^2/mm^2
1	75.01	−0.035	0.001225
2	75.04	−0.005	0.000025
3	75.07	+0.025	0.000625
4	75.00	−0.045	0.002025
5	75.03	−0.015	0.000225
6	75.09	+0.045	0.002025
7	75.06	+0.015	0.000225
8	75.02	−0.025	0.000625
9	75.05	+0.005	0.000025
10	75.08	+0.035	0.001225
	$\bar{x} = 75.045\text{mm}$	$\sum_{i=1}^{10} v_i = 0$	$\sum_{i=1}^{10} v_i^2 = 0.00825\text{mm}^2$

根据上述各个误差计算公式可得

$$\sigma = \sqrt{\frac{\sum_{i=1}^{n} v_i^2}{n-1}} = \sqrt{\frac{0.00825}{10-1}}\text{mm} = 0.0303\text{mm}$$

$$\sigma_{\bar{x}} = \frac{\sigma}{\sqrt{n}} = \frac{0.0303}{\sqrt{10}}\text{mm} = 0.0096\text{mm}$$

$$R = 0.6745\sigma_{\bar{x}} = 0.6745 \times 0.0096\text{mm} = 0.0065\text{mm}$$

$$T = 0.7979\sigma_{\bar{x}} = 0.7979 \times 0.0096\text{mm} = 0.0076\text{mm}$$

（三）标准差的其他计算法

除了贝塞尔公式外，计算标准差还有别捷尔斯法、极差法及最大误差法等。

1. 别捷尔斯法（Peters）

由贝塞尔公式（2-18）得

$$\sigma = \sqrt{\frac{\sum_{i=1}^{n} v_i^2}{n-1}} = \sqrt{\frac{\sum_{i=1}^{n} \delta_i^2}{n}}$$

$$\sum_{i=1}^{n}\delta_i^2 = \frac{n}{n-1}\sum_{i=1}^{n}v_i^2$$

此式近似为

$$\sum_{i=1}^{n}|\delta_i| \approx \sum_{i=1}^{n}|v_i|\sqrt{\frac{n}{n-1}}$$

则平均误差为

$$\theta = \frac{\sum_{i=1}^{n}|\delta_i|}{n} = \frac{1}{\sqrt{n(n-1)}}\sum_{i=1}^{n}|v_i|$$

由式（2-6）得

$$\sigma = \frac{1}{0.7979}\theta = 1.253\theta$$

故有

$$\sigma = 1.253 \times \frac{\sum_{i=1}^{n}|v_i|}{\sqrt{n(n-1)}} \tag{2-26}$$

此式称为别捷尔斯公式，它可由残余误差 v 的绝对值之和求出单次测量的标准差 σ，而算术平均值的标准差 $\sigma_{\bar{x}}$ 为

$$\sigma_{\bar{x}} = 1.253 \times \frac{\sum_{i=1}^{n}|v_i|}{n\sqrt{n-1}} \tag{2-27}$$

例 2-5 仍用例 2-4 的测量数据，别捷尔斯法求得的标准差为

$$\sigma = 1.253 \times \frac{0.250}{\sqrt{10(10-1)}}\text{mm} = 0.0330\text{mm}$$

$$\sigma_{\bar{x}} = 1.253 \times \frac{0.250}{10\sqrt{10-1}}\text{mm} = 0.0104\text{mm}$$

2. 极差法

用贝塞尔公式和别捷尔斯公式计算标准差均需先求算术平均值，再求残余误差，然后进行其他运算，计算过程比较复杂。当要求简便迅速算出标准差时，可用极差法。

若等精度多次测量测得值 x_1，x_2，…，x_n 服从正态分布，在其中选取最大值 x_{max} 与最小值 x_{min}，则两者之差称为极差，即

$$\omega_n = x_{max} - x_{min} \tag{2-28}$$

根据极差的分布函数，可求出极差的数学期望为

$$E(\omega_n) = d_n\sigma \tag{2-29}$$

因

$$E\left(\frac{\omega_n}{d_n}\right) = \sigma$$

故可得 σ 的无偏估计值，若仍以 σ 表示，则有

$$\sigma = \frac{\omega_n}{d_n} \tag{2-30}$$

式中，d_n 的数值见表 2-4。

表 2-4

n	2	3	4	5	6	7	8	9	10	11	12	13	14	15	16	17	18	19	20
d_n	1.13	1.69	2.06	2.33	2.53	2.70	2.85	2.97	3.08	3.17	3.26	3.34	3.41	3.47	3.53	3.59	3.64	3.69	3.74

极差法可简单迅速算出标准差，并具有一定精度，一般在 $n<10$ 时均可采用。

例 2-6 仍用例 2-4 的测量数据，用极差法求得的标准差为

$$\omega_n = l_{\max} - l_{\min} = 75.09\text{mm} - 75.00\text{mm} = 0.09\text{mm}$$

$$d_{10} = 3.08$$

$$\sigma = \frac{\omega_n}{d_{10}} = \frac{0.09}{3.08}\text{mm} = 0.0292\text{mm}$$

3. 最大误差法

在有些情况下，人们可以知道被测量的真值或满足规定精确度的用来代替真值使用的量值（称为实际值或约定真值），因而能够算出随机误差 δ_i，取其中绝对值最大的一个值 $|\delta_i|_{\max}$，当各个独立测量值服从正态分布时，则可求得关系式

$$\sigma = \frac{|\delta_i|_{\max}}{K_n} \tag{2-31}$$

一般情况下，被测量的真值为未知，不能按式（2-31）求标准差，应按最大残余误差 $|v_i|_{\max}$进行计算，其关系式为

$$\sigma = \frac{|v_i|_{\max}}{K_n'} \tag{2-32}$$

式（2-31）和式（2-32）中两系数 K_n、K_n'的倒数见表 2-5。

表 2-5

n	1	2	3	4	5	6	7	8	9	10	11	12	13	14	15
$1/K_n$	1.25	0.88	0.75	0.68	0.64	0.61	0.58	0.56	0.55	0.53	0.52	0.51	0.50	0.50	0.49
n	16	17	18	19	20	21	22	23	24	25	26	27	28	29	30
$1/K_n$	0.48	0.48	0.47	0.47	0.46	0.46	0.45	0.45	0.45	0.44	0.44	0.44	0.44	0.43	0.43
n	2	3	4	5	6	7	8	9	10	15	20	25	30		
$1/K_n'$	1.77	1.02	0.83	0.74	0.68	0.64	0.61	0.59	0.57	0.51	0.48	0.46	0.44		

最大误差法简单、迅速、方便，容易掌握，因而有广泛用途。当 $n<10$ 时，最大误差法具有一定的精度。

例 2-7 仍用例 2-4 的测量数据，按最大误差法求标准差，则有

$$|v_i|_{\max} = 0.045\text{mm}$$

$$\frac{1}{K_{10}'} = 0.57$$

故标准差为

$$\sigma = \frac{|v_i|_{\max}}{K_{10}'} = 0.57 \times 0.045\text{mm} = 0.0256\text{mm}$$

例 2-8 某激光管发出的激光波长经检定为 $\lambda = 0.63299130\mu\text{m}$，由于某些原因未对此检

定波长作误差分析，但后来又用更精确的方法测得激光波长 $\lambda = 0.63299144\mu m$，试求原检定波长的标准差。

因后测得的波长是用更精确的方法，故可认为其测得值为实际波长（或约定真值），则原检定波长的随机误差 δ 为

$$\delta = 0.63299130\mu m - 0.63299144\mu m = -14\times 10^{-8}\mu m$$

$$\frac{1}{K_1} = 1.25$$

故标准差为

$$\sigma = \frac{|\delta|}{K_1} = 1.25\times 14\times 10^{-8}\mu m = 1.75\times 10^{-7}\mu m$$

在代价较高的实验中（如破坏性实验），往往只进行一次实验，此时贝塞尔公式成为$\frac{0}{0}$形式而无法计算标准差。在这种情况下，又特别需要尽可能精确地估算其精度，因而最大误差法就显得特别有用。

以上介绍的几种标准差计算法，简便易行，且具有一定的精度，但其可靠性均较贝塞尔公式要低，因此对重要的测量或几种方法计算的结果出现矛盾时，仍应以贝塞尔公式为准。

五、测量的极限误差

测量的极限误差是极端误差，测量结果（单次测量或测量列的算术平均值）的误差不超过该极端误差的概率为 P，并使差值（$1-P$）可予忽略。

（一）单次测量的极限误差

测量列的测量次数足够多且单次测量误差为正态分布时，根据概率论知识，可求得单次测量的极限误差。

由概率积分可知，随机误差正态分布曲线下的全部面积相当于全部误差出现的概率，即

$$\frac{1}{\sigma\sqrt{2\pi}}\int_{-\infty}^{+\infty} e^{-\delta^2/(2\sigma^2)}d\delta = 1$$

而随机误差在 $-\delta$ 至 $+\delta$ 范围内的概率为

$$P(\pm\delta) = \frac{1}{\sigma\sqrt{2\pi}}\int_{-\delta}^{+\delta} e^{-\delta^2/(2\sigma^2)}d\delta = \frac{2}{\sigma\sqrt{2\pi}}\int_{0}^{\delta} e^{-\delta^2/(2\sigma^2)}d\delta \tag{2-33}$$

引入新的变量 t

$$t = \frac{\delta}{\sigma},\ \delta = t\sigma$$

经变换，式(2-33)成为

$$P(\pm\delta) = \frac{2}{\sqrt{2\pi}}\int_{0}^{t} e^{-t^2/2}dt = 2\Phi(t)$$

$$\Phi(t) = \frac{1}{\sqrt{2\pi}}\int_{0}^{t} e^{-t^2/2}dt \tag{2-34}$$

此函数 $\Phi(t)$ 称为概率积分，不同 t 的 $\Phi(t)$ 值可由附录表 1 查出。

若某随机误差在 $\pm t\sigma$ 范围内出现的概率为 $2\Phi(t)$，则超出的概率为

$$\alpha = 1 - 2\Phi(t)$$

表 2-6 给出了几个典型的 t 值及其相应的超出或不超出 $|\delta|$ 的概率（见图 2-4）。

表 2-6

t	$\|\delta\| = t\sigma$	不超出$\|\delta\|$的概率 $2\Phi(t)$	超出$\|\delta\|$的概率 $1-2\Phi(t)$	测量次数 n	超出$\|\delta\|$的测量次数
0.67	0.67σ	0.4972	0.5028	2	1
1	1σ	0.6826	0.3174	3	1
2	2σ	0.9544	0.0456	22	1
3	3σ	0.9973	0.0027	370	1
4	4σ	0.9999	0.0001	15626	1

由表 2-6 可见，随着 t 的增大，超出 $|\delta|$的概率减小得很快。当 $t=2$，即 $|\delta|=2\sigma$ 时，在 22 次测量中只有 1 次的误差绝对值超出 2σ 范围；而当 $t=3$，即 $|\delta|=3\sigma$ 时，在 370 次测量中只有一次误差绝对值超出 3σ 范围。由于在一般测量中，测量次数很少超过几十次，因此可以认为绝对值大于 3σ 的误差是不可能出现的，通常把这个误差称为单次测量的极限误差 $\delta_{\lim}x$，即

$$\delta_{\lim}x = \pm 3\sigma \tag{2-35}$$

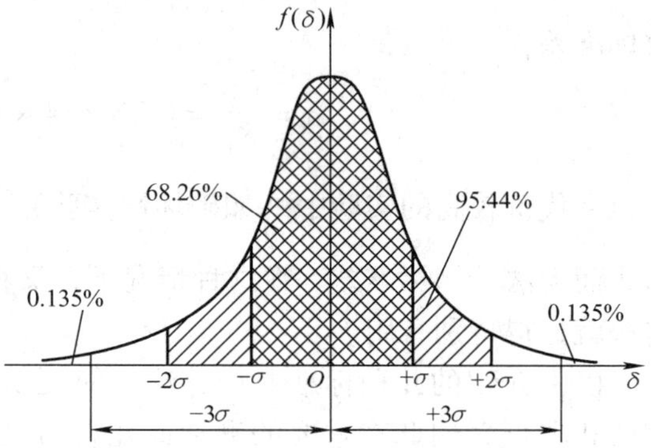

图 2-4

当 $t=3$ 时，对应的概率 $P=99.73\%$。

在实际测量中，有时也可取其他 t 值来表示单次测量的极限误差。如取 $t=2.58$，$P=99\%$；$t=2$，$P=95.44\%$；$t=1.96$，$P=95\%$ 等。因此一般情况下，测量列单次测量的极限误差可用下式表示：

$$\delta_{\lim}x = \pm t\sigma \tag{2-36}$$

若已知测量的标准差 σ，选定置信系数 t，则可由式（2-36）求得单次测量的极限误差。

（二）算术平均值的极限误差

测量列的算术平均值与被测量的真值之差称为算术平均值误差 $\delta_{\bar{x}}$，即

$$\delta_{\bar{x}} = \bar{x} - L_0$$

当多个测量列的算术平均值误差 $\delta_{\bar{x}i}$（$i=1, 2, \cdots, N$）为正态分布时，根据概率论知识，同样可得测量列算术平均值的极限误差表达式为

$$\delta_{\lim}\bar{x} = \pm t\sigma_{\bar{x}} \tag{2-37}$$

式中，t 为置信系数；$\sigma_{\bar{x}}$ 为算术平均值的标准差。

通常取 $t=3$，则

$$\delta_{\lim}\bar{x} = \pm 3\sigma_{\bar{x}} \tag{2-38}$$

实际测量中，有时也可取其他 t 值来表示算术平均值的极限误差。但当测量列的测量次数较少时，应按"学生氏"分布（"Student" distribution）或称 t 分布来计算测量列算术平均值的极限误差，即

$$\delta_{\lim}\bar{x} = \pm t_a\sigma_{\bar{x}} \tag{2-39}$$

式中的 t_a 为置信系数，它由给定的置信概率 $P=1-\alpha$ 和自由度 $\nu=n-1$ 来确定，具体数值见附录表 3；α 为超出极限误差的概率（称显著度或显著水平），通常取 $\alpha=0.01$ 或 0.02，0.05；n 为测量次数；$\sigma_{\bar{x}}$ 为 n 次测量的算术平均值标准差。

对于同一个测量列，按正态分布和 t 分布分别计算时，即使置信概率的取值相同，但由于置信系数不相同，因而求得的算术平均值极限误差也不相同。

例 2-9 对某量进行 6 次测量，测得数据如下：

802.40，802.50，802.38，802.48，802.42，802.46
求算术平均值及其极限误差。

算术平均值
$$\bar{x}=\frac{\sum_{i=1}^{n} l_i}{n}=\frac{\sum_{i=1}^{6} l_i}{6}=802.44$$

标准差
$$\sigma=\sqrt{\frac{\sum_{i=1}^{n} v_i^2}{n-1}}=\sqrt{\frac{\sum_{i=1}^{6} v_i^2}{6-1}}=0.047$$
$$\sigma_{\bar{x}}=\frac{\sigma}{\sqrt{n}}=\frac{0.047}{\sqrt{6}}=0.019$$

因测量次数较少，应按 t 分布计算算术平均值的极限误差。

已知 $\nu=n-1=5$

取 $\alpha=0.01$

则由附表3查得 $t_a=4.03$

故算术平均值的极限误差为
$$\delta_{\lim}\bar{x}=\pm t_a\sigma_{\bar{x}}=\pm 4.03\times 0.019=\pm 0.076$$

若按正态分布计算，取 $\alpha=0.01$，相应的置信概率 $P=1-\alpha=0.99$，由附表1查得 $t=2.60$，则得算术平均值的极限误差为
$$\delta_{\lim}\bar{x}=\pm t\sigma_{\bar{x}}=\pm 2.60\times 0.019=\pm 0.049$$

由此可见，当测量次数较少时，按两种分布计算的结果有明显差别。

六、不等精度测量

前面讲述的内容皆是等精度测量的问题，在一般测量实践中基本上都属这种类型。但为了得到更精确的测量结果，如在科学研究或高精度测量中，往往在不同的测量条件下，用不同的仪器、不同的测量方法、不同的测量次数以及不同的测量者进行测量与对比，这种测量称为不等精度测量。

在一般测量工作中，常遇到的不等精度测量有两种情况：

第一种情况，用不同测量次数进行对比测量。例如用同一台仪器测量某一参数，先后用 n_1 次和 n_2 次进行测量，分别求得算术平均值 $\bar{x}_1$ 和 $\bar{x}_2$。因为 $n_1\neq n_2$，显然 $\bar{x}_1$ 与 $\bar{x}_2$ 的精度不一样，如何求得最后的测量结果及其精度？

第二种情况，用不同精度的仪器进行对比测量。例如对于高精度或重要的测量任务，往往要用不同精度的仪器进行互比核对测量，显然所得到的结果不会相同，如何求得最后的测量结果及其精度？

对于不等精度测量，计算最后测量结果及其精度（如标准差），不能套用前面等精度测量的计算公式，需推导出新的计算公式。

（一）权的概念

在等精度测量中，各个测得值可认为同样可靠，并取所有测得值的算术平均值作为最后测量结果。在不等精度测量中，各个测量结果的可靠程度不一样，因而不能简单地取各测量结果的算术平均值作为最后测量结果，应让可靠程度大的测量结果在最后结果中占的比重大一些，可靠程度小的占比重小一些。各测量结果的可靠程度可用一数值来表示，这个数值即称为该测量结果的“权”，记为 p。因此测量结果的权可理解为，当它与另一些测量结果比

较时，对该测量结果所给予的信赖程度。

（二）权的确定方法

既然测量结果的权说明了测量的可靠程度，因此可根据这一原则来确定权的大小。例如可按测量条件的优劣、测量仪器和测量方法所能达到的精度高低、重复测量次数的多少以及测量者水平高低等来确定权的大小，也即测量方法越完善，测量精度越高，所得测量结果的权也应越大。在相同条件下，由不同水平的测量者用同一种测量方法和仪器对同一被测量进行测量，显然对于经验丰富的测量者所测得的结果应给予较大的权。

最简单的方法是按测量的次数来确定权，即测量条件和测量者水平皆相同，则重复测量次数越多，其可靠程度也越大，因此完全可由测量的次数来确定权的大小，即 $p_i = n_i$。

假定同一个被测量有 m 组不等精度的测量结果，这 m 组测量结果是从单次测量精度相同而测量次数不同的一系列测量值求得的算术平均值。因为单次测量精度皆相同，其标准差均为 σ，则各组算术平均值的标准差为

$$\sigma_{\bar{x}i} = \frac{\sigma}{\sqrt{n_i}} \qquad i = 1, 2, \cdots, m \tag{2-40}$$

由此可得

$$n_1 \sigma_{\bar{x}1}^2 = n_2 \sigma_{\bar{x}2}^2 = \cdots = n_m \sigma_{\bar{x}m}^2 = \sigma^2$$

因为 $p_i = n_i$，故上式又可写成

$$p_1 \sigma_{\bar{x}1}^2 = p_2 \sigma_{\bar{x}2}^2 = \cdots = p_m \sigma_{\bar{x}m}^2 = \sigma^2 \tag{2-41}$$

或表示为

$$p_1 : p_2 : \cdots : p_m = \frac{1}{\sigma_{\bar{x}1}^2} : \frac{1}{\sigma_{\bar{x}2}^2} : \cdots : \frac{1}{\sigma_{\bar{x}m}^2} \tag{2-42}$$

由此可得出结论：每组测量结果的权与其相应的标准差平方成反比，若已知各组算术平均值的标准差，则可按式（2-42）确定相应权的大小。测量结果的权的数值只表示各组间的相对可靠程度，它是一个无量纲的数，允许各组的权数乘以相同的系数，使其以相同倍数增大或减小，而各组间的比例关系保持不变，但通常皆将各组的权数予以约简，使其中最小的权数为不可再约简的整数，以便用简单的数值来表示各组的权。

例 2-10 对一级钢卷尺的长度进行了三组不等精度测量，其结果为

$$\bar{x}_1 = 2000.45\text{mm}, \quad \sigma_{\bar{x}1} = 0.05\text{mm}$$
$$\bar{x}_2 = 2000.15\text{mm}, \quad \sigma_{\bar{x}2} = 0.20\text{mm}$$
$$\bar{x}_3 = 2000.60\text{mm}, \quad \sigma_{\bar{x}3} = 0.10\text{mm}$$

求各测量结果的权。

由式（2-42）得

$$p_1 : p_2 : p_3 = \frac{1}{\sigma_{\bar{x}1}^2} : \frac{1}{\sigma_{\bar{x}2}^2} : \frac{1}{\sigma_{\bar{x}3}^2} = \frac{1}{(0.05)^2} : \frac{1}{(0.20)^2} : \frac{1}{(0.10)^2} = 16 : 1 : 4$$

因此各组的权可取为

$$p_1 = 16, \quad p_2 = 1, \quad p_3 = 4$$

（三）加权算术平均值

若对同一被测量进行 m 组不等精度测量，得到 m 个测量结果 $\bar{x}_1$，$\bar{x}_2$，$\cdots$，$\bar{x}_m$，设相应的测量次数为 n_1，n_2，$\cdots$，n_m，即

$$\bar{x}_1 = \frac{\sum_{i=1}^{n_1} l_1^i}{n_1},\quad \bar{x}_2 = \frac{\sum_{i=1}^{n_2} l_2^i}{n_2},\quad \cdots,\quad \bar{x}_m = \frac{\sum_{i=1}^{n_m} l_m^i}{n_m} \tag{2-43}$$

根据等精度测量算术平均值原理，全部测量的算术平均值 $\bar{x}$ 应为

$$\bar{x} = \left[\sum_{i=1}^{n_1} l_1^i + \sum_{i=1}^{n_2} l_2^i + \cdots + \sum_{i=1}^{n_m} l_m^i\right] \Big/ \sum_{i=1}^{m} n_i$$

将式（2-43）代入上式得

$$\bar{x} = \frac{n_1\bar{x}_1 + n_2\bar{x}_2 + \cdots + n_m\bar{x}_m}{n_1 + n_2 + \cdots + n_m} = \frac{p_1\bar{x}_1 + p_2\bar{x}_2 + \cdots + p_m\bar{x}_m}{p_1 + p_2 + \cdots + p_m}$$

或简写成

$$\bar{x} = \frac{\sum_{i=1}^{m} p_i\bar{x}_i}{\sum_{i=1}^{m} p_i} \tag{2-44}$$

当各组的权相等，即 $p_1 = p_2 = \cdots = p_m = p$ 时，加权算术平均值可简化为

$$\bar{x} = \frac{p\sum_{i=1}^{m}\bar{x}_i}{mp} = \frac{\sum_{i=1}^{m}\bar{x}_i}{m} \tag{2-45}$$

由式（2-45）求得的结果即为等精度的算术平均值，由此可知等精度测量是不等精度测量的特殊情况。

为简化计算，加权算术平均值可用下式表示：

$$\bar{x} = x_0 + \frac{\sum_{i=1}^{m} p_i(\bar{x}_i - x_0)}{\sum_{i=1}^{m} p_i} \tag{2-46}$$

式中的 x_0 为接近 $\bar{x}_i$ 的任选参考值。

例 2-11 工作基准米尺在连续三天内与国家基准器比较，得到工作基准米尺的平均长度为 999.9425mm（三次测量的）、999.9416mm（两次测量的）、999.9419mm（五次测量的），每单次测量均为等精度测量，求最后测量结果。

按测量次数来确定权：$p_1 = 3$，$p_2 = 2$，$p_3 = 5$。选取 $x_0 = 999.94\text{mm}$，则有

$$\bar{x} = 999.94\text{mm} + \frac{3\times0.0025 + 2\times0.0016 + 5\times0.0019}{3+2+5}\text{mm} = 999.9420\text{mm}$$

例 2-12 用 A、B 两种仪器对 5V 稳压芯片的输出电压进行两次测量，测量结果分别为 5.005V（标准差为 0.006V）、5.002V（标准差为 0.008V），求该输出电压的最佳估计值。

用两种仪器进行的两次测量构成了不等精度测量列，两次测量分别测得稳压芯片的输出电压为

$$U_A = 5.005\text{V},\ \sigma_A = 0.006\text{V};\quad U_B = 5.002\text{V},\ \sigma_B = 0.008\text{V}。$$

按测量结果的标准差来确定两个测量值的权，得

$$p_A : p_B = \frac{1}{\sigma_A^2} : \frac{1}{\sigma_B^2} = \frac{1}{6^2} : \frac{1}{8^2} = 16 : 9$$

由此取两个测量值的权 $p_A = 16$，$p_B = 9$，则输出电压的最佳估计值 $\overline{U}$ 为

$$\overline{U}=\frac{U_{\mathrm{A}}p_{\mathrm{A}}+U_{\mathrm{B}}p_{\mathrm{B}}}{p_{\mathrm{A}}+p_{\mathrm{B}}}=\frac{5.005\times16+5.002\times9}{16+9}\mathrm{V}=5.004\mathrm{V}$$

（四）单位权概念

由式（2-41）知

$$p_i\sigma_{\bar{x}}^2=\sigma^2 \qquad i=1,\ 2,\ \cdots,\ m$$

此式又可表示为

$$p_i\sigma_{\bar{x}i}^2=p\sigma^2\ (\text{当}\ p=1\ \text{时}) \tag{2-47}$$

式中的 σ 为等精度单次测得值的标准差。由此可认为，具有同一方差 σ^2 的等精度单次测得值的权数为 1。若已知方差 σ^2，只要确定各组的权 p_i，就可按式（2-47）分别求得各组的方差 $\sigma_{\bar{x}i}^2$。由于测得值的方差 σ^2 的权数为 1 在此有特殊用途，故特称等于 1 的权为单位权，而 σ^2 为具有单位权的测得值方差，σ 为具有单位权的测得值标准差。

在不等精度测量中，各个测量结果的精度不等，权数也不相同，不能应用等精度测量的计算公式。有时为了计算需要，可将不等精度测量列转化为等精度测量列，这样就可用等精度测量的计算公式来处理不等精度测量结果。所采用的方法是使权数不同的不等精度测量列转化为具有单位权的等精度测量列，即所谓的单位权化。

单位权化的实质是使任何一个量值乘以自身权数的平方根，得到新的量值权数为 1。若将不等精度测量的各组测量结果 $\bar{x}_i$ 皆乘以自身权数的平方根 $\sqrt{p_i}$，此时得到的新值 z 的权数就为 1。证明如下：

设

$$z=\sqrt{p_i}\bar{x}_i \qquad i=1,\ 2,\ \cdots,\ m$$

取方差

$$D(z)=p_iD(\bar{x}_i)$$

$$\sigma_z{}^2=p_i\sigma_{\bar{x}i}^2$$

前面已知各组测量结果的权数与相应的方差成反比，若用权数来表示上式中的方差，则有

$$\frac{1}{p_z}=p_i\frac{1}{p_i}=1$$

故得

$$p_z=1$$

由此可知，单位权化以后得到的新值 z 的权数 p_z 为 1。用这种方法可将不等精度的各组测量结果皆进行单位权化，使该测量列转化为等精度测量列。

（五）加权算术平均值的标准差

对同一被测量进行 m 组不等精度测量，得到 m 个测量结果 $\bar{x}_1$，$\bar{x}_2$，$\cdots$，$\bar{x}_m$，若已知单位权测得值的标准差 σ，则由式（2-40）知

$$\sigma_{\bar{x}_i}=\frac{\sigma}{\sqrt{n_i}} \qquad i=1,\ 2,\ \cdots,\ m$$

而全部（$\sum_{i=1}^{m}n_i$ 个）测得值的算术平均值 $\bar{x}$ 的标准差为

$$\sigma_{\bar{x}}=\frac{\sigma}{\sqrt{n_1+n_2+\cdots+n_m}}=\frac{\sigma}{\sqrt{\sum_{i=1}^{m}n_i}}$$

比较上面两式得

$$\sigma_{\bar{x}}=\sigma_{\bar{x}_i}\sqrt{\frac{n_i}{\sum_{i=1}^{m}n_i}} \tag{2-48}$$

因为

$$p_i=n_i,\ \sum_{i=1}^{m}p_i=\sum_{i=1}^{m}n_i$$

代入式（2-48）得

$$\sigma_{\bar{x}}=\sigma_{\bar{x}_i}\sqrt{\frac{p_i}{\sum_{i=1}^{m}p_i}}=\frac{\sigma}{\sqrt{\sum_{i=1}^{m}p_i}} \tag{2-49}$$

由式（2-49）可知，当各组测量的总权数 $\sum_{i=1}^{m}p_i$ 为已知时，可由任一组的标准差 $\sigma_{\bar{x}_i}$ 和相应的权 p_i，或者由单位权的标准差 σ 求得加权算术平均值的标准差 $\sigma_{\bar{x}}$。

当各组测量结果的标准差为未知时，则不能直接应用式（2-49），而必须由各测量结果的残余误差来计算加权算术平均值的标准差。

已知各组测量结果的残余误差为

$$v_{\bar{x}_i}=\bar{x}_i-\bar{x}$$

将各组 $\bar{x}_i$ 单位权化，则有

$$\sqrt{p_i}v_{\bar{x}_i}=\sqrt{p_i}\bar{x}_i-\sqrt{p_i}\bar{x}$$

因为上式中各组新值 $\sqrt{p_i}\bar{x}_i$ 已为等精度测量列的测量结果，相应的 $\sqrt{p_i}v_{\bar{x}_i}$ 也成为等精度测量列的残余误差，则可用 $\sqrt{p_i}v_{\bar{x}_i}$ 代替 v_i 代入等精度测量的公式（2-18），得到

$$\sigma=\sqrt{\frac{\sum_{i=1}^{m}p_i v_{\bar{x}_i}^2}{m-1}} \tag{2-50}$$

再将式（2-50）代入式（2-49）得

$$\sigma_{\bar{x}}=\sqrt{\frac{\sum_{i=1}^{m}p_i v_{\bar{x}_i}^2}{(m-1)\sum_{i=1}^{m}p_i}} \tag{2-51}$$

用式（2-51）可由各组测量结果的残余误差求得加权算术平均值的标准差，但必须指出，只有当组数 m 足够多时，才能得到较为精确的 $\sigma_{\bar{x}}$ 值，一般情况下的组数较少，只能得到近似的估计值。

例 2-13　求例 2-11 的加权算术平均值的标准差。

由加权算术平均值 $\bar{x}=999.9420\text{mm}$，可得各组测量结果的残余误差为

$$v_{\bar{x}_1}=+0.5\mu\text{m},\ v_{\bar{x}_2}=-0.4\mu\text{m},\ v_{\bar{x}_3}=-0.1\mu\text{m}$$

已知　　$m=3$，$p_1=3$，$p_2=2$，$p_3=5$

代入式（2-51）得

$$\sigma_{\bar{x}}=\sqrt{\frac{3\times0.5^2+2\times(-0.4)^2+5\times(-0.1)^2}{(3-1)\times(3+2+5)}}\mu\text{m}=\sqrt{\frac{1.12}{20}}\mu\text{m}$$
$$=0.24\mu\text{m}\approx0.0002\text{mm}$$

例 2-14　求例 2-12 的加权算术平均值的标准差。

按照例 2-12 中两个测量值选取的权 $p_A=16$ 和 $p_B=9$，以及测量结果 5.005V 的标准差 $\sigma_A=0.006\text{V}$，将其代入式（2-49），可得加权算术平均值 $\overline{V}$ 的标准差为

$$\sigma_{\bar{V}} = \sigma_A \sqrt{\frac{p_A}{\sum_{i=1}^{2} p_i}} = 0.006 \times \sqrt{\frac{16}{16+9}}\text{V} = 0.0048\text{V} \approx 0.005\text{V}$$

七、随机误差的其他分布

正态分布是随机误差最普遍的一种分布规律，但不是唯一的分布规律。随着误差理论研究与应用的深入发展，发现有不少随机误差不符合正态分布，而是非正态分布，其实际分布规律可能是较为复杂的，现将其中几种常见的非正态分布及本书用到的几种统计量随机变量分布规律作简要介绍。

（一）均匀分布

在测量实践中，均匀分布是经常遇到的一种分布，其主要特点是，误差有一确定的范围，在此范围内，误差出现的概率各处相等，故又称为矩形分布或等概率分布。例如仪器度盘刻度误差所引起的误差；仪器传动机构的空程误差；大地测量中基线尺受滑轮摩擦力影响的长度误差；数字式仪器在 ±1 单位以内不能分辨的误差；数据计算中的舍入误差等，均为均匀分布误差。

例如，任何一页 7 位对数表，取出一个对数，将它舍入到第五位，则得到两位数字的舍入误差。对 100 个对数进行舍入，将所得舍入误差按区间分布，得表 2-7。表中误差以对数第七位为单位，并将误差分为 4 组，每组 25 个误差。

表 2-7

分类 \ 误差个数 \ 分组	按对数表舍入误差大小				
	1 ~ 25	26 ~ 50	51 ~ 75	76 ~ 100	总　和
按符号分					
零误差	0	0	0	1	1
正误差	14	12	12	12	50
负误差	11	13	13	12	49
共　计	25	25	25	25	100
按绝对值分					
由 0 ~ 10	5	9	9	5	28
由 11 ~ 20	3	5	2	5	15
由 21 ~ 30	9	3	3	2	17
由 31 ~ 40	4	3	6	6	19
由 41 ~ 50	4	5	5	7	21
共　计	25	25	25	25	100
误差平均值	+2.8	+3.0	−2.8	−2.4	+0.14

由表 2-7 可见，数值大的误差和数值小的误差出现的次数接近相等，正误差和负误差出现的次数也接近相等。如果试验次数很大，就会发现大误差和小误差以及正误差和负误差出现的概率相等，故舍入误差服从均匀分布。

由表中还可看出，舍入误差具有抵偿的规律，即误差的算术平均值随着试验次数的增大而趋于零。

均匀分布的分布密度$f(\delta)$（见图2-5）和分布函数$F(\delta)$分别为

$$f(\delta)=\begin{cases}\dfrac{1}{2a} & 当|\delta|\leqslant a\\ 0 & 当|\delta|>a\end{cases} \tag{2-52}$$

$$F(\delta)=\begin{cases}0 & 当\delta\leqslant -a\\ \dfrac{\delta+a}{2a} & 当-a<\delta\leqslant a\\ 1 & 当\delta>a\end{cases} \tag{2-53}$$

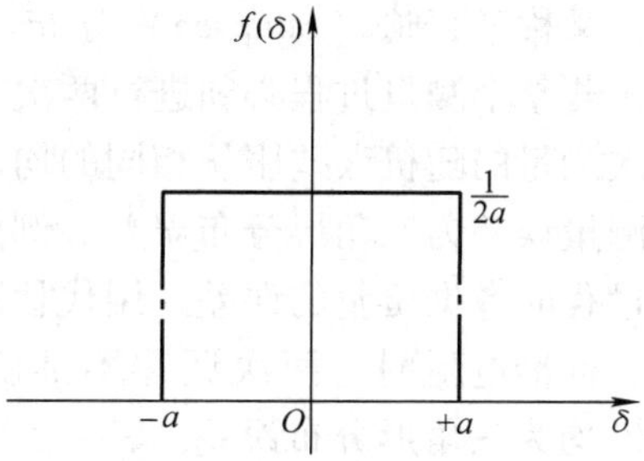

图 2-5

它的数学期望为

$$E=\int_{-a}^{a}\frac{\delta}{2a}\mathrm{d}\delta=0 \tag{2-54}$$

它的方差和标准差分别为

$$\sigma^2=\frac{a^2}{3} \tag{2-55}$$

$$\sigma=\frac{a}{\sqrt{3}} \tag{2-56}$$

（二）反正弦分布

反正弦分布实际上是一种随机误差的函数的分布规律，其特点是该随机误差与某一角度成正弦关系。例如仪器度盘偏心引起的角度测量误差，电子测量中谐振的振幅误差等，均为反正弦分布。

反正弦分布的分布密度$f(\delta)$（见图2-6）和分布函数$F(\delta)$分别为

$$f(\delta)=\begin{cases}\dfrac{1}{\pi}\dfrac{1}{\sqrt{a^2-\delta^2}} & 当|\delta|\leqslant a\\ 0 & 当|\delta|>a\end{cases} \tag{2-57}$$

$$F(\delta)=\begin{cases}0 & 当\delta\leqslant -a\\ \dfrac{1}{2}+\dfrac{1}{\pi}\arcsin\dfrac{\delta}{a} & 当-a<\delta\leqslant a\\ 1 & 当\delta>a\end{cases} \tag{2-58}$$

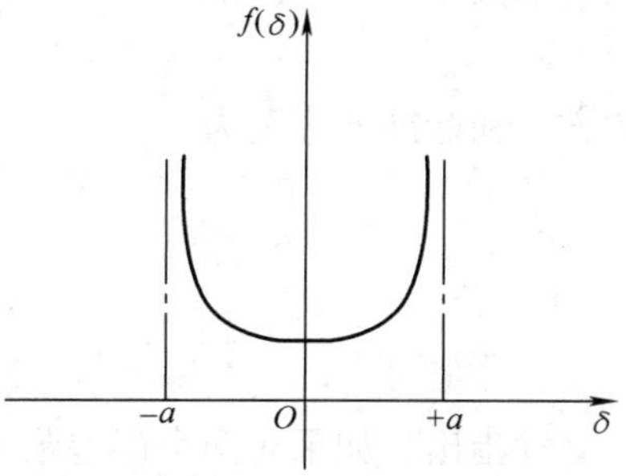

图 2-6

它的数学期望为

$$E=\int_{-a}^{a}\frac{\delta}{\pi\sqrt{a^2-\delta^2}}\mathrm{d}\delta=0 \tag{2-59}$$

它的方差和标准差分别为

$$\sigma^2=\frac{a^2}{2} \tag{2-60}$$

$$\sigma=\frac{a}{\sqrt{2}} \tag{2-61}$$

（三）三角形分布

当两个误差限相同且服从均匀分布的随机误差求和时，其和的分布规律服从三角形分布，又称辛普逊（Simpson）分布。在实际测量中，若整个测量过程必须进行两次才能完成，而每次测量的随机误差服从相同的均匀分布，则总的测量误差为三角形分布误差。例如进行两次测量过程时数据凑整的误差；用代替法检定标准砝码、标准电阻时，两次调零不准所引起的误差等，均为三角形分布误差。

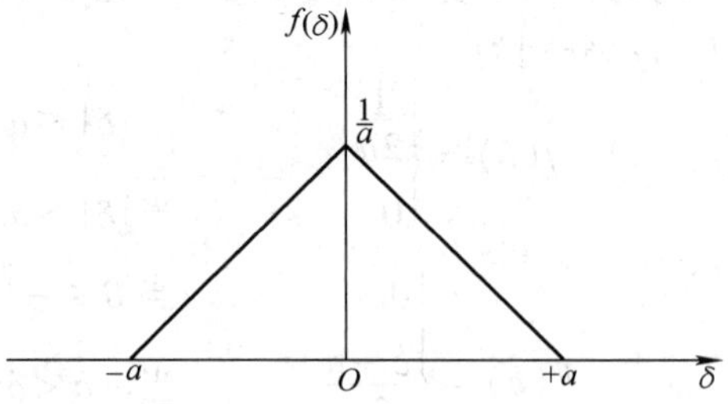

图 2-7

三角形分布误差的分布密度 $f(\delta)$（见图2-7）和分布函数 $F(\delta)$ 分别为

$$f(\delta)=\begin{cases}\dfrac{a+\delta}{a^2} & \text{当} -a\leqslant\delta\leqslant 0\\ \dfrac{a-\delta}{a^2} & \text{当} 0\leqslant\delta\leqslant a\\ 0 & \text{当} |\delta|>a\end{cases} \tag{2-62}$$

$$F(\delta)=\begin{cases}0 & \text{当} \delta\leqslant -a\\ \dfrac{(a+\delta)^2}{2a^2} & \text{当} -a<\delta\leqslant 0\\ 1-\dfrac{(a-\delta)^2}{2a^2} & \text{当} 0<\delta\leqslant a\\ 1 & \text{当} \delta>a\end{cases} \tag{2-63}$$

它的数学期望为

$$E=0 \tag{2-64}$$

它的方差和标准差分别为

$$\sigma^2=\frac{a^2}{6} \tag{2-65}$$

$$\sigma=\frac{a}{\sqrt{6}} \tag{2-66}$$

必须指出，如果对两个误差限为不相等的均匀分布随机误差求和时，则其和的分布规律不再是三角形分布而是梯形分布。

在测量工作中，除上述的非正态分布外，还有直角分布、截尾正态分布、双峰正态分布及二点分布等，现将常见的正态分布和部分非正态分布及其置信系数列于表2-8中。

表 2-8

分布名称	图　形	分布密度	方　差	t
正态	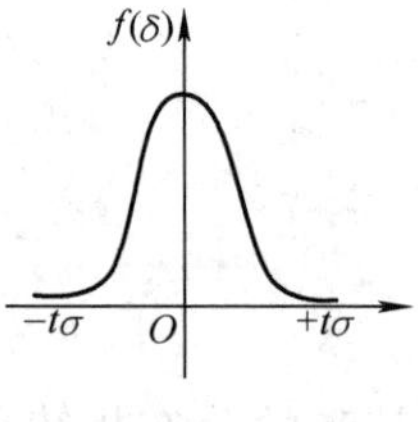	$f(\delta)=\dfrac{1}{\sigma\sqrt{2\pi}}\mathrm{e}^{-\frac{\delta^2}{2\sigma^2}}$　$\lvert\delta\rvert<\infty$	σ^2	3～2.58

（续）

分布名称	图　　形	分布密度	方　　差	t
均匀	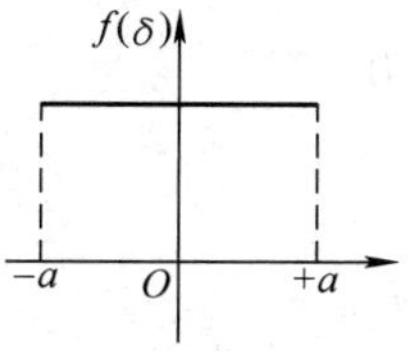	$f(\delta)=\begin{cases}\frac{1}{2a}, & \lvert\delta\rvert\leqslant a\\ 0\ , & \lvert\delta\rvert>a\end{cases}$	$\frac{a^2}{3}$	$\sqrt{3}\approx1.73$
反正弦	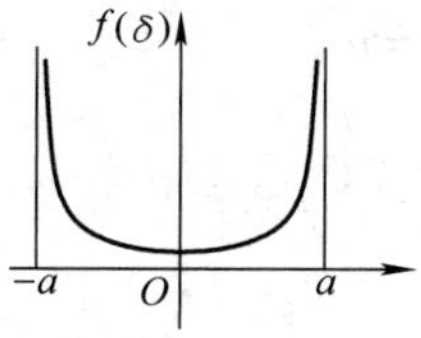	$f(\delta)=\frac{1}{\pi\sqrt{a^2-\delta^2}},\ \lvert\delta\rvert<a$	$\frac{a^2}{2}$	$\sqrt{2}\approx1.41$
三角	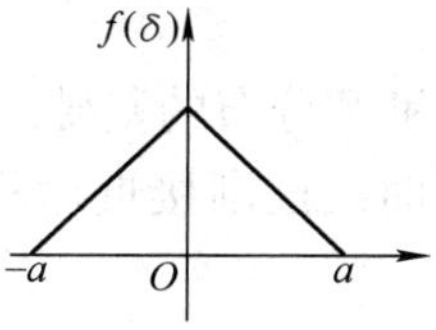	$f(\delta)=\begin{cases}\frac{a+\delta}{a^2}, & -a\leqslant\delta\leqslant0\\ \frac{a-\delta}{a^2}, & 0\leqslant\delta\leqslant+a\end{cases}$	$\frac{a^2}{6}$	$\sqrt{6}\approx2.45$
直角	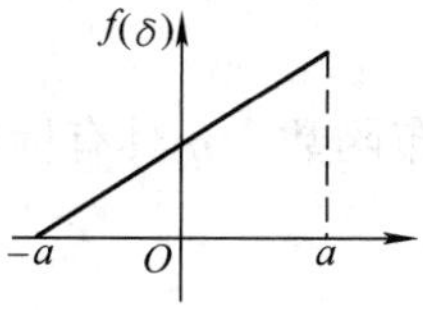	$f(\delta)=\frac{\delta+a}{2a^2},\ \lvert\delta\rvert<a$	$\frac{2a^2}{9}$	$\frac{3}{\sqrt{2}}\approx2.12$
椭圆	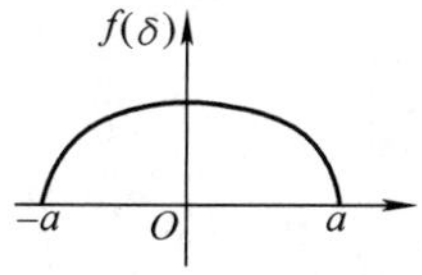	$f(\delta)=\frac{\delta}{\pi a^2}\sqrt{a^2-\delta^2},\ \lvert\delta\rvert<a$	$\frac{a^2}{4}$	2
双三角	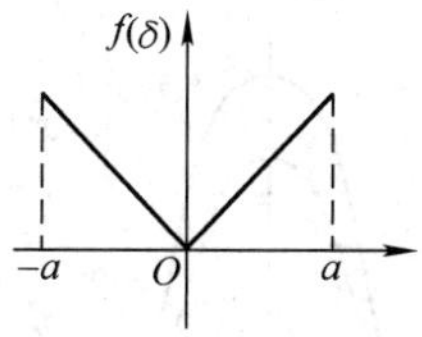	$f(\delta)=\begin{cases}-\frac{\delta}{a^2}, & -a<\delta<0\\ \frac{\delta}{a^2}, & 0<\delta<a\end{cases}$	$\frac{a^2}{2}$	$\sqrt{2}\approx1.41$

下面再简要介绍几种随机变量χ^2分布、t分布和F分布。

（四）χ^2分布

令ξ_1，ξ_2，…，ξ_ν为ν个独立随机变量，每个随机变量都服从标准化的正态分布。定义一个新的随机变量

$$\chi^2=\xi_1^2+\xi_2^2+\cdots+\xi_\nu^2 \tag{2-67}$$

随机变量χ^2称为自由度为ν的卡埃平方变量。自由度数ν表示式（2-67）中项数或独立变量的个数。

χ^2分布的分布密度$f(\chi^2)$见图2-8。

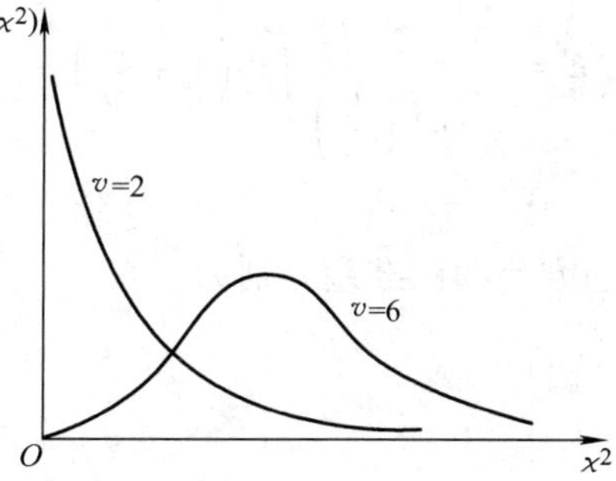

图　2-8

$$f(\chi^2)=\begin{cases}\dfrac{2^{-\nu/2}(\chi^2)^{\nu/2-1}e^{-\chi^2/2}}{\Gamma\left(\dfrac{\nu}{2}\right)} & 当\chi^2>0\\ 0 & 当\chi^2\leqslant 0\end{cases} \tag{2-68}$$

式中的$\Gamma\left(\dfrac{\nu}{2}\right)$为$\Gamma$函数。

它的数学期望为

$$E=\int_0^\infty \chi^2\frac{2^{-\nu/2}}{\Gamma\left(\dfrac{\nu}{2}\right)}(\chi^2)^{\nu/2-1}e^{-\chi^2/2}d\chi^2=\nu \tag{2-69}$$

它的方差和标准差分别为

$$\sigma^2=2\nu \tag{2-70}$$

$$\sigma=\sqrt{2\nu} \tag{2-71}$$

在本书最小二乘法中要用到χ^2分布，此外它也是t分布和F分布的基础。

由图2-8的两条χ^2理论曲线可看出，当ν逐渐增大时，曲线逐渐接近对称。可以证明，当ν充分大时，χ^2曲线趋近正态曲线。

值得提出的是，在这里称ν为自由度，它的改变将引起分布曲线的相应改变。

（五）t分布

令ξ和η是独立的随机变量，ξ具有自由度为ν的χ^2分布函数，η具有标准化正态分布函数，则定义新的随机变量为

$$t=\frac{\eta}{\sqrt{\xi/\nu}} \tag{2-72}$$

式中，ν为自由度。

随机变量t称自由度为ν的学生氏t变量。

t分布的分布密度$f(t)$为（见图2-9）

$$f(t)=\frac{\Gamma\left(\dfrac{\nu+1}{2}\right)}{\sqrt{\nu\pi}\,\Gamma\left(\dfrac{\nu}{2}\right)}\left(1+\frac{t^2}{\nu}\right)^{-(\nu+1)/2} \tag{2-73}$$

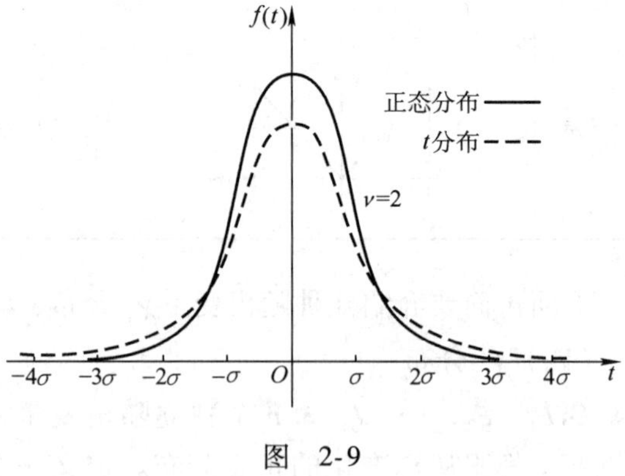

图 2-9

它的数学期望为

$$E=\frac{\Gamma\left(\dfrac{\nu+1}{2}\right)}{\sqrt{\nu\pi}\,\Gamma\left(\dfrac{\nu}{2}\right)}\int_{-\infty}^{\infty}\left(1+\frac{t^2}{\nu}\right)^{-(\nu+1)/2}dt \tag{2-74}$$

它的方差和标准差分别为

$$\sigma^2=\frac{\nu}{\nu-2} \tag{2-75}$$

$$\sigma=\sqrt{\frac{\nu}{\nu-2}} \tag{2-76}$$

t 分布的数学期望为零，分布密度曲线对称于纵坐标轴，但它和标准化正态分布密度曲线不同，见图 2-9。可以证明，当自由度较小时，t 分布与正态分布有明显区别，但当自由度 $\nu\to\infty$ 时，t 分布曲线趋于正态分布曲线。

t 分布是一种重要分布，当测量列的测量次数较少时，极限误差的估计，或者在检验测量数据的系统误差时经常用到它。

（六）F 分布

若 ξ_1 具有自由度为 ν_1 的卡埃平方分布函数，ξ_2 具有自由度为 ν_2 的卡埃平方分布函数，定义新的随机变量为

$$F=\frac{\xi_1/\nu_1}{\xi_2/\nu_2}=\frac{\xi_1\nu_2}{\xi_2\nu_1} \tag{2-77}$$

随机变量 F 称为自由度为 ν_1、ν_2 的 F 变量。

F 分布的分布密度 $f(F)$ 见图 2-10。

$$f(F)=\begin{cases}\nu_1^{\nu_1/2}\nu_2^{\nu_2/2}\dfrac{\Gamma\left(\dfrac{\nu_1+\nu_2}{2}\right)}{\Gamma\left(\dfrac{\nu_1}{2}\right)\Gamma\left(\dfrac{\nu_2}{2}\right)}\dfrac{F^{\nu_1/2-1}}{(\nu_2+\nu_1F)^{\frac{\nu_1+\nu_2}{2}}} & \text{当 } F\geqslant 0 \text{ 时}\\ 0 & \text{当 } F<0 \text{ 时}\end{cases} \tag{2-78}$$

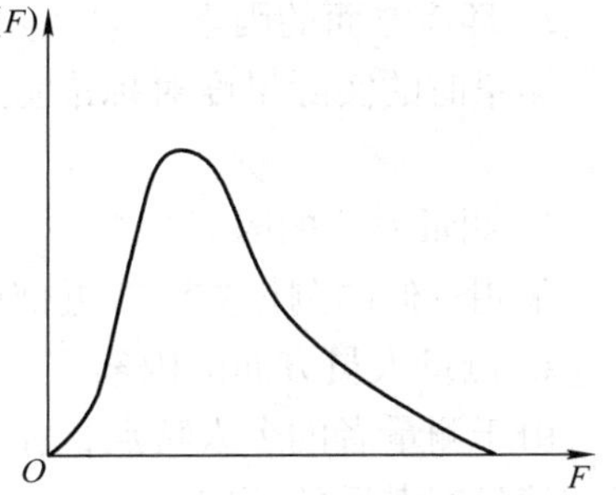

图 2-10

它的数学期望为

$$E=\int_0^\infty Ff(F)\,\mathrm{d}F=\frac{\nu_2}{\nu_2-2}\qquad(\nu_2>2) \tag{2-79}$$

它的方差和标准差分别为

$$\sigma^2=\frac{2\nu_2^2(\nu_1+\nu_2-2)}{\nu_1(\nu_2-2)^2(\nu_2-4)}\qquad(\nu_2>4) \tag{2-80}$$

$$\sigma=\sqrt{\frac{2\nu_2^{\,2}(\nu_1+\nu_2-2)}{\nu_1(\nu_2-2)^2(\nu_2-4)}}\qquad(\nu_2>4) \tag{2-81}$$

F 分布也是一种重要分布，在检验统计假设和方差分析中经常应用。

第二节　系统误差

前面所述的随机误差处理方法，是以测量数据中不含有系统误差为前提。实际上，测量过程中往往存在系统误差，在某些情况下的系统误差数值还比较大。因此测量结果的精度，不仅取决于随机误差，还取决于系统误差的影响。由于系统误差和随机误差同时存在于测量数据之中，且不易被发现，多次重复测量又不能减小它对测量结果的影响，这种潜伏性使得系统误差比随机误差具有更大的危险性。因此研究系统误差的特征与规律性，用一定的方法发现和减小或消除系统误差，就显得十分重要。否则，对随机误差的严格数学处理将失去意义，或者其效果甚微。

目前，对于系统误差的研究，虽已引起人们的重视，但是由于系统误差的特殊性，在处

理方法上与随机误差完全不同，它涉及对测量设备和测量对象的全面分析，并与测量者的经验、水平以及测量技术的发展密切相关。因此对系统误差的研究较为复杂和困难，研究新的、有效的发现减小或消除系统误差的方法，已成为误差理论的重要课题之一。

一、系统误差的产生原因

系统误差是由固定不变的或按确定规律变化的因素所造成，这些误差因素是可以掌握的。

1. 测量装置方面的因素

仪器机构设计原理上的缺点，如齿轮杠杆测微仪直线位移和转角不成比例的误差；仪器零件制造和安装不正确，如标尺的刻度偏差、刻度盘和指针的安装偏心、仪器各导轨的误差、天平的臂长不等；仪器附件制造偏差，如标准环规直径偏差等。

2. 环境方面的因素

测量时的实际温度对标准温度的偏差、测量过程中温度、湿度等按一定规律变化的误差。

3. 测量方法的因素

采用近似的测量方法或近似的计算公式等引起的误差。

4. 测量人员方面的因素

由于测量者的个人特点，在刻度上估计读数时，习惯偏于某一方向；动态测量时，记录某一信号有滞后的倾向。

二、系统误差的特征

系统误差的特征是在同一条件下，多次测量同一量值时，误差的绝对值和符号保持不变，或者在条件改变时，误差按一定的规律变化。

由系统误差的特征可知，在多次重复测量同一量值时，系统误差不具有抵偿性，它是固定的或服从一定函数规律的误差。从广义上理解，系统误差即是服从某一确定规律变化的误差。

图2-11所示为各种系统误差Δ随测量过程t变化而表现出不同特征。曲线a为不变的系统误差，曲线b为线性变化的系统误差，曲线c为非线性变化的系统误差，曲线d为周期性变化的系统误差，曲线e为复杂规律变化的系统误差。

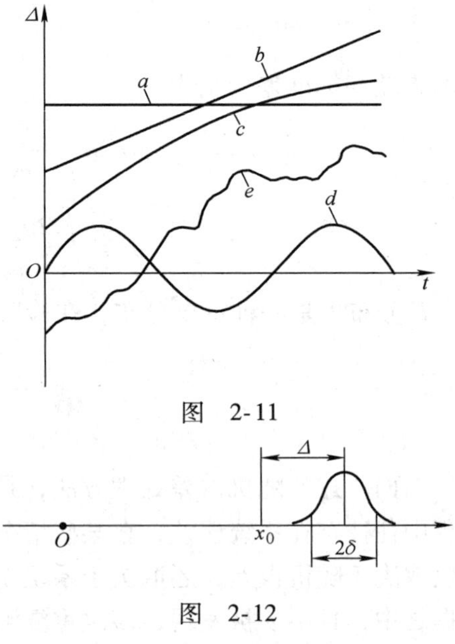

图 2-11

当系统误差与随机误差同时存在时，误差表现特征见图2-12。图中设x_0为被测量的真实值，在多次重复测量中系统误差为固定值Δ，而随机误差为对称分布，分布范围为2δ，并以系统误差Δ为中心而变化。

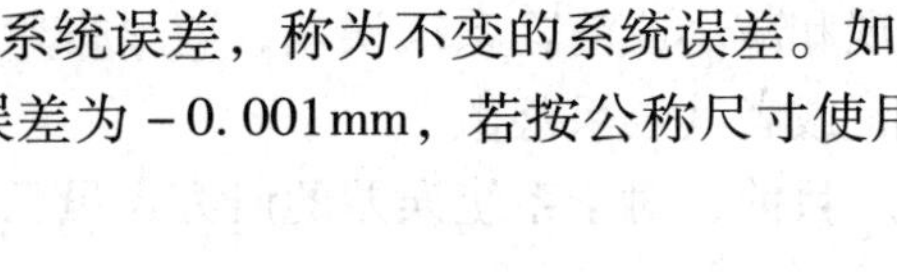

图 2-12

（一）不变的系统误差

在整个测量过程中，误差符号和大小固定不变的系统误差，称为不变的系统误差。如某量块的公称尺寸为10mm，实际尺寸为10.001mm，误差为-0.001mm，若按公称尺寸使用，量块就会存在-0.001mm的系统误差。

（二）线性变化的系统误差

在整个测量过程中，随着测量值或时间的变化，误差值是成比例地增大或减小，称为线性变化的系统误差。如刻度值为 1mm 的标准刻尺，由于存在刻划误差 Δl，每一刻度间距实际为 $1\text{mm}+\Delta l$，若用它与另一长度比较，得到的比值为 K，则被测长度的实际值为

$$L=K(1+\Delta l)$$

若认为该长度实际值为 Kmm，就产生了随测量值大小而变化的线性系统误差 $-K\Delta l$。

又如用电位计测量电动势（见图 2-13），先用标准电阻 R_n 上的电压去平衡标准电池的电动势 E_n，再用测量电阻 R_x 上的电压去平衡被测量的电动势 E_x，当工作电流恒为零时，被测电池和标准电池电动势之比才等于两次平衡时相应的电阻之比，但电位器工作电流回路蓄电池电压随放电时间而降低，不能保证工作电流的恒定。此时随时间 t 增加而不断减少的工作电流 I，将引起线性系统误差（见图 2-14）。

当开关 S 与 a 接通时

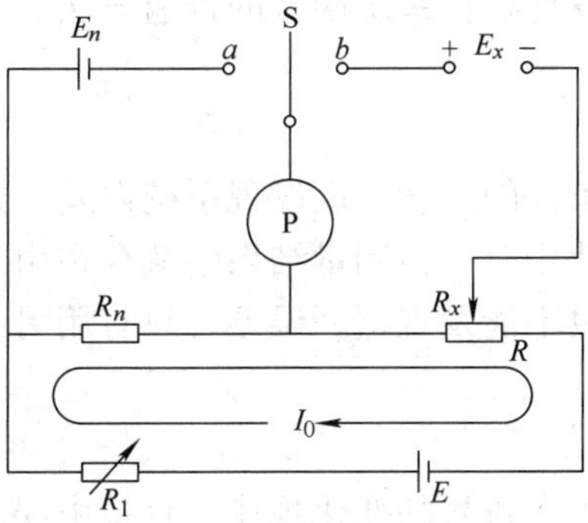

图　2-13

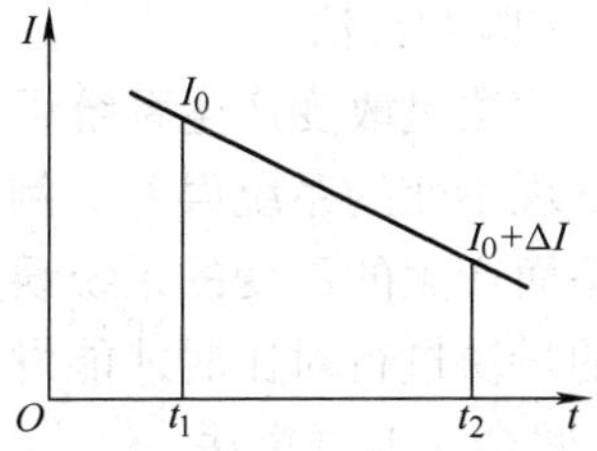

图　2-14

$$\frac{E_n}{R_n}=I_0$$

当开关 S 与 b 接通时

$$\frac{E_x}{R_x}=I_0+\Delta I$$

则

$$\frac{E_x}{R_x}=\frac{E_n}{R_n}+\Delta I$$

显然，$\Delta t=t_2-t_1$ 越大，则 ΔI 也越大。

若仍认为

$$\frac{E_x}{R_x}=\frac{E_n}{R_n}$$

则工作电流的降低将带来线性误差 $-\Delta IR_x$。

（三）周期性变化的系统误差

在整个测量过程中，若随着测量值或时间的变化，误差是按周期性规律变化的，则称为周期性变化的系统误差。如仪表指针的回转中心与刻度盘中心有偏心值 e，则指针在任一转角 φ 引起的读数误差即为周期性系统误差（见图 2-15）。

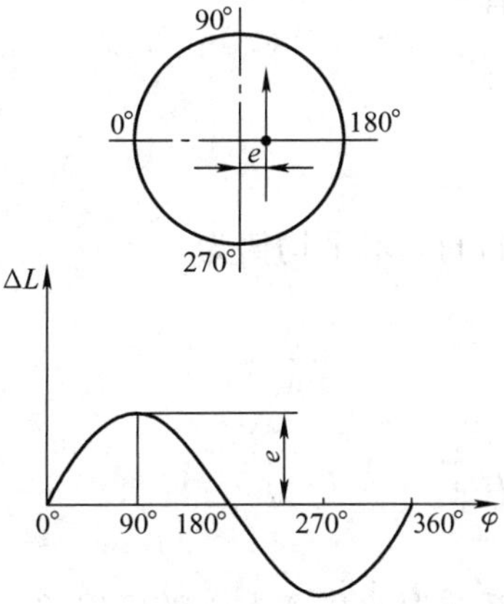

图　2-15

$$\Delta L = e\sin\varphi$$

此误差变化规律符合正弦曲线，指针在0°和180°时误差为零，而在90°和270°时误差最大，误差值为 $\pm e$。

（四）复杂规律变化的系统误差

在整个测量过程中，若误差是按确定的且复杂的规律变化的，则称为复杂规律变化的系统误差。如微安表的指针偏转角与偏转力矩不能严格保持线性关系，而表盘仍采用均匀刻度所产生的误差等。

三、系统误差的发现

因为系统误差的数值往往比较大，所以必须清除系统误差的影响，才能有效地提高测量精度。为了消除或减小系统误差，首先碰到的困难问题是如何发现系统误差。在测量过程中形成系统误差的因素是复杂的，通常人们还难于查明所有的系统误差，也不可能全部消除系统误差的影响。发现系统误差必须根据具体测量过程和测量仪器进行全面的仔细的分析，这是一件困难而又复杂的工作，目前还没有能够适用于发现各种系统误差的普遍方法，下面只介绍适用于发现某些系统误差常用的几种方法。

（一）实验对比法

实验对比法是改变产生系统误差的条件进行不同条件的测量，以发现系统误差，这种方法适用于发现不变的系统误差。例如量块按公称尺寸使用时，在测量结果中就存在由于量块的尺寸偏差而产生的不变的系统误差，多次重复测量也不能发现这一误差，只有用另一块高一级精度的量块进行对比时才能发现它。

（二）残余误差观察法

残余误差观察法是根据测量列的各个残余误差大小和符号的变化规律，直接由误差数据或误差曲线图形来判断有无系统误差，这种方法主要适用于发现有规律变化的系统误差。

若有测量列 l_1，l_2，…，l_n

它们的系统误差为

$$\Delta l_1,\ \Delta l_2,\ \cdots,\ \Delta l_n$$

它们不含系统误差之值为

$$l_1',\ l_2',\ \cdots,\ l_n'$$

则有

$$l_1 = l_1' + \Delta l_1$$

$$l_2 = l_2' + \Delta l_2$$

$$\vdots$$

$$l_n = l_n' + \Delta l_n$$

它们的算术平均值为

$$\bar{x} = \bar{x}' + \Delta\bar{x}$$

因

$$l_i - \bar{x} = v_i$$

$$l_i' - \bar{x}' = v_i'$$

故有

$$v_i = v_i' + (\Delta l_i - \Delta\bar{x}) \tag{2-82}$$

若系统误差显著大于随机误差，v_i'可以忽略，则得

$$v_i \approx \Delta l_i - \Delta\bar{x} \tag{2-83}$$

式（2-83）说明，显著含有系统误差的测量列，其任一测量值的残余误差为系统误差与测量列系统误差平均值之差。

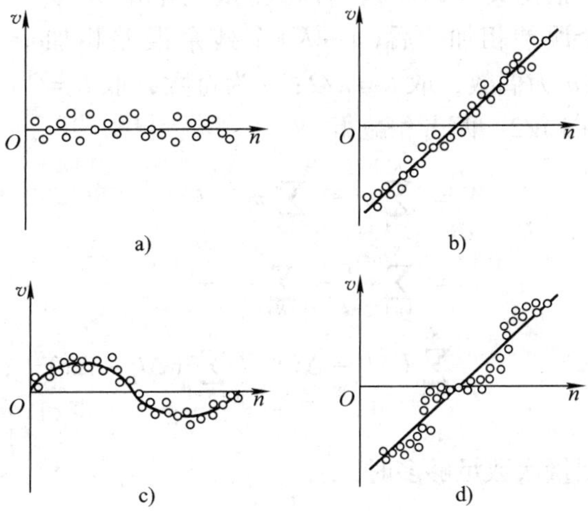

图 2-16

根据测量先后顺序，将测量列的残余误差列表或作图进行观察，可以判断有无系统误差。

若残余误差大体上是正负相同，且无显著变化规律，则无根据怀疑存在系统误差（见图 2-16a）。若残余误差数值有规律地递增或递减，且在测量开始与结束时误差符号相反，则存在线性系统误差（见图 2-16b）。若残余误差符号有规律地逐渐由负变正、再由正变负，且循环交替重复变化，则存在周期性系统误差（见图 2-16c）。若残余误差有如图 2-16d 所示的变化规律，则应怀疑同时存在线性系统误差和周期性系统误差。由式（2-82）和图 2-16 可以看出，若测量列中含有不变的系统误差，用残余误差观察法则发现不了。

例 2-15 对恒温箱温度测量 10 次，测得数据见表 2-9。

表 2-9

序号	x_i/℃	v_i/℃
1	20.06	−0.06
2	20.07	−0.05
3	20.06	−0.06
4	20.08	−0.04
5	20.10	−0.02
6	20.12	0.00
7	20.14	+0.02
8	20.18	+0.06
9	20.18	+0.06
10	20.21	+0.09
	$\bar{x}_i=20.12℃$ $\sigma=0.055℃$	$\sum_{i=1}^{5} v_i=-0.23℃$，$\sum_{i=6}^{10} v_i=+0.23℃$ $\sum_{i=1}^{10} v_i=(-0.23+0.23)℃=0℃$

由表 2-9 和图 2-17 可知，残余误差符号由负变正，误差值由小到大，则测量列中存在线性系统误差。

（三）残余误差校核法

1. 用于发现线性系统误差

根据式（2-82），若将测量列中前 K 个残余误差相加，后$(n-K)$个残余误差相加（当 n 为偶数，取 $K=n/2$；n 为奇数，取 $K=(n+1)/2$，两者相减得

$$\Delta = \sum_{i=1}^{K} v_i - \sum_{j=K+1}^{n} v_j = \sum_{i=1}^{K} v_i' - \sum_{j=K+1}^{n} v_j' + \sum_{i=1}^{K}(\Delta l_i - \Delta\bar{x}) - \sum_{j=K+1}^{n}(\Delta l_j - \Delta\bar{x})$$

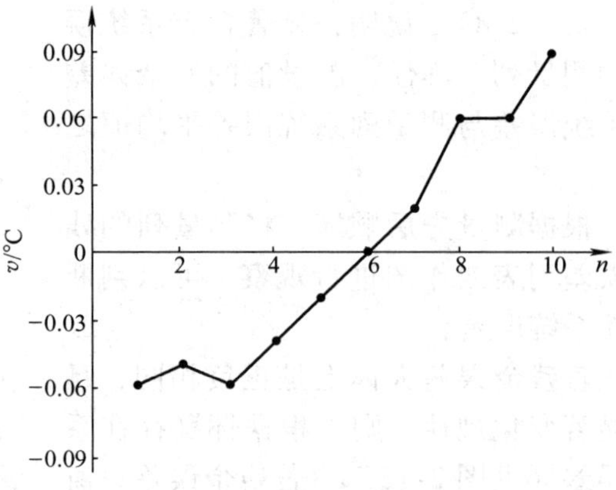

图 2-17

当测量次数足够多时

$$\sum_{i=1}^{K} v_i' \approx \sum_{j=K+1}^{n} v_j' \approx 0$$

得

$$\Delta = \sum_{i=1}^{K} v_i - \sum_{j=K+1}^{n} v_j \approx \sum_{i=1}^{K}(\Delta l_i - \Delta\bar{x}) - \sum_{j=K+1}^{n}(\Delta l_j - \Delta\bar{x}) \tag{2-84}$$

若式（2-84）的两部分差值 Δ 显著不为零，则有理由认为测量列存在线性系统误差。这种校核法又称为马利科夫准则，它能有效地发现线性系统误差。但值得指出的是，有时按残余误差校核法求得差值 $\Delta=0$，仍有可能存在系统误差。如测量列中仅仅含有图 2-17 所示的系统误差，其均值为零，则所得的差值 $\Delta=0$。

例 2-16　仍用例 2-15 的测量数据，此时 $n=10$，$K=5$，而

$$\Delta = (-0.06-0.05-0.06-0.04-0.02)℃ - (0+0.02+0.06+0.06+0.09)℃$$
$$= (-0.23)℃ - (+0.23)℃ = -0.46℃$$

因差值 Δ 显著不为零，故测量列中含有线性系统误差。

2. 用于发现周期性系统误差

若有一等精度测量列，按测量先后顺序将残余误差排列为 v_1，v_2，…，v_n，如果存在着按此顺序呈周期性变化的系统误差，则相邻两个残余误差的差值（$v_i - v_{i+1}$）符号也将出现周期性的正负号变化，因此由差值（$v_i - v_{i+1}$）可以判断是否存在周期性系统误差。但是这种方法只有当周期性系统误差是整个测量误差的主要成分时，才有实用效果。否则，差值（$v_i - v_{i+1}$）符号变化将主要取决于随机误差，以致不能判断出周期性系统误差。在此情况下，可用统计准则进行判断，令

$$u = \left| \sum_{i=1}^{n-1} v_i v_{i+1} \right| = |v_1 v_2 + v_2 v_3 + \cdots + v_{n-1} v_n|$$

若

$$u > \sqrt{n-1}\,\sigma^2 \tag{2-85}$$

则认为该测量列中含有周期性系统误差。这种校核法又叫阿卑—赫梅特准则，它能有效地发现周期性系统误差。

（四）不同公式计算标准差比较法

对等精度测量，可用不同公式计算标准差，通过比较以发现系统误差。

按贝塞尔公式

$$\sigma_1 = \sqrt{\frac{\sum_{i=1}^{n} v_i^2}{n-1}}$$

按别捷尔斯公式

$$\sigma_2 = 1.253 \frac{\sum_{i=1}^{n} |v_i|}{\sqrt{n(n-1)}}$$

令

$$\frac{\sigma_2}{\sigma_1} = 1 + u$$

若

$$|u| \geqslant \frac{2}{\sqrt{n-1}} \tag{2-86}$$

则怀疑测量列中存在系统误差。

（五）计算数据比较法

对同一量进行多组测量，得到很多数据，通过多组计算数据比较，若不存在系统误差，其比较结果应满足随机误差条件，否则可认为存在系统误差。

若对同一量独立测得 m 组结果，并知它们的算术平均值和标准差为

$$\bar{x}_1,\ \sigma_1;\ \bar{x}_2,\ \sigma_2;\ \cdots\ ;\ \bar{x}_m,\ \sigma_m$$

而任意两组结果之差为

$$\Delta = \bar{x}_i - \bar{x}_j$$

其标准差为

$$\sigma = \sqrt{\sigma_i^2 + \sigma_j^2}$$

则任意两组结果 $\bar{x}_i$ 与 $\bar{x}_j$ 间不存在系统误差的标志是

$$|\bar{x}_i - \bar{x}_j| < 2\sqrt{\sigma_i^2 + \sigma_j^2} \tag{2-87}$$

例 2-17　雷莱用不同方法制取氮，测得氮气相对密度平均值及其标准差为

由化学法制取氮：$\bar{x}_1 = 2.29971$，$\sigma_1 = 0.00041$

由大气中提取氮：$\bar{x}_2 = 2.31022$，$\sigma_2 = 0.00019$

两者差值

$$\Delta = \bar{x}_2 - \bar{x}_1 = 0.01051$$

而标准差

$$\sigma = \sqrt{\sigma_1^2 + \sigma_2^2} = \sqrt{0.00041^2 + 0.00019^2} = 0.00045$$

$$\Delta \gg 2\sqrt{\sigma_1^2 + \sigma_2^2} = 2 \times 0.00045 = 0.0009$$

因为两种方法所得结果的差值远远大于两倍标准差，故两种方法间存在系统误差，且经过分析认为由于操作技术引起系统误差的可能性很小，因此雷莱没有企图设法改进制取氮的操作技术而使两者结果之差变小，相反，他强调了两种方法的实质差别，从而导致后来由雷塞姆进行深入的研究，终于发现了空气中存在惰性气体。这一新的发现，深刻揭示了两种方法差别的原因。

（六）秩和检验法

对某量进行两组测量，这两组间是否存在系统误差，可用秩和检验法根据两组分布是否

相同来判断。

若独立测得两组的数据为

$$x_i \qquad i=1,\ 2,\ \cdots,\ n_x$$

$$y_j \qquad j=1,\ 2,\ \cdots,\ n_y$$

则将它们混合以后，按大小顺序重新排列，取测量次数较少的那一组，数出它的测得值在混合后的次序（即秩），再将所有测得值的次序相加，即得秩和 T。

通常，两组的测量次数 $n_1 \leqslant 10$，$n_2 \leqslant 10$，可根据测量次数较少的组的次数 n_1 和测量次数较多的组的次数 n_2，由秩和检验表 2-10 查得 T_- 和 T_+（显著度 0.05），若

$$T_- < T < T_+ \tag{2-88}$$

则无根据怀疑两组间存在系统误差。

当 $n_1 > 10$，$n_2 > 10$，秩和 T 近似服从正态分布

$$N\left(\frac{n_1(n_1+n_2+1)}{2},\ \sqrt{\frac{n_1 n_2(n_1+n_2+1)}{12}}\right)$$

括号中第一项为数学期望，第二项为标准差，此时 T_- 和 T_+ 可由正态分布算出。

根据求得的数学期望值 a 和标准差 σ，则

$$T-a=t\sigma,\qquad t=\frac{T-a}{\sigma}$$

选取概率 $\phi(t)$，由正态分布积分表（附表 1）查得 t，若

$$|t| \leqslant t_a$$

则无根据怀疑两组间存在系统误差。

表 2-10

n_1	2	2	2	2	2	2	2	3	3	3	3
n_2	4	5	6	7	8	9	10	3	4	5	6
T_-	3	3	4	4	4	4	5	6	7	7	8
T_+	11	13	14	16	18	20	21	15	17	20	22
n_1	3	3	3	3	4	4	4	4	4	4	4
n_2	7	8	9	10	4	5	6	7	8	9	10
T_-	9	9	10	11	12	13	14	15	16	17	18
T_+	24	27	29	31	24	27	30	33	36	39	42
n_1	5	5	5	5	5	5	6	6	6	6	6
n_2	5	6	7	8	9	10	6	7	8	9	10
T_-	19	20	22	23	25	26	28	30	32	33	35
T_+	36	40	43	47	50	54	50	54	58	63	67
n_1	7	7	7	7	8	8	8	9	9	10	
n_2	7	8	9	10	8	9	10	9	10	10	
T_-	39	41	43	46	52	54	57	66	69	83	
T_+	66	71	76	80	84	90	95	105	111	127	

例 2-18 对某量测得两组数据如下，判断两组间有无系统误差。

x_i：14.7，14.8，15.2，15.6

y_j：14.6，15.0，15.1

将两组数据混合排列成下表：

T	1	2	3	4	5	6	7
x_i		14.7	14.8			15.2	15.6
y_j	14.6			15.0	15.1		

已知 $n_1=3,\ n_2=4$

计算秩和 $T=1+4+5=10$

查表2-10得 $T_-=7,\ T_+=17$

因 $T_-=7<T=10<17=T_+$

故无根据怀疑两组间存在系统误差。

若两组数据中有相同的数值，则该数据的秩按所排列的两个次序的平均值计算。

（七）t 检验法

当两组测得值服从正态分布时，可用 t 检验法判断两组间是否存在系统误差。

若独立测得的两组数据为

$$x_i,\ i=1,\ 2,\ \cdots,\ n_x$$

$$y_j,\ j=1,\ 2,\ \cdots,\ n_y$$

令变量

$$t=(\bar{x}-\bar{y})\sqrt{\frac{n_xn_y(n_x+n_y-2)}{(n_x+n_y)(n_x\sigma_x^2+n_y\sigma_y^2)}} \tag{2-89}$$

此变量服从自由度为 n_x+n_y-2 的 t 分布变量

式中

$$\bar{x}=\frac{1}{n_x}\sum x_i$$

$$\bar{y}=\frac{1}{n_y}\sum y_j$$

$$\sigma_x^2=\frac{1}{n_x}\sum(x_i-\bar{x})^2$$

$$\sigma_y^2=\frac{1}{n_y}\sum(y_j-\bar{y})^2$$

取显著度 α，由 t 分布表（附表3）查 $P(|t|>t_a)=\alpha$ 中的 t_a，若实测数列中算出之 $|t|<t_a$，则无根据怀疑两组间有系统误差。

例2-19 对某量测得两组数据

x：1.9，0.8，1.1，0.1，−0.1，4.4，5.5，1.6，4.6，3.4

y：0.7，−1.6，−0.2，−1.2，−0.1，3.4，3.7，0.8，0.0，2.0

计算

$$\bar{x}=\frac{1}{10}\sum x=2.33$$

$$\bar{y}=\frac{1}{10}\sum y=0.75$$

$$\sigma_x^2=\frac{1}{10}\sum(x_i-\bar{x})^2=3.61$$

$$\sigma_y^2=\frac{1}{10}\sum(y_j-\bar{y})^2=2.89$$

则
$$t=(2.33-0.75)\sqrt{\frac{10\times10\times(10+10-2)}{(10+10)(10\times3.61+10\times2.89)}}=1.86$$
由 $\nu=10+10-2=18$ 及取 $\alpha=0.05$，查 t 分布表（见附表3），得
$$t_a=2.10$$
因
$$|t|=1.86<t_a=2.10$$
故无根据怀疑两组间有系统误差。

上面介绍 7 种系统误差发现方法，按其用途可分为两类：第一类用于发现测量列组内的系统误差，包括前四种方法，即实验对比法、残余误差观察法、残余误差校核法和不同公式计算标准差比较法。第二类用于发现各组测量之间的系统误差，包括后三种方法，即计算数据比较法、秩和检验法和 t 检验法。这些方法各具有不同特点，有的只能在一定条件下应用，必须根据具体测量仪器和测量过程来选用相应的方法。例如实验对比法是发现各种系统误差的有效方法，但由于这种方法需相应的高精度测量仪器和较好的测量条件，因而其应用受到限制。残余误差观察法是发现组内系统误差的有效方法，一般情况皆可应用，但它发现不了不变的系统误差。

四、系统误差的减小和消除

在测量过程中，发现有系统误差存在，必须进一步分析比较，找出可能产生系统误差的因素以及减小和消除系统误差的方法，但是这些方法和具体的测量对象、测量方法、测量人员的经验有关，因此要找出普遍有效的方法比较困难，下面介绍其中最基本的方法以及适应各种系统误差的特殊方法。

（一）从产生误差根源上消除系统误差

从产生误差根源上消除误差是最根本的方法，它要求测量人员对测量过程中可能产生的系统误差的环节作仔细分析，并在测量前就将误差从产生根源上加以消除。如为了防止调整误差，要正确调整仪器，选择合理的被测件的定位面或支承点；又如：为了防止测量过程中仪器零位的变动，测量开始和结束时都需检查零位；再如：为了防止在长期使用时，仪器精度降低，要严格进行周期的检定与修理。如果误差是由外界条件引起的，应在外界条件比较稳定时进行测量，当外界条件急剧变化时应停止测量。

（二）用修正方法消除系统误差

这种方法是预先将测量器具的系统误差检定出来或计算出来，做出误差表或误差曲线，然后取与误差数值大小相同而符号相反的值作为修正值，将实际测得值加上相应的修正值，即可得到不包含该系统误差的测量结果。如量块的实际尺寸不等于公称尺寸，若按公称尺寸使用，就要产生系统误差。因此应按经过检定的实际尺寸（即将量块的公称尺寸加上修正量）使用，就可避免此项系统误差的产生。

由于修正值本身也包含有一定误差，因此用修正值消除系统误差的方法，不可能将全部系统误差修正掉，总要残留少量系统误差，对这种残留的系统误差则应按随机误差进行处理。

（三）不变系统误差消除法

对测得值中存在固定不变的系统误差，常用以下几种消除法：

1. 代替法

代替法的实质是在测量装置上对被测量测量后不改变测量条件，立即用一个标准量代替

被测量，放到测量装置上再次进行测量，从而求出被测量与标准量的差值，即

$$被测量 = 标准量 + 差值$$

例如在等臂天平上称重，被测重量 X 先与媒介物重量 Q 平衡，如天平的两臂长有误差，设长度为 l_1、l_2，则

$$X = \frac{l_2}{l_1}Q$$

但由于不能准确知道两臂长 l_1、l_2 的实际值，若取 $X = Q$，将带来固定不变的系统误差。

今移去被测量 X，用已知质量为 P 的标准砝码代替，若该砝码可使天平重新平衡，则有

$$P = \frac{l_2}{l_1}Q$$

所以
$$X = P$$

若该砝码不能使天平重新平衡，读出差值 ΔP，则有

$$P + \Delta P = \frac{l_2}{l_1}Q$$

所以
$$X = P + \Delta P$$

这样就可消除由于天平两臂不等而带来的系统误差。

2. 抵消法

这种方法要求进行两次测量，以便使两次读数时出现的系统误差大小相等，符号相反，取两次测得值的平均值，作为测量结果，即可消除系统误差。

例如，在工具显微镜上测量螺纹中径，由于被测螺纹轴线与工作台纵向移动方向不一致，当按螺纹牙廓的一侧测量时，所得的测得值 d_{21} 将包含系统误差 $+\Delta$。当按螺纹牙廓另一侧测量时，所得的测得值 d_{22} 将包含系统误差 $-\Delta$。取两次测得值的算术平均值作为测量结果，便可消除由于被测螺纹轴线与工作台纵向移动方向不一致所引起的误差。即

$$\frac{d_{21} + d_{22}}{2} = \frac{d_2 + \Delta + d_2 - \Delta}{2} = d_2$$

3. 交换法

这种方法是根据误差产生原因，将某些条件交换，以消除系统误差。

例如在等臂天平上称量（见图 2-18），先将被测量 X 放于左边，标准砝码 P 放于右边，调平衡后，则有

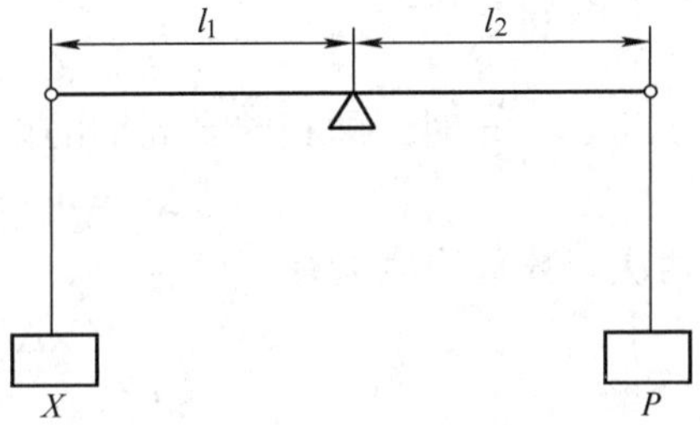

图 2-18

$$X = \frac{l_2}{l_1}P$$

将 X、P 交换位置后，由于 $l_1 \neq l_2$，P 将换为 $P' = P + \Delta P$ 才能与 X 平衡，即

$$P' = P + \Delta P = \frac{l_2}{l_1}X$$

则取
$$X = \sqrt{PP'} \approx \frac{P + P'}{2}$$

即可消除两臂不等而带来的系统误差。

（四）线性系统误差消除法——对称法

对称法是消除线性系统误差的有效方法，见图2-19。随着时间的变化，被测量作线性增加，若选定某时刻为中点，则对称此点的系统误差算术平均值皆相等。即

$$\frac{\Delta l_1+\Delta l_5}{2}=\frac{\Delta l_2+\Delta l_4}{2}=\Delta l_3$$

利用这一特点，可将测量对称安排，取各对称点两次读数的算术平均值作为测得值，即可消除线性系统误差。

例如检定量块平面平行性时（见图2-20），先以标准量块 A 的中心0点对零，然后按图中所示被检量块 B 上的顺序逐点检定，再按相反顺序进行检定，取正反两次读数的平均值作为各点的测得值，就可消除因温度变化而产生的线性系统误差。

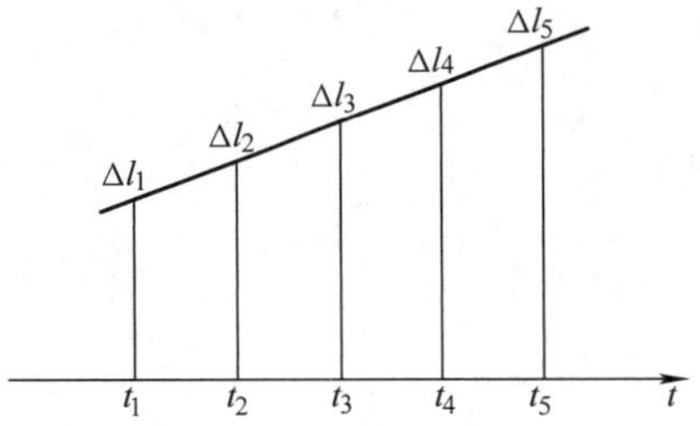

图 2-19

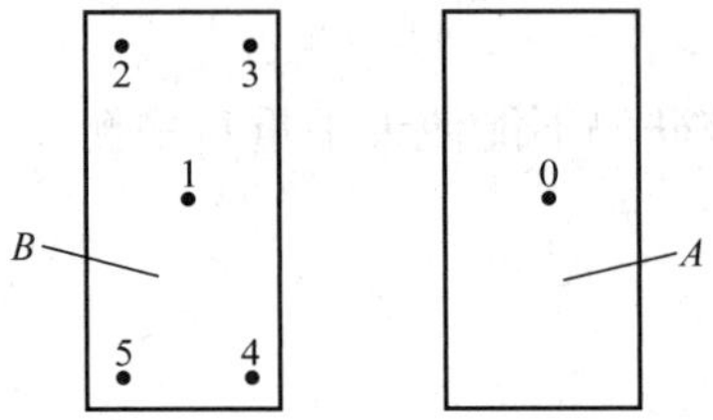

图 2-20

对称法可以有效地消除随时间变化而产生的线性系统误差。很多误差都随时间变化，而在短时间内均可认为是线性规律。有时，按复杂规律变化的误差，也可近似地作为线性误差处理，因此，在一切有条件的场合，均宜采用对称法消除系统误差。

（五）周期性系统误差消除法——半周期法

对周期性误差，可以相隔半个周期进行两次测量，取两次读数平均值，即可有效地消除周期性系统误差。

周期性系统误差一般可表示为

$$\Delta l=a\sin\varphi$$

设 $\varphi=\varphi_1$ 时，误差为

$$\Delta l_1=a\sin\varphi_1$$

当 $\varphi_2=\varphi_1+\pi$ 时，即相差半周期的误差为

$$\Delta l_2=a\sin(\varphi_1+\pi)=-a\sin\varphi_1=-\Delta l_1$$

取两次读数平均值则有

$$\frac{\Delta l_1+\Delta l_2}{2}=\frac{\Delta l_1-\Delta l_2}{2}=0$$

由此可知半周期法能消除周期性误差。

例如仪器度盘安装偏心，测微表指针回转中心与刻度盘中心有偏心等引起的周期性误差，皆可用半周期法予以消除。

第三节 粗大误差

粗大误差的数值比较大，它会对测量结果产生明显的歪曲，一旦发现含有粗大误差的测量值，应将其从测量结果中剔除。

一、粗大误差的产生原因

产生粗大误差的原因是多方面的，大致可归纳为以下两方面。

1. 测量人员的主观原因

由于测量者工作责任感不强，工作过于疲劳或者缺乏经验操作不当，或在测量时不小心、不耐心、不仔细等，从而造成了错误的读数或错误的记录，这是产生粗大误差的主要原因。

2. 外界条件的客观原因

由于测量条件意外地改变（如机械冲击、外界振动等），从而引起仪器示值或被测对象位置的改变而产生粗大误差。

二、防止与消除粗大误差的方法

对粗大误差，除了设法从测量结果中发现和鉴别而加以剔除外，更重要的是要加强测量者的工作责任心和以严格的科学态度对待测量工作；此外，还要保证测量条件的稳定，或者应避免在外界条件发生激烈变化时进行测量。若能达到以上要求，一般情况下是可以防止粗大误差产生的。

在某些情况下，为了及时发现与防止测得值中含有粗大误差，可采用不等精度测量和互相之间进行校核的方法。例如，对某一被测值，可由两位测量者进行测量、读数和记录；或者用两种不同仪器、或两种不同方法进行测量（如测量薄壁圆筒内径，可通过直接测量内径或测量外径和壁厚，再经过计算求得内径，两者作互相校验）。

三、判别粗大误差的准则

在判别某个测得值是否含有粗大误差时，要特别慎重，应作充分的分析和研究，并根据判别准则予以确定。通常用来判别粗大误差的准则有

（一）3σ 准则（莱以特准则）

3σ 准则是最常用也是最简单的判别粗大误差的准则，它是以测量次数充分大为前提，但通常测量次数皆较少，因此 3σ 准则只是一个近似的准则。

对于某一测量列，若各测得值只含有随机误差，则根据随机误差的正态分布规律，其残余误差落在 $\pm 3\sigma$ 以外的概率约为 0.3%，即在 370 次测量中只有一次其残余误差 $|v_i| > 3\sigma$。如果在测量列中，发现有大于 3σ 的残余误差的测得值，即

$$|v_i| > 3\sigma \tag{2-90}$$

则可以认为它含有粗大误差，应予剔除。

例 2-20 对某量进行 15 次等精度测量，测得值如表 2-11 所列，设这些测得值已消除了系统误差，试判别该测量列中是否含有粗大误差的测得值。

表 2-11

序号	l	v	v^2	v'	v'^2
1	20.42	+0.016	0.000256	+0.009	0.000081
2	20.43	+0.026	0.000676	+0.019	0.000361
3	20.40	-0.004	0.000016	-0.011	0.000121
4	20.43	+0.026	0.000676	+0.019	0.000361
5	20.42	+0.016	0.000256	+0.009	0.000081

（续）

序　号	l	v	v^2	v'	v'^2
6	20.43	+0.026	0.000676	+0.019	0.000361
7	20.39	−0.014	0.000196	−0.021	0.000441
8	20.30	−0.104	0.010816	—	—
9	20.40	−0.004	0.000016	−0.011	0.000121
10	20.43	+0.026	0.000676	+0.019	0.000361
11	20.42	+0.016	0.000256	+0.009	0.000081
12	20.41	+0.006	0.000036	−0.001	0.000001
13	20.39	−0.014	0.000196	−0.021	0.000441
14	20.39	−0.014	0.000196	−0.021	0.000441
15	20.40	−0.004	0.000016	−0.011	0.000121
	$\bar{x}=\dfrac{\sum_{i=1}^{15} l_i}{n}=20.404$	$\sum_{i=1}^{15} v_i=0$	$\sum_{i=1}^{15} v_i^2=0.0150$		$\sum_{i=1}^{15} v_i'^2=0.00337$

由表 2-11 可得

$$\bar{x}=20.404$$

$$\sigma=\sqrt{\frac{\sum_{i=1}^{n} v_i^2}{n-1}}=\sqrt{\frac{0.0150}{14}}=0.033$$

$$3\sigma=3\times 0.033=0.099$$

根据 3σ 准则，第八（即表 2-11 中序号 8）测得值的残余误差

$$|v_8|=0.104>0.099$$

即它含有粗大误差，故将此测得值剔除。再根据表 2-11 中剩下的 14 个测得值重新计算，得

$$\bar{x}'=20.411$$

$$\sigma'=\sqrt{\frac{\sum_{i=1}^{n} v_i'^2}{n-1}}=\sqrt{\frac{0.00337}{13}}=0.016$$

$$3\sigma'=3\times 0.016=0.048$$

由表 2-11 知，表中剩下的 14 个测得值的残余误差均满足

$$|v_i'|<3\sigma'$$

故可认为这些测得值不再含有粗大误差。

（二）罗曼诺夫斯基准则

当测量次数较少时，按 t 分布的实际误差分布范围来判别粗大误差较为合理。罗曼诺夫斯基准则又称 t 检验准则，其特点是首先剔除一个可疑的测得值，然后按 t 分布检验被剔除的测量值是否含有粗大误差。

设对某量作多次等精度独立测量，得

$$x_1,\ x_2,\ \cdots,\ x_n$$

若认为测量值 x_j 为可疑数据，将其剔除后计算平均值为（计算时不包括 x_j）

$$\bar{x} = \frac{1}{n-1}\sum_{\substack{i=1\\ i\neq j}}^{n} x_i$$

并求得测量列的标准差（计算时不包括 $v_j = x_j - \bar{x}$）

$$\sigma = \sqrt{\frac{\sum_{i=1}^{n} v_i^2}{n-2}}$$

根据测量次数 n 和选取的显著度 α，即可由表 2-12 查得 t 分布的检验系数 $K(n,\ \alpha)$。若

$$|x_j - \bar{x}| > K\sigma \tag{2-91}$$

则认为测量值 x_j 含有粗大误差，剔除 x_j 是正确的，否则认为 x_j 不含有粗大误差，应予保留。

表　2-12

n \ K \ α	0.05	0.01	n \ K \ α	0.05	0.01	n \ K \ α	0.05	0.01
4	4.97	11.46	13	2.29	3.23	22	2.14	2.91
5	3.56	6.53	14	2.26	3.17	23	2.13	2.90
6	3.04	5.04	15	2.24	3.12	24	2.12	2.88
7	2.78	4.36	16	2.22	3.08	25	2.11	2.86
8	2.62	3.96	17	2.20	3.04	26	2.10	2.85
9	2.51	3.71	18	2.18	3.01	27	2.10	2.84
10	2.43	3.54	19	2.17	3.00	28	2.09	2.83
11	2.37	3.41	20	2.16	2.95	29	2.09	2.82
12	2.33	3.31	21	2.15	2.93	30	2.08	2.81

例 2-21　试判别例 2-20 中是否含有粗大误差。

首先怀疑第八测得值含有粗大误差，将其剔除。然后根据表 2-11 中剩下的 14 个测量值计算平均值和标准差，得

$$\bar{x} = 20.411$$

$$\sigma = 0.016$$

选取显著度 $\alpha = 0.05$，已知 $n = 15$，查表 2-12 得

$$K(15,\ 0.05) = 2.24$$

则

$$K\sigma = 2.24 \times 0.016 = 0.036$$

因

$$|x_8 - \bar{x}| = |20.30 - 20.411| = 0.111 > 0.036$$

故第八测量值含有粗大误差，应予剔除。

然后对表 2-11 中剩下的 14 个测得值进行判别，可知这些测得值不再含有粗大误差。

（三）格罗布斯准则

设对某量作多次等精度独立测量，得

$$x_1,\ x_2,\ \cdots,\ x_n$$

当 x_i 服从正态分布时，计算是

$$\bar{x} = \frac{1}{n}\sum x$$

$$v_i = x_i - \bar{x}$$

$$\sigma = \sqrt{\frac{\sum v^2}{n-1}}$$

为了检验 $x_i(i=1, 2, \cdots, n)$ 中是否存在粗大误差，将 x_i 按大小顺序排列成顺序统计量 $x_{(i)}$，而

$$x_{(1)} \leqslant x_{(2)} \leqslant \cdots \leqslant x_{(n)}$$

格罗布斯导出了 $g_{(n)} = \dfrac{x_{(n)} - \bar{x}}{\sigma}$ 及 $g_{(1)} = \dfrac{\bar{x} - x_{(1)}}{\sigma}$ 的分布，取定显著度 α（一般为 0.05 或 0.01），可得如表 2-13 所列的临界值 $g_0(n,\alpha)$，而

$$P\left(\frac{x_{(n)} - \bar{x}}{\sigma} \geqslant g_0(n, \alpha)\right) = \alpha$$

及

$$P\left(\frac{\bar{x} - x_{(1)}}{\sigma} \geqslant g_0(n, \alpha)\right) = \alpha$$

表 2-13

n	α		n	α	
	0.05	0.01		0.05	0.01
	$g_0(n,\alpha)$			$g_0(n,\alpha)$	
3	1.15	1.16	17	2.48	2.78
4	1.46	1.49	18	2.50	2.82
5	1.67	1.75	19	2.53	2.85
6	1.82	1.94	20	2.56	2.88
7	1.94	2.10	21	2.58	2.91
8	2.03	2.22	22	2.60	2.94
9	2.11	2.32	23	2.62	2.96
10	2.18	2.41	24	2.64	2.99
11	2.23	2.48	25	2.66	3.01
12	2.28	2.55	30	2.74	3.10
13	2.33	2.61	35	2.81	3.18
14	2.37	2.66	40	2.87	3.24
15	2.41	2.70	50	2.96	3.34
16	2.44	2.75	100	3.17	3.59

若认为 $x_{(1)}$ 可疑，则有

$$g_{(1)} = \frac{\bar{x} - x_{(1)}}{\sigma}$$

若认为 $x_{(n)}$ 可疑，则有

$$g_{(n)} = \frac{x_{(n)} - \bar{x}}{\sigma}$$

当

$$g_{(i)} \geqslant g_0\ (n, \alpha) \tag{2-92}$$

即判别该测得值含有粗大误差，应予剔除。

例 2-22 用例 2-20 测得值，试判别该测量列中的测得值是否含有粗大误差。

由表 2-11 计算得

$$\bar{x} = 20.404$$

$$\sigma = 0.033$$

按测得值的大小，顺序排列得

$$x_{(1)} = 20.30,\ x_{(15)} = 20.43$$

今有两测得值 $x_{(1)}$、$x_{(15)}$ 可怀疑，但由于

$$\bar{x} - x_{(1)} = 20.404 - 20.30 = 0.104$$

$$x_{(15)} - \bar{x} = 20.43 - 20.404 = 0.026$$

故应先怀疑 $x_{(1)}$ 是否含有粗大误差

计算 $$g_{(1)} = \frac{20.404 - 20.30}{0.033} = 3.15$$

查表 2-13 得 $$g_0(15, 0.05) = 2.41$$

则 $$g_{(1)} = 3.15 > g_0(15, 0.05) = 2.41$$

故表 2-11 中第八个测得值 x_8 含有粗大误差，应予剔除。

对表 2-11 中剩下 14 个数据，再重复上述步骤，判别 $x_{(15)}$ 是否含有粗大误差。

计算 $$\bar{x}' = 20.411 \quad \sigma' = 0.016$$

$$g_{(15)} = \frac{20.43 - 20.411}{0.016} = 1.18$$

查表 2-13 得 $$g_0\ (14, 0.05) = 2.37$$

$$g_{(15)} = 1.18 < g_0\ (14, 0.05) = 2.37$$

故可判别 $x_{(15)}$ 不包含粗大误差，而各 $g_{(i)}$ 皆小于 1.18，故可认为其余测得值也不含粗大误差。

（四）狄克松准则

前面三种粗大误差判别准则均需先求出标准差 σ，在实际工作中比较麻烦，而狄克松准则避免了这一缺点。它是用极差比的方法，得到简化而严密的结果。

狄克松研究了 x_1，x_2，…，x_n 的顺序统计量 $x_{(i)}$ 的分布，当 x_i 服从正态分布时，得到 $x_{(n)}$ 的统计量

$$\left.\begin{aligned}
r_{10} &= \frac{x_{(n)} - x_{(n-1)}}{x_{(n)} - x_{(1)}} \\
r_{11} &= \frac{x_{(n)} - x_{(n-1)}}{x_{(n)} - x_{(2)}} \\
r_{21} &= \frac{x_{(n)} - x_{(n-2)}}{x_{(n)} - x_{(2)}} \\
r_{22} &= \frac{x_{(n)} - x_{(n-2)}}{x_{(n)} - x_{(3)}}
\end{aligned}\right\} \tag{2-93}$$

的分布，选定显著度 α，得到各统计量的临界值 $r_0(n,\alpha)$（见表2-14），当测量的统计值 r_{ij} 大于临界值，则认为 $x_{(n)}$ 含有粗大误差。

表 2-14

统计量	n	α 0.01 $r_0(n,\alpha)$	α 0.05 $r_0(n,\alpha)$	统计量	n	α 0.01 $r_0(n,\alpha)$	α 0.05 $r_0(n,\alpha)$
$r_{10}=\frac{x_{(n)}-x_{(n-1)}}{x_{(n)}-x_{(1)}}$ $\left(r_{10}=\frac{x_{(1)}-x_{(2)}}{x_{(1)}-x_{(n)}}\right)$	3	0.988	0.341	$r_{22}=\frac{x_{(n)}-x_{(n-2)}}{x_{(n)}-x_{(3)}}$ $\left(r_{22}=\frac{x_{(1)}-x_{(3)}}{x_{(1)}-x_{(n-2)}}\right)$	15	0.616	0.525
	4	0.889	0.765		16	0.595	0.507
	5	0.780	0.642		17	0.577	0.490
	6	0.698	0.560		18	0.561	0.475
	7	0.637	0.507		19	0.547	0.462
$r_{11}=\frac{x_{(n)}-x_{(n-1)}}{x_{(n)}-x_{(2)}}$ $\left(r_{11}=\frac{x_{(1)}-x_{(2)}}{x_{(1)}-x_{(n-1)}}\right)$	8	0.683	0.554		20	0.535	0.450
	9	0.635	0.512		21	0.524	0.440
	10	0.597	0.477		22	0.514	0.430
$r_{21}=\frac{x_{(n)}-x_{(n-2)}}{x_{(n)}-x_{(2)}}$ $\left(r_{21}=\frac{x_{(1)}-x_{(3)}}{x_{(1)}-x_{(n-1)}}\right)$	11	0.679	0.576		23	0.505	0.421
	12	0.642	0.546		24	0.497	0.413
	13	0.615	0.521		25	0.489	0.406
	14	0.641	0.546				

对最小值 $x_{(1)}$ 用同样的临界值进行检验，即有

$$\left.\begin{aligned} r_{10}&=\frac{x_{(1)}-x_{(2)}}{x_{(1)}-x_{(n)}}\\ r_{11}&=\frac{x_{(1)}-x_{(2)}}{x_{(1)}-x_{(n-1)}}\\ r_{21}&=\frac{x_{(1)}-x_{(3)}}{x_{(1)}-x_{(n-1)}}\\ r_{22}&=\frac{x_{(1)}-x_{(3)}}{x_{(1)}-x_{(n-2)}} \end{aligned}\right\} \tag{2-94}$$

为了剔除粗大误差，狄克松认为

$n\leqslant7$ 时，使用 r_{10} 效果好；

$8\leqslant n\leqslant10$ 时，使用 r_{11} 效果好；

$11\leqslant n\leqslant13$ 时，使用 r_{21} 效果好；

$n\geqslant14$ 时，使用 r_{22} 效果好。

例 2-23 同例2-20测量数据，将 x_i 排成如下表顺序量。

首先判断最大值 $x_{(15)}$。

因 $n=15$，故按式（2-93）计算统计量 r_{22}

x_i	顺序号 $x_{(i)}$	顺序号 $x'_{(i)}$	x_i	顺序号 $x_{(i)}$	顺序号 $x'_{(i)}$
20.30	1	—	20.42	9	8
20.39	2	1	20.42	10	9
20.39	3	2	20.42	11	10
20.39	4	3	20.43	12	11
20.40	5	4	20.43	13	12
20.40	6	5	20.43	14	13
20.40	7	6	20.43	15	14
20.41	8	7			

$$r_{22}=\frac{x_{(15)}-x_{(13)}}{x_{(15)}-x_{(3)}}=\frac{20.43-20.43}{20.43-20.39}=0$$

查表 2-14 得
$$r_0(15,\ 0.05)=0.525$$
则
$$r_{22}<r_0=0.525$$
故 $x_{(15)}$ 不含有粗大误差。

再判别最小值 $x_{(1)}$。

按式（2-94）计算统计量 r_{22}

$$r_{22}=\frac{x_{(1)}-x_{(3)}}{x_{(1)}-x_{(13)}}=\frac{20.30-20.39}{20.30-20.43}=0.692$$

因
$$r_{22}>r_0=0.525$$
故 $x_{(1)}$ 含有粗大误差，应予剔除。剩下 14 个数据，再重复上述步骤。对 $x'_{(14)}$，因 $n=14$，按式（2-94）计算 r_{22}

$$r_{22}=\frac{x'_{(14)}-x'_{(12)}}{x'_{(14)}-x'_{(3)}}=\frac{20.43-20.43}{20.43-20.39}=0$$

查表 2-14 得
$$r_0(14,\ 0.05)=0.546$$
则
$$r_{22}<r_0=0.546$$
故 $x'_{(14)}$不含有粗大误差。

对 $x'_{(1)}$，按式（2-94）计算 r_{22}

$$r_{22}=\frac{x'_{(1)}-x'_{(3)}}{x'_{(1)}-x'_{(12)}}=\frac{20.39-20.39}{20.39-20.43}=0$$

显然 $r_{22}<r_0$，故 $x_{(1)}$ 不含有粗大误差。

上面介绍 4 种粗大误差的判别准则，其中 3σ 准则适用测量次数较多的测量列，一般情况的测量次数皆较少，因而这种判别准则的可靠性不高，但它使用简便，不需查表，故在要求不高时经常应用。对测量次数较少而要求较高的测量列，应采用罗曼诺夫斯基准则、格罗布斯准则或狄克松准则等，其中以格罗布斯准则的可靠性最高，通常测量次数 $n=20\sim100$，其判别效果较好。当测量次数很小时，可采用罗曼诺夫斯基准则。若需要从测量列中迅速判别含有粗大误差的测得值，则可采用狄克松准则。

必须指出，按上述准则若判别出测量列中有两个以上测得值含有粗大误差，此时只能首先剔除含有最大误差的测得值，然后重新计算测量列的算术平均值及其标准差，再对余下的测得值进行判别，依此程序逐步剔除，直至所有测得值皆不含粗大误差时为止。

第四节　测量结果的数据处理实例

对某量进行等精度或不等精度直接测量，为了得到合理的测量结果，应按前述误差理论对各种误差进行分析处理，现以实例分别说明等精度直接测量和不等精度直接测量的测量结果数据处理方法与步骤。

一、等精度直接测量列测量结果的数据处理实例

例 2-24　对某一轴径等精度测量 9 次，得到下表数据，求测量结果。

序　号	l_i/mm	v_i/mm	v_i^2/mm^2
1	24.774	−0.001	0.000001
2	24.778	+0.003	0.000009
3	24.771	−0.004	0.000016
4	24.780	+0.005	0.000025
5	24.772	−0.003	0.000009
6	24.777	+0.002	0.000004
7	24.773	−0.002	0.000004
8	24.775	0	0
9	24.774	−0.001	0.000001
	$\sum_{i=1}^{9} l_i = 222.974\text{mm}$ $\bar{x} = 24.775\text{mm}$	$\sum_{i=1}^{9} v_i = -0.001\text{mm}$	$\sum_{i=1}^{9} v_i^2 = 0.000069\text{mm}^2$

假定该测量列不存在固定的系统误差，则可按下列步骤求测量结果。

1. 求算术平均值

根据式（2-8）求得测量列的算术平均值 $\bar{x}$ 为

$$\bar{x} = \frac{\sum_{i=1}^{n} l_i}{n} = \frac{222.974}{9}\text{mm} = 24.7749\text{mm} \approx 24.775\text{mm}$$

2. 求残余误差

根据式（2-9）求各测得值的残余误差 $v_i = l_i - \bar{x}$，并列入表中。

3. 校核算术平均值及其残余误差

根据残余误差代数和校核规则，现用规则 2 进行校核，因

$$A = 0.001\text{mm},\ n = 9$$

由上表知

$$\left|\sum_{i=1}^{9} v_i\right| = 0.001\text{mm} < \left(\frac{n}{2} - 0.5\right)A = 4 \times 0.001\text{mm} = 0.004\text{mm}$$

故以上计算正确。若发现计算有误，应重新进行上述计算和校核。

4. 判断系统误差

根据残余误差观察法，由上表可以看出误差符号大体上正负相同，且无显著变化规律，因此可判断该测量列无变化的系统误差存在。

若按残余误差校核法，因 $n=9$，则

$$K=\frac{n+1}{2}=5$$

$$\Delta=\sum_{i=1}^{5}v_i-\sum_{i=6}^{9}v_i=[0-(-0.001)]\text{mm}=0.001\text{mm}$$

因差值 Δ 较小，故也可判断该测量列无系统误差存在。

5. 求测量列单次测量的标准差

根据贝塞尔公式（2-8）或别捷尔斯公式（2-26），求得测量列单次测量的标准差 σ 为

$$\sigma=\sqrt{\frac{\sum_{i=1}^{n}v_i^2}{n-1}}=\sqrt{\frac{0.000069}{8}\text{mm}^2}=0.0029\text{mm}$$

$$\sigma'=1.253\frac{\sum_{i=1}^{n}|v_i|}{\sqrt{n(n-1)}}=1.253\times\frac{0.021}{\sqrt{9\times8}}\text{ mm}=0.0031\text{mm}$$

用两种方法计算的标准差比值为

$$\frac{\sigma'}{\sigma}=\frac{0.0031}{0.0029}=1.069=1+u$$

$$u=0.069$$

因
$$|u|=0.069<\frac{2}{\sqrt{n-1}}=\frac{2}{\sqrt{8}}\approx0.707$$

故同样可判断该测量列无系统误差存在。

6. 判别粗大误差

根据 3σ 判别准则的适用特点，本实例测量轴径的次数较少，因而不采用 3σ 准则来判别粗大误差。

若按格罗布斯判别准则，将测得值按大小顺序排列后有

$$x_{(1)}=24.771\text{mm}\qquad x_{(9)}=24.780\text{mm}$$

$$\bar{x}-x_{(1)}=24.775\text{mm}-24.771\text{mm}=0.004\text{mm}$$

$$x_{(9)}-\bar{x}=24.780\text{mm}-24.775\text{mm}=0.005\text{mm}$$

首先判别 $x_{(9)}$ 是否含有粗大误差：

$$g_{(9)}=\frac{24.780-24.775}{0.0029}=1.72$$

查表 2-13 得
$$g_0(9,0.05)=2.11$$

因
$$g_{(9)}=1.70<g_0=2.11,\ 且\ g_{(1)}<g_{(9)}$$

故可判别测量列不存在粗大误差。

若发现测量列存在粗大误差，应将含有粗大误差的测得值剔除，然后再按上述步骤重新计算，直至所有测得值皆不包含粗大误差时为止。

7. 求算术平均值的标准差

根据式（2-21）计算 $\sigma_{\bar{x}}$ 得

$$\sigma_{\bar{x}}=\frac{\sigma}{\sqrt{n}}=\frac{0.0029}{\sqrt{9}}\text{mm}\approx0.001\text{mm}$$

8. 求算术平均值的极限误差

因为测量列的测量次数较少，算术平均值的极限误差按 t 分布计算。

已知 $\nu = n - 1 = 8$，取 $\alpha = 0.05$，查附表 3 得

$$t_a = 2.31$$

根据式（2-39）求得算术平均值的极限误差 $\delta_{\lim}\bar{x}$ 为

$$\delta_{\lim}\bar{x} = \pm t_a \sigma_{\bar{x}} = \pm 2.31 \times 0.001\text{mm} = \pm 0.002\text{mm}$$

9. 写出最后测量结果

最后测量结果通常用算术平均值及其极限误差来表示，即

$$L = \bar{x} + \delta_{\lim}\bar{x} = (24.775 \pm 0.002)\text{mm}$$

二、不等精度直接测量列测量结果的数据处理实例

例 2-25 对某一角度进行 6 组不等精度测量，各组的单次测量均为等精度测量，其测量结果如下：

测 6 次得 $\alpha_1 = 75°18'06''$，　测 30 次得 $\alpha_2 = 75°18'10''$

测 24 次得 $\alpha_3 = 75°18'08''$，　测 12 次得 $\alpha_4 = 75°18'16''$

测 12 次得 $\alpha_5 = 75°18'13''$，　测 36 次得 $\alpha_6 = 75°18'09''$

求最后测量结果。

假定各组测量结果不存在系统误差和粗大误差，则可按下列步骤求最后测量结果。

1. 求加权算术平均值

首先根据测量次数确定各组的权，因为各单次测量为等精度测量，则有

$$p_1 : p_2 : p_3 : p_4 : p_5 : p_6 = 1:5:4:2:2:6$$

取

$$p_1 = 1,\ p_2 = 5,\ p_3 = 4,\ p_4 = 2,\ p_5 = 2,\ p_6 = 6$$

$$\sum_{i=1}^{6} p_i = 20$$

再根据式（2-46）求加权算术平均值 $\bar{\alpha}$，选取参考值 $\alpha_0 = 75°18'06''$，则可得

$$\bar{\alpha} = \alpha_0 + \frac{\sum_{i=1}^{6} p_i(\alpha_i - \alpha_0)}{\sum_{i=1}^{6} p_i} = 75°18'06'' + \frac{1 \times 0'' + 5 \times 4'' + 4 \times 2'' + 2 \times 10'' + 2 \times 7'' + 6 \times 3''}{20}$$

$$= 75°18'06'' + 4'' = 75°18'10''$$

2. 求残余误差并进行校核

由公式 $v_i = \alpha_i - \bar{\alpha}$ 得

$$v_1 = -4'',\ v_2 = 0,\quad v_3 = -2''$$

$$v_4 = 6'',\quad v_5 = 3'',\quad v_6 = -1''$$

用加权残余误差代数和等于零来校核加权算术平均值及其残余误差的计算是否正确，即

$$\sum_{i=1}^{m} p_i v_i = 0$$

因

$$\sum_{i=1}^{6} p_i v_i = -4'' - 8'' + 12'' + 6'' - 6'' = 0$$

故计算正确。

3. 求加权算术平均值的标准差

根据式（2-51）求得加权算术平均值的标准差 $\sigma_{\bar{\alpha}}$ 为

$$\sigma_{\bar{\alpha}} = \sqrt{\frac{\sum_{i=1}^{m} p_i v_i^2}{(m-1)\sum_{i=1}^{m} p_i}}$$

$$= \sqrt{\frac{1\times(4'')^2 + 5\times 0'' + 4\times(2'')^2 + 2\times(6'')^2 + 2\times(3'')^2 + 6\times(1'')^2}{(6-1)\times 20}}$$

$$= \sqrt{\frac{128('')^2}{5\times 20}} = 1.1''$$

4. 求加权算术平均值的极限误差

因为该角度进行 6 组测量共有 120 个直接测得值，可认为该测量列服从正态分布，取置信系数 $t=3$，则最后结果的极限误差为

$$\delta_{\lim}\bar{\alpha} = \pm 3\sigma_{\bar{\alpha}} = \pm 3\times 1.1'' = \pm 3.3''$$

5. 写出最后测量结果

$$\alpha = \bar{\alpha} + \delta_{\lim}\bar{\alpha} = 75°18'10'' \pm 3.3''$$

例 2-26 电子电量 e 与质量 m 比值 e/m 的两次观测结果为 $x_1 \pm \sigma_1 = 1.75080 \pm 0.00042$ 和 $x_2 \pm \sigma_2 = 1.75059 \pm 0.00036$（单位：$10^{11}$ C/kg）。两次观测结果不存在系统误差和粗大误差，求最后的测量结果。

因不存在系统误差和粗大误差，则可按下列步骤求最后测量结果。

1. 求加权算术平均值

首先根据两次测量的标准差求各次测量的权，有

$$p_1 : p_2 = \frac{1}{\sigma_1^2} : \frac{1}{\sigma_2^2} = \frac{1}{0.00042^2} : \frac{1}{0.00036^2} = 36 : 49$$

取

$$p_1 = 36,\ p_2 = 49$$

再根据式（2-44）求加权算术平均值 $\bar{x}$，则可得

$$\bar{x} = \frac{x_1 p_1 + x_2 p_2}{p_1 + p_2} = \frac{1.75080\times 36 + 1.75059\times 49}{36+49}\times 10^{11}\,\text{C/kg} = 1.75068\times 10^{11}\,\text{C/kg}$$

2. 求残余误差并进行校核

由公式 $v_i = x_i - \bar{x}$ 得

$$v_1 = 0.00012\times 10^{11}\,\text{C/kg},\ v_2 = -0.00009\times 10^{11}\,\text{C/kg}$$

用加权残余误差代数和等于求加权 $\bar{x}$ 时的余数来检验，即

$$\sum_{i=1}^{2} p_i v_i = 36\times 0.00012\times 10^{11}\,\text{C/kg} + 49\times(-0.00009)\times 10^{11}\,\text{C/kg} = -0.00009\times 10^{11}\,\text{C/kg}$$

$$x_1 p_1 + x_2 p_2 - (p_1 + p_2)\bar{x}$$

$$= (1.75080\times 36 + 1.75059\times 49)\times 10^{11}\,\text{C/kg} - (36+49)\times 1.75068\times 10^{11}\,\text{C/kg}$$

$$= -0.00009\times 10^{11}\,\text{C/kg}$$

3. 求加权算术平均值的标准差

根据式（2-49）求得加权算术平均值 $\bar{x}$ 的标准差 $\sigma_{\bar{x}}$ 为

$$\sigma_{\bar{x}} = \sigma_{x_i}\sqrt{\frac{p_i}{\sum_{i=1}^{2} p_i}} = \sigma_{x1}\sqrt{\frac{p_1}{p_1 + p_2}}$$

$$= 0.00042\sqrt{\frac{36}{36+49}} \times 10^{11}\,\mathrm{C/kg}$$

$$= 0.00027 \times 10^{11}\,\mathrm{C/kg}$$

4. 求加权算术平均值 $\bar{x}$ 的极限误差

若取置信系数 $t=3$，则最后的极限误差为

$$\delta_{\lim}\bar{x} = \pm 3\sigma_{\bar{x}} = \pm 0.00081 \times 10^{11}\,\mathrm{C/kg}$$

5. 写出最后测量结果

$$x = \bar{x} + \delta_{\lim}\bar{x} = (1.75068 \times 10^{11} \pm 0.00081 \times 10^{11})\,\mathrm{C/kg}$$

习　题

2-1　试述标准差 σ、平均误差 θ 和或然误差 ρ 的几何意义。

2-2　试述单次测量的标准差 σ 和算术平均值的标准差 $\sigma_{\bar{x}}$，两者物理意义及实际用途有何不同?

2-3　试分别求出服从正态分布、反正弦分布、均匀分布误差落在 $[-\sqrt{2}\sigma, +\sqrt{2}\sigma]$ 中的概率。

2-4　测量某物体重量共 8 次，测得数据（单位为 g）为 236.45，236.37，236.51，236.34，236.39，236.48，236.47，236.40。试求算术平均值及其标准差。

2-5　用别捷尔斯法、极差法和最大误差法计算习题 2-4 的标准差，并比较之。

2-6　测量某电路电流共 5 次，测得数据（单位为 mA）为 168.41，168.54，168.59，168.40，168.50。试求算术平均值及其标准差、或然误差和平均误差。

2-7　在立式测长仪上测量某校对量具，重复测量 5 次，测得数据（单位为 mm）为 20.0015，20.0016，20.0018，20.0015，20.0011。若测量值服从正态分布，试以 99% 的置信概率确定测量结果。

2-8　对某工件进行 5 次测量，在排除系统误差的条件下，求得标准差 $\sigma=0.005\mathrm{mm}$，若要求测量结果的置信概率 P 为 95%，试求其置信限。

2-9　用某仪器测量工件尺寸，在排除系统误差的条件下，其标准差 $\sigma=0.004\mathrm{mm}$，若要求测量结果的置信限为 $\pm0.005\mathrm{mm}$，当置信概率为 99% 时，试求必要的测量次数。

2-10　用某仪器测量工件尺寸，已知该仪器的标准差 $\sigma=0.001\mathrm{mm}$，若要求测量的允许极限误差为 $\pm0.0015\mathrm{mm}$，而置信概率 P 为 0.95 时，至少应测量多少次?

2-11　已知某仪器测量的标准差为 0.5μm。①若在该仪器上，对某一轴径测量一次，测得值为 26.2025mm，试写出测量结果；②若重复测量 10 次，测得值（单位为 mm）为 26.2025，26.2028，26.2028，26.2025，26.2026，26.2022，26.2023，26.2025，26.2026，26.2022，试写出测量结果；③若手头无该仪器测量的标准差值的资料，试由②中 10 次重复测量的测量值，写出上述①、②的测量结果。

2-12　某时某地由气压表得到的读数（单位为 Pa）为 102523.85，102391.30，102257.97，102124.65，101991.33，101858.01，101724.69，101591.36，其权各为 1，3，5，7，8，6，4，2，试求加权算术平均值及其标准差。

2-13　测量某角度共两次，测得值为 $\alpha_1=24°13'36''$，$\alpha_2=24°13'24''$，其标准差分别为 $\sigma_1=3.1''$，$\sigma_2=13.8''$，试求加权算术平均值及其标准差。

2-14　甲、乙两测试者用正弦尺对一锥体的锥角 α 各重复测量 5 次，测得值如下：

$\alpha_{甲}$：7°2′20″，7°3′0″，7°2′35″，7°2′20″，7°2′15″；

$\alpha_{乙}$：7°2′25″，7°2′25″，7°2′20″，7°2′50″，7°2′45″；

试求其测量结果。

2-15 试证明 n 个相等精度测得值的平均值的权为 n 乘以任一个测量值的权。

2-16 对某重力加速度作两组测量，第一组测量具有平均值为 9.811m/s^2、其标准差为 0.014m/s^2。第二组测量具有平均值为 9.802m/s^2，其标准差为 0.022m/s^2。假设这两组测量属于同一正态总体。试求此两组测量的平均值和标准差。

2-17 对某量进行 10 次测量，测得数据为 14.7，15.0，15.2，14.8，15.5，14.6，14.9，14.8，15.1，15.0，试判断该测量列中是否存在系统误差。

2-18 对一线圈电感测量 10 次，前 4 次是和一个标准线圈比较得到的，后 6 次是和另一个标准线圈比较得到的，测得结果如下（单位为 mH）：

50.82，50.83，50.87，50.89；

50.78，50.78，50.75，50.85，50.82，50.81。

试判断前 4 次与后 6 次测量中是否存在系统误差。

2-19 等精度测得某一电压 10 次，测得结果（单位为 V）为 25.94，25.97，25.98，26.01，26.04，26.02，26.04，25.98，25.96，26.07。测量完毕后，发现测量装置有接触松动现象，为判明是否因接触不良而引入系统误差，将接触改善后，又重新作了 10 次等精度测量，测得结果（单位为 V）为 25.93，25.94，25.98，26.02，26.01，25.90，25.93，26.04，25.94，26.02。试用 t 检验法（取 $\alpha=0.05$）判断两组测量值之间是否有系统误差。

2-20 对某量进行 12 次测量，测得数据为 20.06，20.07，20.06，20.08，20.10，20.12，20.11，20.14，20.18，20.18，20.21，20.19，试用两种方法判断该测量列中是否存在系统误差。

2-21 对某量进行两组测量，测得数据如下：

x_i	0.62	0.86	1.13	1.13	1.16	1.18	1.20	1.21	1.22	1.26	1.30	1.34	1.39	1.41	1.57
y_i	0.99	1.12	1.21	1.25	1.31	1.31	1.38	1.41	1.48	1.50	1.59	1.60	1.60	1.84	1.95

试用秩和检验法判断两组测量值之间是否有系统误差。

2-22 对某量进行 15 次测量，测得数据为 28.53，28.52，28.50，29.52，28.53，28.53，28.50，28.49，28.49，28.51，28.53，28.52，28.49，28.40，28.50，若这些测得值已消除系统误差，试用莱以特准则、格罗布斯准则和狄克松准则分别判别该测量列中是否含有粗大误差的测量值。

2-23 对某一个电阻进行 200 次测量，测得结果列表如下：

测得电阻值 R/Ω	1220	1219	1218	1217	1216	1215	1214	1213	1212	1211	1210
该电阻值出现次数	1	3	8	21	43	54	40	19	9	1	1

① 绘出测量结果的统计直方图，由此可得到什么结论？

② 求测量结果并写出表达式。

③ 写出测量误差概率分布密度函数式。

2-24 用秒表测量榴弹引信的自毁时间，进行两组测试以求得自毁时间，第一组测量次数 $n_1=6$，第二组测量次数 $n_2=8$。已知每一次测量的标准差均为 σ_0，求每一组测量的权为多少？

2-25 测量雨滴中带有电荷 x 的概率分布密度函数为（式中 C 为常数）$f(x)=\dfrac{C}{2}e^{-C|x|}$，求其标准差？

2-26 对某被测量 x 进行间接测量得：$2x=1.44$，$3x=2.18$，$4x=2.90$，其权分别为 5∶1∶1，试求 x 的测量结果及其标准差。

2-27 测量地磁水平强度 H_r 由下式计算：

$$H_r=\frac{k}{T\sqrt{\sin\nu}}$$

式中，T 为磁振动周期；ν 为磁倾角；k 为常数，$k=3$。

今测得 T、ν 值及其极限误差为 $T=(3.500\pm0.001)\mathrm{s}$，$\nu=25°0'\pm1'$，求 H_r 的极限误差为多少？

2-28　测量圆盘的直径 $D=(72.003\pm0.052)\mathrm{mm}$，按公式计算圆盘面积 $S=\pi D^2/4$，由于选取 π 的有效数字位数不同，将对面积 S 计算带来系统误差，为保证 S 的计算精度与直径测量精度相同，试确定 π 的有效数字位数。

第三章　误差的合成与分配

任何测量结果都包含有一定的测量误差，这是测量过程中各个环节一系列误差因素共同作用的结果。如何正确地分析和综合这些误差因素，并正确地表述这些误差的综合影响，这就是误差合成要研究的基本内容。

本章较为全面地论述了误差合成与分配的基本规律和基本方法，这些规律和方法不仅应用于测量数据处理中给出测量结果的精度，而且还适用于测量方法和仪器装置的精度分析计算以及解决测量方法的拟订和仪器设计中的误差分配、微小误差取舍及最佳测量方案确定等问题。

第一节　函数误差

第二章所讨论的主要是直接测量的误差计算，但在有些情况下，由于被测对象的特点，不能进行直接测量，或者直接测量难以保证测量精度，所以需要采用间接测量。

间接测量是通过直接测量与被测的量之间有一定函数关系的其他量，按照已知的函数关系式计算出被测的量。因此间接测量的量是直接测量所得到的各个测量值的函数，而间接测量误差则是各个直接测得值误差的函数，故称这种误差为函数误差。研究函数误差的内容，实质上就是研究误差的传递问题，而对于这种具有确定关系的误差计算，也有称之为误差合成。

下面分别介绍函数系统误差和函数随机误差的计算问题。

一、函数系统误差计算

在间接测量中，函数的形式主要为初等函数，且一般为多元函数，其表达式为

$$y = f(x_1, x_2, \cdots, x_n)$$

式中，x_1，x_2，…，x_n 为各个直接测量值；y 为间接测量值。

由高等数学可知，对于多元函数，其增量可用函数的全微分表示，则上式的函数增量 $\mathrm{d}y$ 为

$$\mathrm{d}y = \frac{\partial f}{\partial x_1}\mathrm{d}x_1 + \frac{\partial f}{\partial x_2}\mathrm{d}x_2 + \cdots + \frac{\partial f}{\partial x_n}\mathrm{d}x_n \tag{3-1}$$

若已知各个直接测量值的系统误差 Δx_1，Δx_2，…，Δx_n，由于这些误差值皆较小，可用来近似代替式（3-1）中的微分量 $\mathrm{d}x_1$，$\mathrm{d}x_2$，…，$\mathrm{d}x_n$，从而可近似得到函数的系统误差 Δy 为

$$\Delta y = \frac{\partial f}{\partial x_1}\Delta x_1 + \frac{\partial f}{\partial x_2}\Delta x_2 + \cdots + \frac{\partial f}{\partial x_n}\Delta x_n \tag{3-2}$$

式（3-2）称为函数系统误差公式，而 $\partial f/\partial x_i (i = 1, 2, \cdots, n)$ 为各个直接测量值的误差传递系数。

有些情况下的函数公式较简单，则可直接求得函数的系统误差。

例如，若函数形式为线性公式

$$y = a_1x_1 + a_2x_2 + \cdots + a_nx_n$$

则函数的系统误差为

$$\Delta y = a_1\Delta x_1 + a_2\Delta x_2 + \cdots + a_n\Delta x_n \tag{3-3}$$

式中的各个误差传递系数 a_i 为常数。

当 $a_i = 1$ 时，则有

$$\Delta y = \Delta x_1 + \Delta x_2 + \cdots + \Delta x_n \tag{3-4}$$

式（3-4）说明：当函数为各测量值之和时，其函数系统误差亦为各测量值系统误差之和。

在间接测量中，也常遇到角度测量，其函数关系为三角函数式，它常以 $\sin\varphi$、$\cos\varphi$、$\tan\varphi$ 和 $\cot\varphi$ 等形式出现。对于三角函数的系统误差，可按上述同样方法进行计算。

若三角函数为

$$\sin\varphi = f(x_1, x_2, \cdots, x_n)$$

根据式（3-2），可得三角函数的系统误差

$$\Delta\sin\varphi = \frac{\partial f}{\partial x_1}\Delta x_1 + \frac{\partial f}{\partial x_2}\Delta x_2 + \cdots + \frac{\partial f}{\partial x_n}\Delta x_n \tag{3-5}$$

在角度测量中，需要求得的误差不是三角函数误差，而是所求角度的误差，因此必须进一步求解。

对正弦函数微分得

$$\mathrm{d}\sin\varphi = \cos\varphi \mathrm{d}\varphi$$

$$\mathrm{d}\varphi = \frac{\mathrm{d}\sin\varphi}{\cos\varphi}$$

用系统误差代替上式中相应的微分量，则有

$$\Delta\varphi = \frac{\Delta\sin\varphi}{\cos\varphi}$$

代入式（3-5）可得正弦函数的角度系统误差公式为

$$\Delta\varphi = \frac{1}{\cos\varphi}\left(\frac{\partial f}{\partial x_1}\Delta x_1 + \frac{\partial f}{\partial x_2}\Delta x_2 + \cdots + \frac{\partial f}{\partial x_n}\Delta x_n\right) = \frac{1}{\cos\varphi}\sum_{i=1}^{n}\frac{\partial f}{\partial x_i}\Delta x_i \tag{3-6}$$

同理可得其他三角函数的角度系统误差公式。

对于 $\cos\varphi = f(x_1, x_2, \cdots, x_n)$，其角度系统误差公式为

$$\Delta\varphi = -\frac{1}{\sin\varphi}\sum_{i=1}^{n}\frac{\partial f}{\partial x_i}\Delta x_i \tag{3-7}$$

对于 $\tan\varphi = f(x_1, x_2, \cdots, x_n)$，其角度系统误差公式为

$$\Delta\varphi = \cos^2\varphi\sum_{i=1}^{n}\frac{\partial f}{\partial x_i}\Delta x_i \tag{3-8}$$

对于 $\cot\varphi = f(x_1, x_2, \cdots, x_n)$，其角度系统误差公式为

$$\Delta\varphi = -\sin^2\varphi\sum_{i=1}^{n}\frac{\partial f}{\partial x_i}\Delta x_i \tag{3-9}$$

例 3-1 用弓高弦长法间接测量大直径 D，如图 3-1 所示，直接测得其弓高 h 和弦长 s，然后通过函数关系计算出直径 D。

若弓高与弦长的测得值及其系统误差为

$$h=50\text{mm},\ \Delta h=-0.1\text{mm}$$
$$s=500\text{mm},\ \Delta s=1\text{mm}$$

求测量结果。

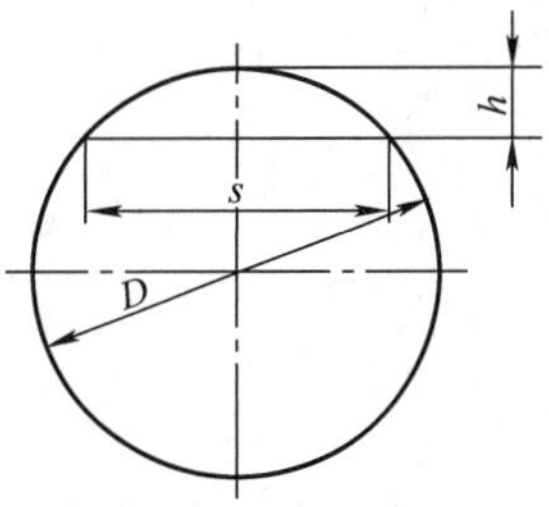

图 3-1

由图 3-1 可得函数关系式

$$D=\frac{s^2}{4h}+h$$

若不考虑测得值的系统误差，则计算出的直径 D_0 为

$$D_0=\frac{s^2}{4h}+h=\frac{500^2}{4\times 50}\text{mm}+50\text{mm}=1300\text{mm}$$

因 $$D=f(s,\ h)$$

根据式（3-2），可得直径 D 的系统误差为

$$\Delta D=\frac{\partial f}{\partial s}\Delta s+\frac{\partial f}{\partial h}\Delta h=\frac{s}{2h}\Delta s-\left(\frac{s^2}{4h^2}-1\right)\Delta h$$

式中各个误差传递系数为

$$\frac{\partial f}{\partial s}=\frac{s}{2h}=\frac{500}{2\times 50}=5$$

$$\frac{\partial f}{\partial h}=-\left(\frac{s^2}{4h^2}-1\right)=-\left(\frac{500^2}{4\times 50^2}-1\right)=-24$$

将已知各误差值及误差传递系数代入直径的系统误差式，得

$$\Delta D=5\times 1\text{mm}-24(-0.1)\text{mm}=7.4\text{mm}$$

通过修正可消除所求得的直径系统误差 ΔD，则被测直径的实际尺寸为

$$D=D_0-\Delta D=1300\text{mm}-7.4\text{mm}=1292.6\text{mm}$$

例 3-2 用某直流电桥测量电阻 R_x，如图 3-2 所示。当三个桥臂平衡时，桥臂电阻分别为 $R_1=100.0\Omega$，$R_2=50.0\Omega$，$R_3=25.0\Omega$。另外，已知三个电阻的系统误差分别为 $\Delta R_1=0.2\Omega$，$\Delta R_2=0.1\Omega$，$\Delta R_3=0.2\Omega$。求电阻 R_x 的测量结果。

根据图 3-2 所示的测量方法，电阻 R_x 的计算公式为

$$R_x=\frac{R_1}{R_2}R_3$$

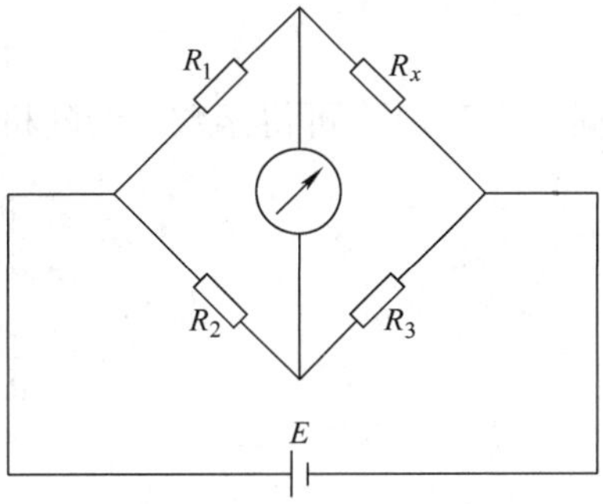

图 3-2

若不考虑测得值的系统误差，将 $R_1=100.0\Omega$、$R_2=50.0\Omega$、$R_3=25.0\Omega$ 代入上式中，得电阻值 R_0 为

$$R_0=\frac{R_1}{R_2}R_3=\frac{100}{50}\times 25\Omega=50\Omega$$

根据式（3-2），得电阻值 R_x 的系统误差 ΔR_x 为

$$\Delta R_x=\frac{\partial f}{\partial R_1}\Delta R_1+\frac{\partial f}{\partial R_2}\Delta R_2+\frac{\partial f}{\partial R_3}\Delta R_3$$

式中各个误差的传递系数为

$$\frac{\partial f}{\partial R_1}=\frac{R_3}{R_2}=\frac{25}{50}=0.5$$

$$\frac{\partial f}{\partial R_2}=-\frac{R_1R_3}{R_2^2}=-\frac{100\times 25}{50^2}=-1$$

$$\frac{\partial f}{\partial R_1}=\frac{R_1}{R_2}=\frac{100}{50}=2$$

将各个电阻值的系统误差及其误差传递系数代入待测电阻 R_x 的误差 ΔR_x 计算公式中，得

$$\Delta R_x=0.5\times 0.2\Omega-1\times 0.1\Omega+2\times 0.2\Omega=0.4\Omega$$

将所求得的电阻系统误差修正后，得到被测电阻的实际值为

$$R_x=R_0-\Delta R_x=50\Omega-0.4\Omega=49.6\Omega$$

二、函数随机误差计算

随机误差是用表征其取值分散程度的标准差来评定的，对于函数的随机误差，也是用函数的标准差来进行评定。因此，函数随机误差计算，就是研究函数 y 的标准差与各测量值 x_1，x_2，…，x_n 的标准差之间的关系。但在式（3-1）中，若以各测量值的随机误差 δx_1，δx_2，…，δx_n 代替各微分量 $\mathrm{d}x_1$，$\mathrm{d}x_2$，…，$\mathrm{d}x_n$，只能得到函数的随机误差 δy，而得不到函数的标准差 σ_y。因此，必须进行下列运算，以求得函数的标准差。

函数的一般形式为

$$y=f(x_1,x_2,\cdots,x_n)$$

为了求得用各个测量值的标准差表示函数的标准差公式，设对各个测量值皆进行了 N 次等精度测量，其相应的随机误差为

$$\begin{array}{l}\text{对 } x_1:\ \delta x_{11},\ \delta x_{12},\ \cdots,\ \delta x_{1N}\\ \text{对 } x_2:\ \delta x_{21},\ \delta x_{22},\ \cdots,\ \delta x_{2N}\\ \qquad\vdots\\ \text{对 } x_n:\ \delta x_{n1},\ \delta x_{n2},\ \cdots,\ \delta x_{nN}\end{array}$$

根据式（3-1），可得函数 y 的随机误差为

$$\left.\begin{array}{l}\delta y_1=\dfrac{\partial f}{\partial x_1}\delta x_{11}+\dfrac{\partial f}{\partial x_2}\delta x_{21}+\cdots+\dfrac{\partial f}{\partial x_n}\delta x_{n1}\\ \delta y_2=\dfrac{\partial f}{\partial x_1}\delta x_{12}+\dfrac{\partial f}{\partial x_2}\delta x_{22}+\cdots+\dfrac{\partial f}{\partial x_n}\delta x_{n2}\\ \qquad\vdots\\ \delta y_N=\dfrac{\partial f}{\partial x_1}\delta x_{1N}+\dfrac{\partial f}{\partial x_2}\delta x_{2N}+\cdots+\dfrac{\partial f}{\partial x_n}\delta x_{nN}\end{array}\right\}\tag{3-10}$$

将方程组（3-10）中每个方程平方得

$$\left.\begin{aligned}\delta y_1^2 &= \left(\frac{\partial f}{\partial x_1}\right)^2\delta x_{11}^2 + \left(\frac{\partial f}{\partial x_2}\right)^2\delta x_{21}^2 + \cdots + \left(\frac{\partial f}{\partial x_n}\right)^2\delta x_{n1}^2 + 2\sum_{1\leqslant i<j}^{n}\frac{\partial f}{\partial x_i}\frac{\partial f}{\partial x_j}\delta x_{i1}\delta x_{j1}\\ \delta y_2^2 &= \left(\frac{\partial f}{\partial x_1}\right)^2\delta x_{12}^2 + \left(\frac{\partial f}{\partial x_2}\right)^2\delta x_{22}^2 + \cdots + \left(\frac{\partial f}{\partial x_n}\right)^2\delta x_{n2}^2 + 2\sum_{1\leqslant i<j}^{n}\frac{\partial f}{\partial x_i}\frac{\partial f}{\partial x_j}\delta x_{i2}\delta x_{j2}\\ &\vdots\\ \delta y_N^2 &= \left(\frac{\partial f}{\partial x_1}\right)^2\delta x_{1N}^2 + \left(\frac{\partial f}{\partial x_2}\right)^2\delta x_{2N}^2 + \cdots + \left(\frac{\partial f}{\partial x_N}\right)^2\delta x_{nN}^2 + 2\sum_{1\leqslant i<j}^{n}\frac{\partial f}{\partial x_i}\frac{\partial f}{\partial x_j}\delta x_{iN}\delta x_{jN}\end{aligned}\right\}\tag{3-11}$$

将方程组（3-11）中各方程相加，可得

$$\begin{aligned}\delta y_1^2+\delta y_2^2+\cdots+\delta y_N^2 &= \left(\frac{\partial f}{\partial x_1}\right)^2(\delta x_{11}^2+\delta x_{12}^2+\cdots+\delta x_{1N}^2)\\ &+\left(\frac{\partial f}{\partial x_2}\right)^2(\delta x_{21}^2+\delta x_{22}^2+\cdots+\delta x_{2N}^2)\\ &+\cdots+\left(\frac{\partial f}{\partial x_n}\right)^2(\delta x_{n1}^2+\delta x_{n2}^2+\cdots+\delta x_{nN}^2)\\ &+2\sum_{1\leqslant i<j}^{n}\sum_{m=1}^{N}\left(\frac{\partial f}{\partial x_i}\frac{\partial f}{\partial x_j}\delta x_{im}\delta x_{jm}\right)\end{aligned}\tag{3-12}$$

将式（3-12）的各项除以 N，并根据式（2-12）可得

$$\sigma_y^2=\left(\frac{\partial f}{\partial x_1}\right)^2\sigma_{x1}^2+\left(\frac{\partial f}{\partial x_2}\right)^2\sigma_{x2}^2+\cdots+\left(\frac{\partial f}{\partial x_n}\right)^2\sigma_{xn}^2+2\sum_{1\leqslant i<j}^{n}\left(\frac{\partial f}{\partial x_i}\frac{\partial f}{\partial x_j}\frac{\sum_{m=1}^{N}\delta x_{im}\delta x_{jm}}{N}\right)$$

若定义

$$K_{ij}=\frac{\sum_{m=1}^{N}\delta x_{im}\delta x_{jm}}{N}$$

$$\rho_{ij}=\frac{K_{ij}}{\sigma_{xi}\sigma_{xj}}$$

或

$$K_{ij}=\rho_{ij}\sigma_{xi}\sigma_{xj}$$

则可得

$$\sigma_y^2=\left(\frac{\partial f}{\partial x_1}\right)^2\sigma_{x1}^2+\left(\frac{\partial f}{\partial x_2}\right)^2\sigma_{x2}^2+\cdots+\left(\frac{\partial f}{\partial x_n}\right)^2\sigma_{xn}^2+2\sum_{1\leqslant i<j}^{n}\left(\frac{\partial f}{\partial x_i}\frac{\partial f}{\partial x_j}\rho_{ij}\sigma_{xi}\sigma_{xj}\right)\tag{3-13}$$

式中，ρ_{ij}为第 i 个测量值和第 j 个测量值之间的误差相关系数。

根据式（3-13）可由各个测量值的标准差计算出函数的标准差，故称该式为函数随机误差公式，而$\partial f/\partial x_i(i=1,2,\cdots,n)$为各个测量值的误差传递系数。

若各测量值的随机误差是相互独立的，且当 N 适当大时，相关项

$$K_{ij}=\frac{\sum_{m=1}^{N}\delta_{x_{im}}\delta_{x_{jm}}}{N}=0$$

则相关系数 ρ_{ij}也为零，误差公式（3-13）可简化为

$$\sigma_y^2=\left(\frac{\partial f}{\partial x_1}\right)^2\sigma_{x1}^2+\left(\frac{\partial f}{\partial x_2}\right)^2\sigma_{x2}^2+\cdots+\left(\frac{\partial f}{\partial x_n}\right)^2\sigma_{xn}^2$$

$$\sigma_y=\sqrt{\left(\frac{\partial f}{\partial x_1}\right)^2\sigma_{x1}^2+\left(\frac{\partial f}{\partial x_2}\right)^2\sigma_{x2}^2+\cdots+\left(\frac{\partial f}{\partial x_n}\right)^2\sigma_{xn}^2} \tag{3-14}$$

令$\partial f/\partial x_i=a_i$，则式（3-14）可写成

$$\sigma_y=\sqrt{a_1^2\sigma_{x1}^2+a_2^2\sigma_{x2}^2+\cdots+a_n^2\sigma_{xn}^2} \tag{3-15}$$

各测量值随机误差间互不相关的情况较为常见，且当各相关系数很小时，也可近似地作不相关处理，因此式（3-14）或式（3-15）是较常用的函数随机误差公式。

当各个测量值的随机误差为正态分布时，式（3-15）中的标准差用极限误差代替，可得函数的极限误差公式为

$$\delta_{\lim y}=\pm\sqrt{a_1^2\delta_{\lim}^2x_1+a_2^2\delta_{\lim}^2x_2+\cdots+a_n^2\delta_{\lim}^2x_n} \tag{3-16}$$

在多数情况下，$a_i=1$，且函数形式较简单，即

$$y=x_1+x_2+\cdots+x_n$$

则函数的标准差为

$$\sigma_y=\sqrt{\sigma_{x1}^2+\sigma_{x2}^2+\cdots+\sigma_{xn}^2} \tag{3-17}$$

函数的极限误差为

$$\delta_{\lim}y=\pm\sqrt{\delta_{\lim}^2x_1+\delta_{\lim}^2x_2+\cdots+\delta_{\lim}^2x_n} \tag{3-18}$$

三角函数的随机误差计算和一般函数的随机误差计算方法基本相同。

设三角函数的角度标准差为σ_φ，各个测量值的标准差为σ_{x1}，σ_{x2}，…，σ_{xn}，则根据三角函数的系统误差公式（3-6）~式(3-9）和式（3-14），可得相应的角度标准差公式。

1）对于$\sin\varphi=f(x_1,x_2,\cdots,x_n)$，根据式（3-6）和式（3-14），则有

$$\sigma_\varphi=\frac{1}{\cos\varphi}\sqrt{\left(\frac{\partial f}{\partial x_1}\right)^2\sigma_{x1}^2+\left(\frac{\partial f}{\partial x_2}\right)^2\sigma_{x2}^2+\cdots+\left(\frac{\partial f}{\partial x_n}\right)^2\sigma_{xn}^2} \tag{3-19}$$

2）对于$\cos\varphi=f(x_1,x_2,\cdots,x_n)$，根据式（3-7）和式（3-14），则有

$$\sigma_\varphi=\frac{1}{\sin\varphi}\sqrt{\left(\frac{\partial f}{\partial x_1}\right)^2\sigma_{x1}^2+\left(\frac{\partial f}{\partial x_2}\right)^2\sigma_{x2}^2+\cdots+\left(\frac{\partial f}{\partial x_n}\right)^2\sigma_{xn}^2} \tag{3-20}$$

3）对于$\tan\varphi=f(x_1,x_2,\cdots,x_n)$，根据式（3-8）和式（3-14），则有

$$\sigma_\varphi=\cos^2\varphi\sqrt{\left(\frac{\partial f}{\partial x_1}\right)^2\sigma_{x1}^2+\left(\frac{\partial f}{\partial x_2}\right)^2\sigma_{x2}^2+\cdots+\left(\frac{\partial f}{\partial x_n}\right)^2\sigma_{xn}^2} \tag{3-21}$$

4）对于$\cot\varphi=f(x_1,x_2,\cdots,x_n)$，根据式（3-9）和式（3-14），则有

$$\sigma_\varphi=\sin^2\varphi\sqrt{\left(\frac{\partial f}{\partial x_1}\right)^2\sigma_{x1}^2+\left(\frac{\partial f}{\partial x_2}\right)^2\sigma_{x2}^2+\cdots+\left(\frac{\partial f}{\partial x_n}\right)^2\sigma_{xn}^2} \tag{3-22}$$

若用极限误差来表示角度误差，则上述各式只需作相应的误差代换。

例 3-3 对例 3-1 用弓高弦长法间接测量大直径 D（见图 3-1）

$$D=\frac{s^2}{4h}+h$$

若已知 $h=50\text{mm}$，$\delta_{\lim}s=\pm0.1\text{mm}$

$s=500\text{mm}$，$\delta_{\lim}h=\pm0.05\text{mm}$

根据式（3-16），求得直径的极限误差为

$$\begin{aligned}\delta_{\lim}D&=\pm\sqrt{\left(\frac{\partial f}{\partial s}\right)^2\delta_{\lim}^2s+\left(\frac{\partial f}{\partial h}\right)^2\delta_{\lim}^2h}\\&=\pm\sqrt{\left(\frac{s}{2h}\right)^2\delta_{\lim}^2s+\left(\frac{s^2}{4h^2}-1\right)^2\delta_{\lim}^2h}\\&=\pm\sqrt{\left(\frac{500}{2\times50}\right)^2\times0.1^2+\left(\frac{500^2}{4\times50^2}-1\right)^2\times0.05^2}\ \text{mm}\\&=\pm\sqrt{1.69}\text{mm}=\pm1.3\text{mm}\end{aligned}$$

则所求直径的最后结果为

$$\begin{aligned}D&=(D_0-\Delta D)+\delta_{\lim}D\\&=(1300-7.4)\text{mm}\pm1.3\text{mm}=1292.6\text{mm}\pm1.3\text{mm}\end{aligned}$$

例 3-4 在例 3-2 中，若各个电阻测量存在随机误差，且相互独立，并已知其大小为 $\sigma_{R1}=0.4\Omega$，$\sigma_{R2}=0.2\Omega$，$\sigma_{R3}=0.4\Omega$，求 R_x 的标准差。

根据式（3-14），R_x 测量值的随机误差标准差为

$$\begin{aligned}\sigma_{Rx}&=\sqrt{\left(\frac{\partial f}{\partial R_1}\right)^2\sigma_{R1}^2+\left(\frac{\partial f}{\partial R_2}\right)^2\sigma_{R2}^2+\left(\frac{\partial f}{\partial R_3}\right)^2\sigma_{R3}^2}\\&=\sqrt{0.5^2\times0.4^2+(-1)^2\times0.2^2+2^2\times0.4^2}\Omega\approx0.82\Omega\end{aligned}$$

根据例 3-2 和已求得 σ_{Rx} 的数据，被测电阻 R_x 的最后测量结果为

$$R_x=(R_0-\Delta R_x)\pm3\sigma_{Rx}=(50-0.4)\Omega\pm3\times0.82\Omega\approx49.6\Omega\pm2.5\Omega$$

三、误差间的相关关系和相关系数

在函数误差及其他误差的合成计算时，各误差间的相关性对计算结果有直接影响。例如式（3-13）中的相关项反映了各随机误差相互间的线性关联对函数总误差的影响大小。当相关系数 $\rho_{ij}=0$ 时，则式（3-13）简化为式（3-15）的常用函数随机误差传递公式。但若 $\rho_{ij}=1$，则式（3-13）又可简化为

$$\sigma_y=\sqrt{a_1^2\sigma_{x1}^2+a_2^2\sigma_{x2}^2+\cdots+a_n^2\sigma_{xn}^2+2\sum_{1\leqslant i<j}^{n}a_ia_j\sigma_{xi}\sigma_{xj}}=a_1\sigma_{x1}+a_2\sigma_{x2}+\cdots+a_n\sigma_{xn}\tag{3-23}$$

式（3-23）表明，当 $\rho_{ij}=1$ 时，函数随机误差则具有线性的传递关系。

以上分析结果充分说明，误差间的相关性与误差合成有密切关系。虽然通常所遇到的测量实践多属误差间线性无关或近似线性无关，但线性相关的也常见。当各误差间相关或相关性不能忽略时，必须先求出各个误差间的相关系数，然后才能进行误差合成计算。因此，正确处理误差间的相关问题，有其重要意义。

（一）误差间的线性相关关系

误差间的线性相关关系是指它们具有线性依赖关系，这种依赖关系有强有弱。联系最强时，在平均意义上，一个误差的取值完全决定了另一个误差的取值，此时两误差间具有确定的线性函数关系。当两误差间的线性依赖关系最弱时，一个误差的取值与另一个误差的取值无关，这是互不相关的情况。

一般两误差间的关系是处于上述两种极端情况之间，既有联系而又不具有确定性关系。此时，线性依赖关系是指在平均意义上的线性关系，即一个误差值随另一个误差值的变化具有线性关系的倾向，但两者取值又不服从确定的线性关系，而具有一定的随机性。

（二）相关系数

两误差间有线性关系时，其相关性强弱由相关系数来反映，在误差合成时应求得相关系数，并计算出相关项大小。

若两误差 ξ 与 η 之间的相关系数为 ρ，根据式（3-13）中的相关系数定义，则有

$$\rho = \frac{K_{\xi\eta}}{\sigma_\xi \sigma_\eta} \tag{3-24}$$

式中，$K_{\xi\eta}$ 为误差 ξ 与 η 之间的协方差；σ_ξ、σ_η 为分别为误差 ξ 与 η 的标准差。

根据概率论可知，相关系数的取值范围是

$$-1 \leqslant \rho \leqslant +1$$

当 $0<\rho<1$ 时，两误差 ξ 与 η 正相关，即一误差增大时，另一误差的取值平均地增大；

当 $-1<\rho<0$ 时，两误差 ξ 与 η 负相关，即一误差增大时，另一误差的取值平均地减小；

当 $\rho=+1$ 时，称为完全正相关；$\rho=-1$ 时，称为完全负相关。此时两误差 ξ 与 η 之间存在着确定的线性函数关系；

当 $\rho=0$ 时，两误差间无线性关系或称不相关，即一误差增大时，另一误差取值可能增大，也可能减小。

由上面讨论可知，相关系数确实可表示两个误差 ξ 与 η 之间线性相关的密切程度，ρ 越接近 0，ξ 与 η 之间的线性相关程度越小；反之，$|\rho|$ 取值越大、越接近 1，ξ 与 η 之间的线性相关程度越为密切。值得注意的是，相关系数只表示两误差的线性关系的密切程度，当 ρ 很小甚至等于 0 时，两误差间不存在线性关系，但并不表示它们之间不存在其他的函数关系。

确定两误差间的相关系数是比较困难的，通常可采用以下几种方法：

1. 直接判断法

通过两误差之间关系的分析，直接确定相关系数 ρ。如两误差不可能有联系或联系微弱时，则确定 $\rho=0$；如一个误差增大，另一个误差成比例地增大，则确定 $\rho=1$。

2. 试验观察和简略计算法

在某些情况下可直接测量两误差的多组对应值（ξ_i，η_i），用观察或简略计算法求得相关系数。

（1）观察法

用多组测量的对应值（ξ_i，η_i）作图，将它与图 3-3 的标准图形相比，看它与哪一图形

相近，从而确定相关系数的近似值。

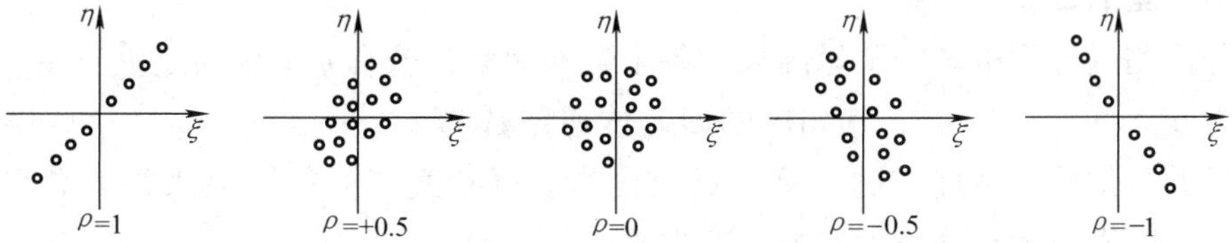

图 3-3

（2）简单计算法

将多组测量的对应值（ξ_i，η_i）在平面坐标上作图（见图3-4），然后作平行于纵轴的直线 A 将点阵左右均分，再作平行于横轴的直线 B 将点阵上下均分，并尽量使 A、B 线上无点，于是将点阵分为4部分，设各部分的点数分别为 n_1、n_2、n_3、n_4，则可以证明相关系数为

$$\rho \approx -\cos\left[\frac{n_1+n_3}{\sum n}\pi\right] \tag{3-25}$$

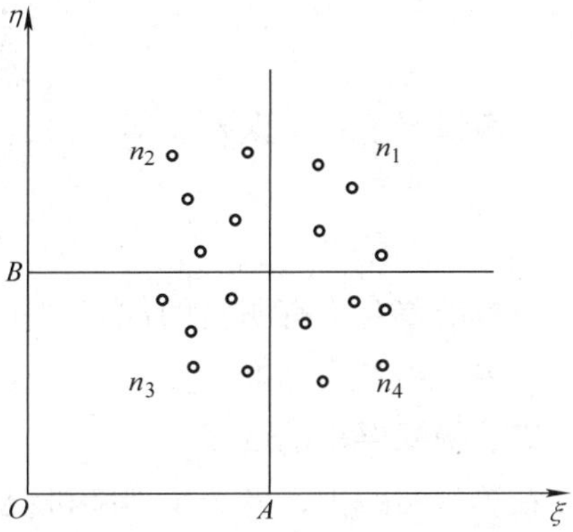

图 3-4

式中，$\sum n = n_1 + n_2 + n_3 + n_4$。

（3）直接计算法

根据多组测量的对应值（ξ_i，η_i），按相关系数的定义直接计算得

$$\rho = \frac{\sum(\xi_i - \bar{\xi})(\eta_i - \bar{\eta})}{\sqrt{\sum(\xi_i - \bar{\xi})^2 \sum(\eta_i - \bar{\eta})^2}} \tag{3-26}$$

式中，$\bar{\xi}$、$\bar{\eta}$ 分别为 ξ_i、η_i 的均值。

3. 理论计算法

有些误差间的相关系数，可根据概率论和最小二乘法直接求出。

如果求得两个误差 ξ 与 η 间为线性相关，即 $\xi = a\eta + b$，则相关系数为

$$\rho = \begin{cases} +1, & a > 0 \\ -1, & a < 0 \end{cases} \tag{3-27}$$

以上讨论了误差之间相关系数的各种求法，根据具体情况可采用不同的方法。一般先在理论上探求，若达不到目的，对于数值小或一般性的误差间的相关系数则可用直观判断法；对于数值大或重要的误差间的相关系数宜采用多组成对观测，并分别情况采用不同的计算方法。

第二节 随机误差的合成

随机误差具有随机性，其取值是不可预知的，并用测量的标准差或极限误差来表征其取值的分散程度。随机误差的合成是采用方和根的方法，同时还要考虑到各个误差传递系数和

误差间的相关性影响。

一、标准差的合成

全面分析测量过程中影响测量结果的各个误差因素，若有 q 个单项随机误差，它们的标准差分别为 σ_1，σ_2，…，σ_q，其相应的误差传递系数为 a_1，a_2，…，a_q。这些误差传递系数是由测量的具体情况来确定的，例如对间接测量可按式（3-13）来求得，对直接测量则根据各个误差因素对测量结果的影响情况来确定。

根据方和根的运算方法，各个标准差合成后的总标准差为

$$\sigma = \sqrt{\sum_{i=1}^{q}(a_i\sigma_i)^2 + 2\sum_{1\leqslant i<j}^{q}\rho_{ij}a_ia_j\sigma_i\sigma_j} \tag{3-28}$$

一般情况下各个误差互不相关，相关系数 $\rho_{ij}=0$，则有

$$\sigma = \sqrt{\sum_{i=1}^{q}(a_i\sigma_i)^2} \tag{3-29}$$

用标准差合成有明显的优点，不仅简单方便，而且无论各单项随机误差的概率分布如何，只要给出各个标准差，均可按式（3-28）或式（3-29）计算总的标准差。

二、极限误差的合成

在测量实践中，各个单项随机误差和测量结果的总误差也常以极限误差的形式来表示，因此极限误差的合成也较常见。

用极限误差来表示随机误差，有明确的概率意义。极限误差合成时，各单项极限误差应取同一置信概率。若已知各单项极限误差为㊀δ_1，δ_2，…，δ_q，且置信概率相同，则按方和根法合成的总极限误差为

$$\delta = \pm\sqrt{\sum_{i=1}^{q}(a_i\delta_i)^2 + 2\sum_{1\leqslant i<j}^{q}\rho_{ij}a_ia_j\delta_i\delta_j} \tag{3-30}$$

式中，a_i 为各极限误差传递系数；ρ_{ij}为任意两误差间的相关系数。

一般情况下，已知的各单项极限误差的置信概率可能不相同，不能按式（3-30）进行极限误差合成。应根据各单项误差的分布情况，引入置信系数，先将误差转换为标准差，再按极限误差合成。

对单项极限误差为

$$\delta_i = \pm t_i\sigma_i \qquad i=1,2,\cdots,q \tag{3-31}$$

式中，σ_i 为各单项随机误差的标准差；t_i 为各单项极限误差的置信系数。

对总的极限误差为

$$\delta = \pm t\sigma \tag{3-32}$$

式中，σ 为合成后的总标准差；t 为合成后总极限误差的置信系数。

将式（3-28）代入式（3-32）得

$$\delta = \pm t\sqrt{\sum_{i=1}^{q}(a_i\sigma_i)^2 + 2\sum_{1\leqslant i<j}^{q}\rho_{ij}a_ia_j\sigma_i\sigma_j} \tag{3-33}$$

㊀ 为简单起见，本章后面均用符号 δ 表示极限误差 $\delta_{\lim}$。

根据式（3-31），则可得一般的极限误差合成公式为

$$\delta = \pm t\sqrt{\sum_{i=1}^{q}\left(\frac{a_i\delta_i}{t_i}\right)^2 + 2\sum_{1\leqslant i<j}^{q}\rho_{ij}a_ia_j\frac{\delta_i}{t_i}\frac{\delta_j}{t_j}} \tag{3-34}$$

根据已知的各单项极限误差和所选取的各个置信系数，即可按式（3-34）进行极限误差的合成。但必须注意，式（3-34）中的各个置信系数，不仅与置信概率有关，而且与随机误差的分布有关。也就是说，对于相同分布的误差，选定相同的置信概率，其相应的各个置信系数相同；对于不同分布的误差，即使选定相同的置信概率，其相应的各个置信系数也不相同。由此可知，式（3-34）中的置信系数 t_1，t_2，…，t_q，一般来说并不相同。对合成后的总误差的置信系数 t，当各单项误差的数目 q 较多时，合成的总误差接近于正态分布，因此可按正态分布来确定 t 值。

当各个单项随机误差均服从正态分布时，式（3-34）中的各个置信系数完全相同，即 $t_1=t_2=\cdots=t_q=t$，则式（3-34）可简化为

$$\delta = \pm\sqrt{\sum_{i=1}^{q}(a_i\delta_i)^2 + 2\sum_{1\leqslant i<j}^{q}\rho_{ij}a_ia_j\delta_i\delta_j} \tag{3-35}$$

一般情况下，$\rho_{ij}=0$，则式（3-35）成为

$$\delta = \pm\sqrt{\sum_{i=1}^{q}(a_i\delta_i)^2} \tag{3-36}$$

式（3-36）具有十分简单的形式，由于各单项误差大多服从正态分布或假设近似服从正态分布，而且它们之间常是线性无关或近似线性无关，因此式（3-36）是较为广泛使用的极限误差合成公式。

第三节　系统误差的合成

系统误差的大小是评定测量准确度高低的标志，系统误差越大，准确度越低；反之，准确度越高。

系统误差具有确定的变化规律，不论其变化规律如何，根据对系统误差的掌握程度，可分为已定系统误差和未定系统误差。由于这两种系统误差的特征不同，其合成方法也不相同。

一、已定系统误差的合成

已定系统误差是指误差大小和方向均已确切掌握了的系统误差。在测量过程中，若有 r 个单项已定系统误差，其误差值分别为 Δ_1，Δ_2，…，Δ_r，相应的误差传递系数为 a_1，a_2，…，a_r，则按代数和法进行合成，求得总的已定系统误差为

$$\Delta = \sum_{i=1}^{r}a_i\Delta_i \tag{3-37}$$

在实际测量中，有不少已定系统误差在测量过程中均已消除，由于某些原因未予消除的已定系统误差也只是有限的少数几项，它们按代数和法合成后，还可以从测量结果中修正，故最后的测量结果中一般不再包含有已定系统误差。

二、未定系统误差的合成

未定系统误差在测量实践中较为常见，对于某些影响较小的已定系统误差，为简化计算，也可不对其进行误差修正，而将其作未定系统误差处理，因此未定系统误差的处理是测量结果处理的重要内容之一。

（一）未定系统误差的特征及其评定

未定系统误差是指误差大小和方向未能确切掌握，或不必花费过多精力去掌握，而只能或只需估计出其不致超过某一极限范围 $\pm e_i$ 的系统误差。也就是说，在一定条件下客观存在的某一系统误差，一定是落在所估计的误差区间（$-e_i$，e_i）内的一个取值。当测量条件改变时，该系统误差又是误差区间（$-e_i$，e_i）内的另一个取值。而当测量条件在某一范围内多次改变时，未定系统误差也随之改变，其相应的取值在误差区间（$-e_i$，e_i）内服从某一概率分布。对于某一单项未定系统误差，其概率分布取决于该误差源变化时所引起的系统误差变化规律。理论上此概率分布是可知的，但实际上常常较难求得。目前对未定系统误差的概率分布，均是根据测量实际情况的分析与判断来确定的，并采用两种假设：一种是按正态分布处理；另一种是按均匀分布处理。但这两种假设，在理论上与实践上往往缺乏根据，因此对未定系统误差的概率分布尚属有待于作进一步研究的问题。对于某一单项未定系统误差的极限范围，是根据该误差源具体情况的分析与判断而作出估计的，其估计结果是否符合实际，往往取决于对误差源具体情况的掌握程度以及测量人员的经验和判断能力。但对某些未定系统误差的极限范围是较容易确定的，例如在检定工作中，所使用的标准计量器具误差，它对检定结果的影响属未定系统误差，而此误差值一般是已知的。

未定系统误差在测量条件不变时有一恒定值，多次重复测量时其值固定不变，因而不具有抵偿性，利用多次重复测量取算术平均值的办法不能减小它对测量结果的影响，这是它与随机误差的重要差别。但是当测量条件改变时，由于未定系统误差的取值在某一极限范围内具有随机性，并且服从一定的概率分布，这些特征均与随机误差相同，因而评定它对测量结果的影响也应与随机误差相同，即采用标准差或极限误差来表征未定系统误差取值的分散程度。

现以质量的标准器具——砝码为例来说明未定系统误差特征及其评定。

在质量计量中，砝码的质量误差将直接带入测量结果。为了减小这项误差的影响，应对砝码质量进行检定，以便给出修正值。由于不可避免地存在砝码质量的检定误差，经修正后的砝码质量误差虽已大为减小，但仍有一定误差（即检定误差）影响质量的计量结果。对某一个砝码，一经检定完成，其修正值即已确定不变，由检定方法引入的误差也就被确定下来了，其值为检定方法极限误差范围内的一个随机取值。使用这一个砝码进行多次重复测量时，由检定方法引入的误差则为恒定值而不具有抵偿性。但这一误差的具体数值又未掌握，而只知其极限范围，因此属未定系统误差。对于同一质量的多个不同的砝码，相应的各个修正值的误差为某一极限范围内的随机取值，其分布规律直接反映了检定方法误差的分布。或者反之，检定方法误差的分布也就反映了各个砝码修正值的误差分布规律。若检定方法误差服从正态分布，则砝码修正值的误差也应服从正态分布，而且两者具有同样的标准差 u_i。若用极限误差来评定砝码修正值的误差，则有㊀$e_i = \pm t_i u_i$。

从上述实例分析可以看出，这种未定系统误差是较为普遍的。一般来说，对一批量具、仪器和设备等在加工、装调或检定中，随机因素带来的误差具有随机性。但对某一具体的量具、仪器和设备，随机因素带来的误差却具有确定性，实际误差为一恒定值。若尚未掌握这种误差的具体数值，则这种误差属未定系统误差。

（二）未定系统误差的合成

若测量过程中存在若干项未定系统误差，应正确地将这些未定系统误差进行合成，以求得最后结果。

由于未定系统误差的取值具有随机性，并且服从一定的概率分布，因而若干项未定系统误差综合作用时，它们之间就具有一定的抵偿作用。这种抵偿作用与随机误差的抵偿作用相似，因而未定系统误差的合成，完全可以采用随机误差的合成公式，这就给测量结果的处理带来很大方便。对于某一项误差，当难以严格区分为随机误差或未定系统误差时，因不论作哪一种误差处理，最后总误差的合成结果均相同，故可将该项误差任作一种误差来处理。

1. 标准差的合成

若测量过程中有 s 个单项未定系统误差，它们的标准差分别为 u_1，u_2，…，u_s，其相应的误差传递系数为 a_1，a_2，…，a_s，则合成后未定系统误差的总标准差为

$$u = \sqrt{\sum_{i=1}^{s}(a_i u_i)^2 + 2\sum_{1 \leqslant i < j}^{s} \rho_{ij} a_i a_j u_i u_j} \tag{3-38}$$

当 $\rho_{ij}=0$ 时，则有

$$u = \sqrt{\sum_{i=1}^{s}(a_i u_i)^2} \tag{3-39}$$

2. 极限误差的合成

因为各个单项未定系统误差的极限误差为

$$e_i = \pm t_i u_i \qquad i = 1,2,\cdots,s \tag{3-40}$$

总的未定系统误差的极限误差为

$$e = \pm tu \tag{3-41}$$

则可得

$$e = \pm t\sqrt{\sum_{i=1}^{s}(a_i u_i)^2 + 2\sum_{1 \leqslant i < j}^{s} \rho_{ij} a_i a_j u_i u_j} \tag{3-42}$$

或

$$e = \pm t\sqrt{\sum_{i=1}^{s}\left(\frac{a_i e_i}{t_i}\right)^2 + 2\sum_{1 \leqslant i < j}^{s} \rho_{ij} a_i a_j \frac{e_i}{t_i}\frac{e_j}{t_j}} \tag{3-43}$$

当各个单项未定系统误差均服从正态分布，且 $\rho_{ij}=0$ 时，则式（3-43）可简化为

$$e = \pm\sqrt{\sum_{i=1}^{s}(a_i e_i)^2} \tag{3-44}$$

㊀ 为了与随机误差的极限误差符号相区别，未定系统误差的极限误差用符号 e 表示，而其标准差则用符号 u 表示；式中右下角符 i 表示第 i 项未定系统误差。

第四节　系统误差与随机误差的合成

以上分别讨论了各种相同性质的误差合成问题，当测量过程中存在各种不同性质的多项系统误差与随机误差，应将其进行综合，以求得最后测量结果的总误差，并常用极限误差来表示，但有时也用标准差来表示。

一、按极限误差合成

若测量过程中有 r 个单项已定系统误差，s 个单项未定系统误差，q 个单项随机误差，它们的误差值或极限误差分别为

$$\Delta_1,\ \Delta_2,\ \cdots,\ \Delta_r$$

$$e_1,\ e_2,\ \cdots,\ e_s$$

$$\delta_1,\ \delta_2,\ \cdots,\ \delta_q$$

为计算方便，设各个误差传递系数均为 1，则测量结果总的极限误差为

$$\Delta_{总} = \sum_{i=1}^{r}\Delta_i \pm t\sqrt{\sum_{i=1}^{s}\left(\frac{e_i}{t_i}\right)^2 + \sum_{i=1}^{q}\left(\frac{\delta_i}{t_i}\right)^2 + R} \tag{3-45}$$

式中，R 为各个误差间协方差之和。

当各个误差均服从正态分布，且各个误差间互不相关时，则式（3-45）可简化为

$$\Delta_{总} = \sum_{i=1}^{r}\Delta_i \pm \sqrt{\sum_{i=1}^{s}e_i^2 + \sum_{i=1}^{q}\delta_i^2} \tag{3-46}$$

一般情况下，已定系统误差经修正后，测量结果总的极限误差就是总的未定系统误差与总的随机误差的方均根，即

$$\Delta_{总} = \pm\sqrt{\sum_{i=1}^{s}e_i^2 + \sum_{i=1}^{q}\delta_i^2} \tag{3-47}$$

由式（3-46）和式（3-47）可以看出，当多项未定系统误差和随机误差合成时，对某一项误差不论作哪一种误差处理，其最后合成结果均相同。但必须注意，对于单次测量，可直接按式（3-47）求得最后结果的总误差，但对多次重复测量，由于随机误差具有抵偿性，而系统误差则固定不变，因此总误差合成公式中的随机误差项应除以重复测量次数 n，即测量结果平均值的总极限误差公式为

$$\Delta_{总} = \pm\sqrt{\sum_{i=1}^{s}e_i^2 + \frac{1}{n}\sum_{i=1}^{q}\delta_i^2} \tag{3-48}$$

由式（3-48）可知，在单次测量的总误差合成中，不需严格区分各个单项误差为未定系统误差或随机误差，而在多次重复测量的总误差合成中，则必须严格区分各个单项误差的性质。

二、按标准差合成

若用标准差来表示系统误差与随机误差的合成公式，则只需考虑未定系统误差与随机误差的合成问题。

若测量过程中有 s 个单项未定系统误差，q 个单项随机误差，它们的标准差分别为

$$u_1,\ u_2,\ \cdots,\ u_s$$

$$\sigma_1,\ \sigma_2,\ \cdots,\ \sigma_q$$

为计算方便，设各个误差传递系数均为1，则测量结果总的标准差为

$$\sigma = \sqrt{\sum_{i=1}^{s} u_i^2 + \sum_{i=1}^{q} \sigma_i^2 + R} \tag{3-49}$$

式中，R 为各个误差间协方差之和。

当各个误差间互不相关时，则式（3-49）可简化为

$$\sigma = \sqrt{\sum_{i=1}^{s} u_i^2 + \sum_{i=1}^{q} \sigma_i^2} \tag{3-50}$$

与极限误差合成的理由相同，对单次测量，可直接按上式求得最后结果的总标准差，但对 n 次重复测量，测量结果平均值的总标准差公式则为

$$\sigma = \sqrt{\sum_{i=1}^{s} u_i^2 + \frac{1}{n}\sum_{i=1}^{q} \sigma_i^2} \tag{3-51}$$

例3-5 在万能工具显微镜上用影像法测量某一平面工件的长度共两次，测得结果分别为 $l_1=50.026\text{mm}$，$l_2=50.025\text{mm}$，已知工件的高度 $H=80\text{mm}$，求测量结果及其极限误差。

两次测量结果的平均值为

$$L_0 = \frac{1}{2}(l_1 + l_2) = \frac{1}{2}(50.026 + 50.025)\text{mm} = 50.0255\text{mm}$$

根据万工显光学刻线尺的刻度误差表，查得在50mm位置的误差修正值 $\Delta = -0.0008\text{mm}$，此项误差为已定系统误差，应予修正，则测量结果为

$$L = L_0 + \Delta = 50.0255\text{mm} - 0.0008\text{mm} = 50.0247\text{mm}$$

在万工显上用影像法测量平面工件尺寸，由有关资料可查得，其主要误差分析计算结果如下：

1. 随机误差

该项误差由读数误差和工件瞄准误差所引起，其极限误差分别为①读数误差 $\delta_1 = \pm 0.8\mu\text{m}$；②瞄准误差 $\delta_2 = \pm 1\mu\text{m}$。

2. 未定系统误差

该项误差由阿贝误差等所引起，其极限误差分别为

1）阿贝误差

$$e_1 = \pm\frac{HL}{4000} = \pm\frac{80\times 50}{4000}\mu\text{m} = \pm 1\mu\text{m}$$

2）光学刻尺刻度误差

$$e_2 = \pm\left(1 + \frac{L}{200}\right)\mu\text{m} = \pm\left(1 + \frac{50}{200}\right)\mu\text{m} = \pm 1.25\mu\text{m}$$

3）温度误差

$$e_3 = \pm\frac{7L}{1000} = \pm\frac{7\times 50}{1000}\mu\text{m} = \pm 0.35\mu\text{m}$$

4）光学刻尺的检定误差

$$e_4 = \pm 0.5\mu\text{m}$$

上列各误差式中，L 为被测长度，H 为被测工件的测量面高出标准刻线尺刻线面的距

离，两者单位均为 mm，而求得的误差单位为 μm。

这 4 项误差在测量中都不具有抵偿性，也不随测量次数的增加而减小，故都属系统误差。但它们给出的数值只是一个范围，而不是确定的数值，因此它们又应属未定系统误差。

以上各项误差汇总如下表所示。

序号	误差因素	极限误差/μm		备　注
		随机误差	未定系统误差	
1	阿贝误差	—	±1	—
2	光学刻尺刻度误差	—	±1.25	加修正值时不计入总误差
3	温度误差	—	±0.35	—
4	读数误差	±0.8	—	—
5	瞄准误差	±1	—	—
6	光学刻尺检定误差	—	±0.5	不加修正值时不计入总误差

设各误差都服从正态分布且互不相关，则测量结果（两次测量的平均值）的极限误差为

当未修正刻尺刻度误差时的极限误差

$$\delta = \pm\sqrt{\frac{1}{2}\sum_{i=1}^{2}\delta_i^2 + \sum_{j=1}^{3}e_j^2} = \pm\sqrt{\frac{1}{2}(1^2+0.8^2)+(1^2+1.25^2+0.35^2)}\,\mu m$$

$$= \pm 1.87\mu m \approx \pm 1.9\mu m$$

因此测量结果应表示为

$$L_0 = (50.0255 \pm 0.0019)\,mm$$

当已修正刻尺刻度误差时的极限误差

$$\delta = \pm\sqrt{\frac{1}{2}\sum_{i=1}^{2}\delta_i^2 + \sum_{j=1}^{3}e_j^2} = \pm\sqrt{\frac{1}{2}(1^2+0.8^2)+(1^2+0.35^2+0.5^2)}\,\mu m$$

$$= \pm 1.48\mu m \approx \pm 1.5\mu m$$

则测量结果应表示为

$$L = (50.0247 \pm 0.0015)\,mm$$

例 3-6　用 TC328B 型天平，配用三等标准砝码称一不锈钢球质量，一次称量得钢球质量 $M = 14.0040g$，求测量结果的标准差。

根据 TC328B 型天平的称量方法，其测量结果的主要误差分析计算结果如下：

1. 随机误差

天平示值变动性所引起的误差为随机误差。用多次重复称量同一球的质量，得天平的标准差为

$$\sigma_1 = 0.05mg$$

2. 未定系统误差

标准砝码误差和天平示值误差，在给定条件下为确定值，但又不知道具体误差数值，而只知道误差范围（或标准差），故这两项误差均属未定系统误差。

（1）砝码误差

天平称量时所用的标准砝码有三个，即 10g 的一个，2g 的两个，它们的标准差分别为

$$u_{11} = 0.4mg$$

$$u_{12}=0.2\mathrm{mg}$$

故三个砝码组合使用时，质量的标准差为

$$u_1=\sqrt{u_{11}^2+2u_{12}^2}=\sqrt{0.4^2+2\times0.2^2}\mathrm{mg}\approx0.5\mathrm{mg}$$

（2）天平示值误差

天平示值为 100 ×0.1mg 时，最大误差为 ±2 ×0.1mg，称该球质量时，示值为 40 ×0.1mg，且对应 3 倍标准差，故该项标准差为

$$u_2=2\times0.1\times\frac{40}{100}\times\frac{1}{3}\mathrm{mg}\approx0.03\mathrm{mg}$$

以上三项误差互不相关，而且显然可知各个误差传递系数均为 1，因此误差合成后可得到测量结果的总标准差为

$$\sigma=\sqrt{\sigma_1^2+u_1^2+u_2^2}=\sqrt{0.05^2+0.5^2+0.03^2}\mathrm{mg}\approx0.5\mathrm{mg}$$

则最后测量结果应表示为（1 倍标准差）

$$M=14.0040\mathrm{g}\pm0.0005\mathrm{g}$$

第五节　误 差 分 配

前面已述，任何测量过程皆包含有多项误差，而测量结果的总误差则由各单项误差的综合影响所确定。现在要研究一个新的课题，即给定测量结果总误差的允差，要求确定各个单项误差。在进行测量工作前，应根据给定测量总误差的允差来选择测量方案，合理进行误差分配，确定各单项误差，以保证测量精度。例如前述的弓高弦长法测量大直径 D，若已给定直径测量的允许极限误差 δ_D，要求确定弓高 h 和弦长 s 的测量极限误差 δ_h 及 δ_s 应为多少，这就是误差分配问题。

误差分配应考虑测量过程中所有误差组成项的分配问题。为便于说明误差分配原理，这里只研究间接测量的函数误差分配，但其基本原理也适用于一般测量的误差分配。

对于函数的已定系统误差，可用修正方法来消除，不必考虑各个测量值已定系统误差的影响，而只需研究随机误差和未定系统误差的分配问题。根据式（3-47）和式（3-50），这两种误差在误差合成时可同等看待，因此在误差分配时也可同等看待，其误差分配方法完全相同。

现设各误差因素皆为随机误差，且互不相关，由式（3-14）可得

$$\begin{aligned}\sigma_y&=\sqrt{\left(\frac{\partial f}{\partial x_1}\right)^2\sigma_1^2+\left(\frac{\partial f}{\partial x_2}\right)^2\sigma_2^2+\cdots+\left(\frac{\partial f}{\partial x_n}\right)^2\sigma_n^2}=\sqrt{a_1^2\sigma_1^2+a_2^2\sigma_2^2+\cdots+a_n^2\sigma_n^2}\\&=\sqrt{D_1^2+D_2^2+\cdots+D_n^2}\end{aligned}\qquad(3\text{-}52)$$

式中，D_i 为函数的部分误差，$D_i=\dfrac{\partial f}{\partial x_i}\sigma_i=a_i\sigma_i$。

若已给定 σ_y，需确定 D_i 或相应的 σ_i，使满足

$$\sigma_y\geqslant\sqrt{D_1^2+D_2^2+\cdots+D_n^2}\qquad(3\text{-}53)$$

显然，式中 D_i 可以是任意值，为不确定解，因此一般需按下列步骤求解。

一、按等作用原则分配误差

等作用原则认为各个部分误差对函数误差的影响相等，即

$$D_1 = D_2 = \cdots = D_n = \frac{\sigma_y}{\sqrt{n}} \tag{3-54}$$

由此可得

$$\sigma_i = \frac{\sigma_y}{\sqrt{n}} \frac{1}{\partial f / \partial x_i} = \frac{\sigma_y}{\sqrt{n}} \frac{1}{a_i} \tag{3-55}$$

或用极限误差表示

$$\delta_i = \frac{\delta}{\sqrt{n}} \frac{1}{\partial f / \partial x_i} = \frac{\delta}{\sqrt{n}} \frac{1}{a_i} \tag{3-56}$$

式中，δ 为函数的总极限误差；δ_i 为各单项误差的极限误差。

如果各个测得值的误差满足式（3-55）、式（3-56），则所得的函数误差不会超过允许的给定值。

二、按可能性调整误差

按等作用原则分配误差可能会出现不合理情况，这是因为计算出来的各个部分误差都相等，对于其中有的测量值，要保证它的测量误差不超出允许范围较为容易实现，而对于其中有的测量值则难以满足要求，若要保证它的测量精度，势必要用昂贵的高精度仪器，或者要付出较大的劳动。

另一方面，由式（3-55）、式（3-56）可以看出，当各个部分误差一定时，则相应测量值的误差与其传递系数成反比。所以各个部分误差相等，其相应测量值的误差并不相等，有时可能相差较大。

由于存在上述两种情况，对按等作用原则分配的误差，必须根据具体情况进行调整。对难以实现测量的误差项适当扩大，对容易实现测量的误差项尽可能缩小，而对其余误差项不予调整。

三、验算调整后的总误差

误差分配后，应按误差合成公式计算实际总误差，若超出给定的允许误差范围，应选择可能缩小的误差项再予缩小误差。若实际总误差较小，可适当扩大难以测量的误差项的误差。

按等作用原则分配误差需注意，当有的误差已经确定而不能改变时（如受测量条件限制，必须采用某种仪器测量某一项目时），应先从给定的允许总误差中除掉，然后再对其余误差项进行误差分配。

例 3-7 测量一圆柱体的体积时，可间接测量圆柱直径 D 及高度 h，根据函数式

$$V = \frac{\pi D^2}{4} h$$

求得体积 V，若要求测量体积的相对误差为 1%，试确定直径 D 及高度 h 的测量精度？

已知直径和高度的公称值为

$$D_0 = 20\text{mm} \qquad h_0 = 50\text{mm}$$

并把 π 看作常数，取值为 3.1416，则可计算出体积 V_0 为

$$V_0 = \frac{\pi D_0^2}{4} h_0 = \frac{3.1416 \times 20^2}{4} \times 50\text{mm}^3 = 15708\text{mm}^3$$

而体积的绝对误差为

$$\delta_V = V_0 \times 1\% = 15708\text{mm}^3 \times 1\% = 157.08\text{mm}^3$$

因为测量项目有两项，即 $n=2$。

根据式（3-56）按等作用原则分配误差，则可得测量直径 D 与高度 h 的极限误差为

$$\delta_D = \frac{\delta_V}{\sqrt{n}} \frac{1}{\partial V/\partial D} = \frac{\delta_V}{\sqrt{n}} \frac{2}{\pi Dh} = \frac{157.08}{\sqrt{2}} \times \frac{2}{\pi \times 20 \times 50}\text{mm} = 0.071\text{mm}$$

$$\delta_h = \frac{\delta_V}{\sqrt{n}} \frac{1}{\partial V/\partial h} = \frac{\delta_V}{\sqrt{n}} \frac{4}{\pi D^2} = \frac{157.08}{\sqrt{2}} \times \frac{4}{\pi \times 20^2}\text{mm} = 0.351\text{mm}$$

由此可知，测量直径 D 的精度需要高些，而测量高度 h 的精度可低些。若用量具测量，由各种量具的极限误差表查得，直径可用 2 级千分尺测量，在 20mm 测量范围内的极限误差为 ±0.013mm。而高度只需用分度值为 0.10mm 的游标卡尺测量，在 50mm 测量范围内的极限误差为 ±0.150mm。用这两种量具测量的体积极限误差为

$$\begin{aligned}\delta_V &= \pm\sqrt{\left(\frac{\partial V}{\partial D}\right)^2 \delta_D^2 + \left(\frac{\partial V}{\partial h}\right)^2 \delta_h^2} = \pm\sqrt{\left(\frac{\pi Dh}{2}\right)^2 \delta_D^2 + \left(\frac{\pi D^2}{4}\right)^2 \delta_h^2} \\ &= \pm\sqrt{\left(\frac{\pi \times 20 \times 50}{2}\right)^2 \times (0.013)^2 + \left(\frac{\pi \times 20^2}{4}\right)^2 \times (0.150)^2}\text{mm}^3 \\ &= \pm 51.36\text{mm}^3\end{aligned}$$

因为
$$|\delta_V| = 51.36\text{mm}^3 < 157.08\text{mm}^3$$

显然，用这两种量具测量不够合理，需进行调整，选用精度较低的量具。

现改用分度值为 0.05mm 的游标卡尺来测量直径和高度，在 50mm 测量范围内，其极限误差为 ±0.08mm，这时测量直径的极限误差虽超出按等作用原则分配所得的允差，但可从测量高度允差的多余部分得到补偿。

调整后的实际测量极限误差为

$$\begin{aligned}\delta_V &= \pm\sqrt{\left(\frac{\pi Dh}{2}\right)^2 \delta_D^2 + \left(\frac{\pi D^2}{4}\right)^2 \delta_h^2} \\ &= \pm\sqrt{\left(\frac{\pi \times 20 \times 50}{2}\right)^2 \times (0.08)^2 + \left(\frac{\pi \times 20^2}{4}\right)^2 \times (0.08)^2}\text{mm}^3 \\ &= \pm 128.45\text{mm}^3\end{aligned}$$

因为
$$|\delta_V| = 128.45\text{mm}^3 < 157.08\text{mm}^3$$

故调整以后用一把游标卡尺测量即能保证测量精度。

第六节　微小误差的取舍准则

测量过程包含有多种误差时，往往有的误差对测量结果总误差的影响较小。当这种误差数值小到一定程度后，计算测量结果总误差时可不予考虑，则称这种误差为微小误差。为了确定误差数值小到什么程度才能作为微小误差而予以舍去，这就需要给出一个微小误差的取舍准则。

若已知测量结果的标准差为

$$\sigma_y = \sqrt{D_1^2 + D_2^2 + \cdots + D_{k-1}^2 + D_k^2 + D_{k+1}^2 + \cdots + D_n^2}$$

将其中的部分误差 D_k 取出后，则得

$$\sigma_y' = \sqrt{D_1^2 + D_2^2 + \cdots + D_{k-1}^2 + D_{k+1}^2 + \cdots + D_n^2}$$

若有

$$\sigma_y \approx \sigma_y'$$

则称 D_k 为微小误差，在计算测量结果总误差时可予舍去。

根据有效数字运算准则，对一般精度的测量，测量误差的有效数字取一位。在此情况下，若将某项部分误差舍去后，满足

$$\sigma_y - \sigma'_y \leqslant (0.1 \sim 0.05)\sigma_y \tag{3-57}$$

则对测量结果的误差计算没有影响。

将式（3-57）写成下列形式

$$\sqrt{D_1^2 + D_2^2 + \cdots + D_k^2 + \cdots + D_n^2} - \sqrt{D_1^2 + D_2^2 + \cdots + D_{k-1}^2 + D_{k+1}^2 + D_n^2}$$
$$\leqslant (0.1 \sim 0.05)\sqrt{D_1^2 + D_2^2 + \cdots + D_k^2 + \cdots + D_n^2}$$

解此式得

$$D_k \leqslant (0.4 \sim 0.3)\sigma_y \tag{3-58}$$

因此，满足此条件只需取

$$D_k \leqslant \frac{1}{3}\sigma_y \tag{3-59}$$

对于比较精密的测量，误差的有效数字可取两位，则有

$$\sigma_y - \sigma'_y \leqslant (0.01 \sim 0.005)\sigma_y \tag{3-60}$$

由此可得

$$D_k \leqslant (0.14 \sim 0.1)\sigma_y \tag{3-61}$$

满足此条件需取

$$D_k \leqslant \frac{1}{10}\sigma_y \tag{3-62}$$

因此，对于随机误差和未定系统误差，微小误差舍去准则是被舍去的误差必须小于或等于测量结果总标准差的 1/3 ~ 1/10。

微小误差取舍准则在总误差计算和选择高一级标准量等方面都有实际意义。计算总误差或误差分配时，若发现有微小误差，可不考虑该误差对总误差的影响。选择高一级精度的标准器具时，其误差一般应为被检器具允许总误差的 1/10 ~ 3/10。

第七节　最佳测量方案的确定

当测量结果与多个测量因素有关时，采用什么方法确定各个因素，才能使测量结果的误差为最小，这就是最佳测量方案的确定问题。

因为已定系统误差可用修正方法来消除，所以讨论最佳测量方案，只需考虑随机误差和未定系统误差对测量方案的影响。为便于介绍最佳测量方案确定的基本原理，只研究间接测量中使函数误差为最小的最佳测量方案的各种途径，但这些途径同样也适用于其他情况的测量实践。

根据式（3-14），函数的标准差为

$$\sigma_y = \sqrt{\left(\frac{\partial f}{\partial x_1}\right)^2 \sigma_1^2 + \left(\frac{\partial f}{\partial x_2}\right)^2 \sigma_2^2 + \cdots + \left(\frac{\partial f}{\partial x_n}\right)^2 \sigma_n^2}$$

由此式可知，欲使 σ_y 为最小，可从以下几方面来考虑。

一、选择最佳函数误差公式

一般情况下，间接测量中的部分误差项数越少，则函数误差也会越小，即直接测量值的数目越少，函数误差也就会越小。所以在间接测量中如果可由不同的函数公式来表示，则应选取包含直接测量值最少的函数公式。若不同的函数公式所包含的直接测量值数目相同，则应选取误差较小的直接测量值的函数公式。如测量零件几何尺寸时，在相同条件下测量内尺寸的误差要比测量外尺寸的误差大，应尽量选择包含测量外尺寸的函数公式。

例 3-8 测量某箱体零件的轴心距 L（见图 3-5），试选择最佳测量方案。

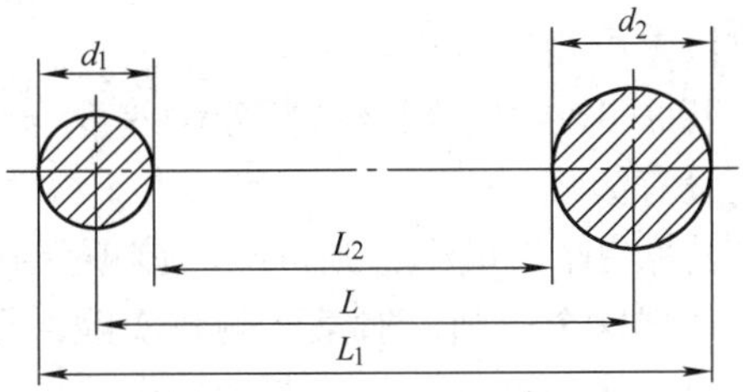

图 3-5

根据图 3-5 所示，测量轴心距 L 有下列三种方法。

1）测量两轴直径 d_1、d_2 和外尺寸 L_1，其函数式为

$$L = L_1 - \frac{1}{2}d_1 - \frac{1}{2}d_2$$

2）测量两轴直径 d_1，d_2 和内尺寸 L_2，其函数式为

$$L = L_2 + \frac{1}{2}d_1 + \frac{1}{2}d_2$$

3）测量外尺寸 L_1 和内尺寸 L_2，其函数式为

$$L = \frac{1}{2}L_1 + \frac{1}{2}L_2$$

若已知测量的标准差分别为

$$\sigma_{d1} = 5\mu\text{m}，\ \sigma_{d2} = 7\mu\text{m}$$
$$\sigma_{L1} = 8\mu\text{m}，\ \sigma_{L2} = 10\mu\text{m}$$

由式（3-14）可得上述三种方法的函数标准差分别为

第一种方法

$$\begin{aligned}\sigma_L &= \sqrt{\left(\frac{\partial f}{\partial L_1}\right)^2 \sigma_{L1}^2 + \left(\frac{\partial f}{\partial d_1}\right)^2 \sigma_{d1}^2 + \left(\frac{\partial f}{\partial d_2}\right)^2 \sigma_{d2}^2} \\ &= \sqrt{\sigma_{L1}^2 + \left(\frac{1}{2}\right)^2 \sigma_{d1}^2 + \left(\frac{1}{2}\right)^2 \sigma_{d2}^2} \\ &= \sqrt{8^2 + 2.5^2 + 3.5^2}\mu\text{m} = 9.1\mu\text{m}\end{aligned}$$

第二种方法

$$\begin{aligned}\sigma_L &= \sqrt{\left(\frac{\partial f}{\partial L_2}\right)^2 \sigma_{L2}^2 + \left(\frac{\partial f}{\partial d_1}\right)^2 \sigma_{d1}^2 + \left(\frac{\partial f}{\partial d_2}\right)^2 \sigma_{d2}^2} \\ &= \sqrt{\sigma_{L2}^2 + \left(\frac{1}{2}\right)^2 \sigma_{d1}^2 + \left(\frac{1}{2}\right)^2 \sigma_{L2}^2} \\ &= \sqrt{10^2 + 2.5^2 + 3.5^2}\mu\text{m} = 10.9\mu\text{m}\end{aligned}$$

第三种方法

$$\sigma_L = \sqrt{\left(\frac{\partial f}{\partial L_1}\right)^2 \sigma_{L1}^2 + \left(\frac{\partial f}{\partial L_2}\right)^2 \sigma_{L2}^2} = \sqrt{\left(\frac{1}{2}\right)^2 \sigma_{L1}^2 + \left(\frac{1}{2}\right)^2 \sigma_{L2}^2}$$

$$= \sqrt{4^2 + 5^2}\mu\text{m} = 6.4\mu\text{m}$$

由计算结果可知，第三种方法误差最小，而第二种方法误差最大，这是因为第三种方法的函数式最简单，而第二种方法的函数式包含的直接测量值数目较多，且又含有内尺寸测量的缘故。

二、使误差传递系数等于零或为最小

由函数误差公式可知，若使各个测量值对函数的误差传递系数$\partial f/\partial x_i = 0$或为最小，则函数误差可相应减小。

若$\partial f/\partial x_i = 0$，则该项部分误差$D_i = (\partial f/\partial x_i)\sigma_i$也将为零，即该测量值的误差$\sigma_i$对函数误差没有影响。

若$\partial f/\partial x_i$为最小，则可减小该项部分误差D_i对函数误差的影响。

根据这个原则，对某些测量实践，尽管有时不可能达到使$\partial f/\partial x_i$等于零的测量条件，但却指出了达到最佳测量方案的趋向。

例 3-9 前面例 3-3 用弓高弦长法测量直径 D（见图 3-1），已知其函数式为

$$D = \frac{s^2}{4h} + h$$

试确定最佳测量方案。

根据式（3-14），求得测量直径的标准差公式为

$$\sigma_D = \sqrt{\left(\frac{s}{2h}\right)^2 \sigma_s^2 + \left(\frac{s^2}{4h^2} - 1\right)^2 \sigma_h^2}$$

欲使σ_D为最小，必须满足：

1. 使$s/(2h) = 0$或为最小

满足$s/(2h) = 0$，必须$s = 0$，但由图中几何关系可知，此时有$h = 0$，因而无实际意义。若满足$s/(2h)$为最小，则$2h$值越大越好，即s值越接近直径越好。

2. 使$s^2/(4h^2) - 1 = 0$

满足此条件必须$s = 2h$，即要求测量直径。

由上述分析可知，欲使σ_D为最小，必须测量直径，此时弓高的测量误差σ_h已不影响直径的测量精度，而只有弦长（实际上此时的弦长也就是直径）的测量误差σ_s影响直径的测量精度。但对大直径测量，此条件难以满足，不过它指出了当h值越接近$s/2$值时，直径的测量误差也越小。

例 3-10 测量金属导线的电导率γ，已知其函数式为

$$\gamma = \frac{4l}{\pi d^2 R}$$

式中的l、d和R分别为金属导线的长度、直径和电阻。根据式（3-14），求得电导率的标准差公式为

$$\sigma_\gamma = \sqrt{\left(\frac{\partial \gamma}{\partial l}\right)^2 \sigma_l^2 + \left(\frac{\partial \gamma}{\partial d}\right)^2 \sigma_d^2 + \left(\frac{\partial \gamma}{\partial R}\right)^2 \sigma_R^2}$$

$$= \sqrt{\left(\frac{4}{\pi d^2 R}\right)^2 \sigma_l^2 + \left(\frac{8l}{\pi d^3 R}\right)^2 \sigma_d^2 + \left(\frac{4l}{\pi d^2 R^2}\right)^2 \sigma_R^2}$$

分析式中各项误差传递函数可知，欲使 σ_γ 为最小，必须满足：

1. 使 $l=0$ 或最小

导线长度 $l=0$，无实际意义，但表明 l 值越小越好，即意味着用短小导线来测量金属电导率 γ，导线直径 d 和电阻 R 的误差传递函数较小，可减小其误差 σ_d 及 σ_R 的影响。

2. 使 d 和 R 较大

电导率标准差公式中各个误差传递函数的分母均有直径 d 和电阻 R，取 d 和 R 为较大值，则可减小各项标准差 σ_l、σ_d 和 σ_R 对金属导线电导率 γ 测量精度的影响。

由以上分析可知，金属电导率测量的最佳方案是选择长度小、直径大的金属导线，即用短而粗的导线来测量金属电导率。而且还可看出导线直径的标准差 σ_d 对电导率的测量标准差 σ_γ 影响较大，故需用高精度方法测量导线直径。

习　题

3-1　相对测量时需用 54.255mm 的量块组做标准件，量块组由 4 块量块研合而成，它们的基本尺寸为 $l_1=40\text{mm}$，$l_2=12\text{mm}$，$l_3=1.25\text{mm}$，$l_4=1.005\text{mm}$。经测量，它们的尺寸偏差及其测量极限误差分别为 $\Delta l_1=-0.7\mu\text{m}$，$\Delta l_2=+0.5\mu\text{m}$，$\Delta l_3=-0.3\mu\text{m}$，$\Delta l_4=+0.1\mu\text{m}$；$\delta_{\lim} l_1=\pm 0.35\mu\text{m}$，$\delta_{\lim} l_2=\pm 0.25\mu\text{m}$，$\delta_{\lim} l_3=\pm 0.20\mu\text{m}$，$\delta_{\lim} l_4=\pm 0.20\mu\text{m}$。试求量块组按基本尺寸使用时的修正值及给相对测量带来的测量误差。

3-2　为求长方体体积 V，直接测量其各边长为 $a=161.6\text{mm}$，$b=44.5\text{mm}$，$c=11.2\text{mm}$，已知测量的系统误差为 $\Delta a=1.2\text{mm}$，$\Delta b=-0.8\text{mm}$，$\Delta c=0.5\text{mm}$，测量的极限误差为 $\delta_a=\pm 0.8\text{mm}$，$\delta_b=\pm 0.5\text{mm}$，$\delta_c=\pm 0.5\text{mm}$，试求立方体的体积及其体积的极限误差。

3-3　长方体的边长分别为 a_1、a_2、a_3，测量时：①标准差均为 σ；②标准差各为 σ_1、σ_2、σ_3。试求两种情况测量体积的标准差。

3-4　测量某电路的电流 $I=22.5\text{mA}$，电压 $U=12.6\text{V}$，测量的标准差分别为 $\sigma_I=0.5\text{mA}$，$\sigma_U=0.1\text{V}$，求所耗功率 $P=UI$ 及其标准差 σ_P。

3-5　已知 $x\pm\sigma_x=2.0\pm 0.1$，$y\pm\sigma_y=3.0\pm 0.2$，相关系数 $\rho_{xy}=0$，试求 $\varphi=x^3\sqrt{y}$的值及其标准差。

3-6　已知 x 与 y 的相关系数 $\rho_{xy}=-1$，试求 $u=x^2+ay$ 的方差 σ_u^2。

3-7　通过电流表的电流 I 与指针偏转角 φ 服从下列关系：

$$I=C\tan\varphi$$

式中 C 为决定于仪表结构的常数，$C=5.031\times 10^{-7}\text{A}$，两次测得 $\varphi_1=6°17'\pm 1'$、$\varphi_2=43°32'\pm 1'$。试求两种情况下的 I_1、I_2 及其极限误差，并分析最佳测量方案。

3-8　如图 3-6 所示，用双球法测量孔的直径 D，其钢球直径分别为 d_1、d_2，测出距离分别为 H_1、H_2，试求被测孔径 D 与各直接测量量的函数关系 $D=f(d_1, d_2, H_1, H_2)$ 及其误差传递系数。

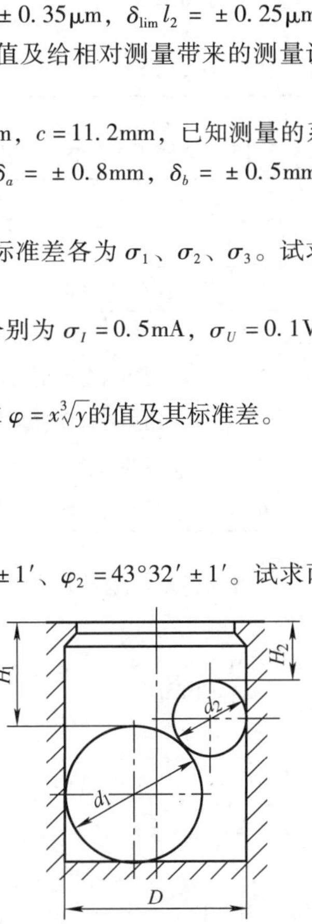

图　3-6

3-9　测量某电路电阻 R 两端的电压 U，按式 $I=U/R$ 计算出电路电流，若需保证电流的误差为 0.04A，试求电阻 R 和电压 U 的测量误差为多少？

3-10　题 3-7 中，若测得 $C+\sigma_C=(124.18\pm 0.03)\text{A}$，$\varphi+\sigma_\varphi=19°41'30''\pm 40''$，试求电流 I 的标准差。

3-11　测量某电路电阻 R 两端的电压降 U，可由公式 $I=U/R$ 计算出

电路电流 I。若电压降为16V，电阻为4Ω，欲使电流的极限误差为0.04A，试决定电阻 R 和电压降 U 的测量误差为多少？

3-12　按公式 $V=\pi r^2 h$ 求圆柱体体积，若已知 r 为2cm，h 为20cm，要使体积的相对误差等于1%，试问 r 和 h 测量时误差应为多少？

3-13　假定从支点到重心的长度为 L 的单摆振动周期为 T，重力加速度可由公式 $T=2\pi\sqrt{L/g}$ 中给出。若要求测量 g 的相对标准差 $\sigma_g/g\leqslant 0.1\%$，试问按等作用原则分配误差时，测量 L 和 T 的相对标准差应是多少？

3-14　对某一质量进行4次重复测量，测得数据（单位：g）为428.6，429.2，426.5，430.8。已知测量的已定系统误差 $\Delta=-2.6$g，测量的各极限误差分量及其相应的传递系数如下表所列。若各误差均服从正态分布，试求该质量的最可信赖值及其极限误差。

序　号	极限误差/g		误差传递系数
	随机误差	未定系统误差	
1	2.1	—	1
2	—	1.5	1
3	—	1.0	1
4	—	0.5	1
5	4.5	—	1
6	—	2.2	1.4
7	1.0	—	2.2
8	—	1.8	1

3-15　对某压力计的误差因素进行了全面分析计算，测得各误差因素引起的极限误差如下表所示：

序号	误差因素	极限误差/mPa	
		随机误差	未定系统误差
1	活塞有效面积误差	13.8	13.0
2	专用砝码及活塞杆质量误差	—	4.0
3	使用时温度变化误差	4.8	—
4	结构系统安装误差	—	0.1
5	活塞移动加速度误差	—	0.5
6	活塞有效面积变形误差	3.0	—

若各项误差传递函数均为1，置信系数均取为2，试求压力计的极限误差？

第四章　测量不确定度

由于测量误差的存在，被测量的真值难以确定，测量结果带有不确定性。长期以来，人们不断追求以最佳方式估计被测量的值，以最科学的方法评价测量结果的质量高低的程度。本章介绍的测量不确定度就是评定测量结果质量高低的一个重要指标。不确定度越小，测量结果的质量越高，使用价值越大，其测量水平也越高；不确定度越大，测量结果的质量越低，使用价值越小，其测量水平也越低。

第一节　测量不确定度的基本概念

一、概述

“不确定度”一词起源于1927年德国物理学家海森堡在量子力学中提出的不确定度关系，又称测不准关系。1970年前后，一些学者逐渐使用不确定度一词，一些国家计量部门也开始相继使用不确定度，但对不确定度的理解和表示方法尚缺乏一致性。鉴于国际间表示测量不确定度的不一致，1980年国际计量局（BIPM）在征求各国意见的基础上提出了《实验不确定度建议书INC-1》；1986年由国际标准化组织（ISO）等七个国际组织共同组成了国际不确定度工作组，制定了《测量不确定度表示指南》，简称“指南GUM”；1993年，指南GUM由国际标准化组织颁布实施，在世界各国得到执行和广泛应用。

随着生产的发展和科学技术的进步，对测量数据的准确性和可靠性提出了更高的要求，特别是我国国际贸易的不断发展与扩大，测量数据的质量高低需要在国际间得到评价和承认，因此，测量不确定度在我国受到越来越高的重视。广大科技人员，尤其是从事测量的专业技术人员都应正确理解测量不确定度的概念，正确掌握测量不确定度的表示与评定方法，以适应现代测试技术发展的需要。

二、测量不确定度定义

测量不确定度是指测量结果变化的不肯定，是表征被测量的真值在某个量值范围的一个估计，是测量结果含有的一个参数，用以表示被测量值的分散性。这种测量不确定度的定义表明，一个完整的测量结果应包含被测量值的估计与分散性参数两部分。例如被测量Y的测量结果为$y \pm U$，其中y是被测量值的估计，它具有的测量不确定度为U。显然，在测量不确定度的定义下，被测量的测量结果所表示的并非为一个确定的值，而是分散的无限个可能值所处于的一个区间。

根据测量不确定度定义，在测量实践中如何对测量不确定度进行合理的评定，这是必须解决的基本问题。对于一个实际测量过程，影响测量结果的精度有多方面因素，因此测量不确定度一般包含若干个分量，各不确定度分量不论其性质如何，皆可用两类方法进行评定，即A类评定与B类评定。其中一些分量由一系列观测数据的统计分析来评定，称为A类评定；另一些分量不是用一系列观测数据的统计分析法，而是基于经验或其他信息所认定的概率分布来评定，称为B类评定。所有的不确定度分量均用标准差表征，它们或是由随机误差而引起，或是由系统误差而引起，都对测量结果的分散性产生相应的影响。

三、测量不确定度与误差

测量不确定度和误差是误差理论中两个重要概念，它们具有相同点，都是评价测量结果质量高低的重要指标，都可作为测量结果的精度评定参数。但它们又有明显的区别，必须正确认识和区分，以防混淆和误用。

从定义上讲，按照误差的定义式（1-1），误差是测量结果与真值之差，它以真值或约定真值为中心；而测量不确定度是以被测量的估计值为中心，因此误差是一个理想的概念，一般不能准确知道，难以定量；而测量不确定度是反映人们对测量认识不足的程度，是可以定量评定的。

在分类上，误差按自身特征和性质分为系统误差、随机误差和粗大误差，并可采取不同的措施来减小或消除各类误差对测量的影响。但由于各类误差之间并不存在绝对界限，故在分类判别和误差计算时不易准确掌握；测量不确定度不按性质分类，而是按评定方法分为A类评定和B类评定，两类评定方法不分优劣，按实际情况的可能性加以选用。由于不确定度的评定不论影响不确定度因素的来源和性质，只考虑其影响结果的评定方法，从而简化了分类，便于评定与计算。

不确定度与误差有区别，也有联系。误差是不确定度的基础，研究不确定度首先需研究误差，只有对误差的性质、分布规律、相互联系及对测量结果的误差传递关系等有了充分的认识和了解，才能更好地估计各不确定度分量，正确得到测量结果的不确定度。用测量不确定度代替误差表示测量结果，易于理解、便于评定，具有合理性和实用性。但测量不确定度的内容不能包罗更不能取代误差理论的所有内容，如传统的误差分析与数据处理等均不能被取代。客观地说，不确定度是对经典误差理论的一个补充，是现代误差理论的内容之一，但它还有待于进一步研究、完善与发展。

第二节　标准不确定度的评定

用标准差表征的不确定度，称为标准不确定度，用 u 表示。测量不确定度所包含的若干个不确定度分量，均是标准不确定度分量，用 u_i 表示，其评定方法如下：

一、标准不确定度的A类评定

A类评定是用统计分析法评定，其标准不确定度 u 等同于由系列观测值获得的标准差 σ，即 $u=\sigma$。标准差 σ 的基本求法在本教材第二章已作详细介绍，如贝塞尔法、别捷尔斯法、极差法、最大误差法等。

当被测量 Y 取决于其他 N 个量 X_1，X_2，…，X_N 时，则 Y 的估计值 y 的标准不确定度 u_y 将取决于 X_i 的估计值 x_i 的标准不确定度 u_{xi}，为此要首先评定 x_i 的标准不确定度 u_{xi}。其方法是：在其他 $X_j(j\neq i)$ 保持不变的条件下，仅对 X_i 进行 n 次等精度独立测量，用统计法由 n 个观测值求得单次测量标准差 σ_i，则 x_i 的标准不确定度 u_{xi} 的数值按下列情况分别确定：如果用单次测量值作为 X_i 的估计值 x_i，则 $u_{xi}=\sigma_i$；如果用 n 次测量的平均值作为 X_i 的估计值 x_i，则 $u_{xi}=\sigma_i/\sqrt{n}$。

二、标准不确定度的B类评定

B类评定不用统计分析法，而是基于其他方法估计概率分布或分布假设来评定标准差并得到标准不确定度。B类评定在不确定度评定中占有重要地位，因为有的不确定度无法用统计方法来评定，或者虽可用统计法，但不经济可行，所以在实际工作中，采用B类评定方法居多。

设被测量X的估计值为x，其标准不确定度的B类评定是借助于影响x可能变化的全部信息进行科学判定的。这些信息可能是：以前的测量数据、经验或资料；有关仪器和装置的一般知识；制造说明书和检定证书或其他报告所提供的数据；由手册提供的参考数据等。为了合理使用信息，正确进行标准不确定度的B类评定，要求有一定的经验及对一般知识有透彻的了解。

采用B类评定法，需先根据实际情况分析，对测量值进行一定的分布假设，可假设为正态分布，也可假设为其他分布，常见有下列几种情况：

1）当测量估计值x受到多个独立因素影响，且影响大小相近，则假设为正态分布，由所取置信概率P的分布区间半宽a与包含因子k_p来估计标准不确定度，即

$$u_x = \frac{a}{k_p} \tag{4-1}$$

式中包含因子k_p的数值可由本教材附录中的正态分布积分表查得。

2）当估计值x取自有关资料，所给出的测量不确定度U_x为标准差的k倍时，则其标准不确定度为

$$u_x = \frac{U_x}{k} \tag{4-2}$$

3）若根据信息，已知估计值x落在区间（$x-a$，$x+a$）内的概率为1，且在区间内各处出现的机会相等，则x服从均匀分布，其标准不确定度为

$$u_x = \frac{a}{\sqrt{3}} \tag{4-3}$$

4）当估计值x受到两个独立且皆是具有均匀分布的因素影响，则x服从在区间（$x-a$，$x+a$）内的三角分布，其标准不确定度为

$$u_x = \frac{a}{\sqrt{6}} \tag{4-4}$$

5）当估计值x服从在区间（$x-a$，$x+a$）内的反正弦分布，则其标准不确定度为

$$u_x = \frac{a}{\sqrt{2}} \tag{4-5}$$

例4-1 某校准证书说明，标称值1kg的标准砝码的质量m_s为1000.000325g，该值的测量不确定度按三倍标准差计算为240μg，求该砝码质量的标准不确定度。

解：已知测量不确定度$U_{ms}=240\mu g$，$k=3$，故标准不确定度为

$$u_{ms} = \frac{U_{ms}}{k} = \frac{240\mu g}{3} = 80\mu g$$

例4-2 由手册查得纯铜在温度20℃时的线膨胀系数α为16.52×10^{-6}/℃，并已知该系数α的误差范围为$\pm0.4\times10^{-6}$/℃，求线膨胀系数α的标准不确定度。

解：根据手册提供的信息可认为α的值以等概率位于区间$(16.52-0.4)\times10^{-6}$/℃至$(16.52+0.4)\times10^{-6}$/℃内，且不可能位于此区间之外，故假设α服从均匀分布。已知其区

间半宽 $a=0.4\times10^{-6}/℃$，则纯铜在温度为20℃的线膨胀系数 α 的标准不确定度为

$$u_\alpha=\frac{a}{\sqrt{3}}=\frac{0.4\times10^{-6}/℃}{\sqrt{3}}=0.23\times10^{-6}/℃$$

三、自由度及其确定

（一）自由度概念

根据概率论与数理统计所定义的自由度，在 n 个变量 v_i 的平方和 $\sum_{i=1}^{n}v_i^2$ 中，如果 n 个 v_i 之间存在着 k 个独立的线性约束条件，即 n 个变量中独立变量的个数仅为 $n-k$，则称平方和 $\sum_{i=1}^{n}v_i^2$ 的自由度为 $n-k$。因此若用贝塞尔公式（2-18）计算单次测量标准差 σ，式中 $\sum_{i=1}^{n}v_i^2=\sum_{i=1}^{n}(x_i-\bar{x})^2$ 的 n 个变量 v_i 之间存在唯一的线性约束条件 $\sum_{i=1}^{n}v_i=\sum_{i=1}^{n}(x_i-\bar{x})=0$，故平方和 $\sum_{i=1}^{n}v_i^2$ 的自由度为 $n-1$，则由式（2-18）计算的标准差 σ 的自由度也等于 $n-1$。由此可以看出，系列测量的标准差的可信赖程度与自由度有密切关系，自由度越大，标准差越可信赖。由于不确定度是用标准差来表征，因此不确定度评定的质量如何，也可用自由度来说明。每个不确定度都对应着一个自由度，并将不确定度计算表达式中总和所包含的项数减去各项之间存在的约束条件数，所得差值称为不确定度的自由度。

（二）自由度的确定

1. 标准不确定度A类评定的自由度

对A类评定的标准不确定度，其自由度 ν 即为标准差 σ 的自由度。由于标准差有不同的计算方法，其自由度也有所不同，并且可由相应公式计算出不同的自由度。例如，用贝塞尔法计算的标准差，其自由度 $\nu=n-1$，而用其他方法计算标准差，其自由度有所不同。为方便起见，将已计算好的自由度列表使用。表4-1给出了其他几种方法计算标准差的自由度。

表 4-1

n / ν / 计算方法	1	2	3	4	5	6	7	8	9	10	15	20
别捷尔斯法		0.9	1.8	2.7	3.6	4.5	5.4	6.2	7.1	8.0	12.4	16.7
极差法		0.9	1.8	2.7	3.6	4.5	5.3	6.0	6.8	7.5	10.5	13.1
最大误差法	0.9	1.9	2.6	3.3	3.9	4.6	5.2	5.8	6.4	6.9	8.3	9.5

2. 标准不确定度B类评定的自由度

对B类评定的标准不确定度 u，由估计 u 的相对标准差来确定自由度，其自由度定义为

$$\nu=\frac{1}{2\left(\frac{\sigma_u}{u}\right)^2}\tag{4-6}$$

式中，σ_u 为评定 u 的标准差；σ_u/u 为评定 u 的相对标准差。

例如，当 $\sigma_u/u=0.5$ 时，则 u 的自由度 $\nu=2$；当 $\sigma_u/u=0.25$ 时，则 u 的自由度 $\nu=8$；

当 $\sigma_u/u=0.10$ 时，则 u 的自由度 $\nu=50$；当 $\sigma_u/u=0$ 时，则 u 的自由度 $\nu=\infty$，即 u 的评定非常可靠。表 4-2 给出了标准不确定度 B 类评定时不同的相对标准差所对应的自由度。

表 4-2

σ_u/u	0.71	0.50	0.41	0.35	0.32	0.29	0.27	0.25	0.24	0.22	0.18	0.16	0.10	0.07
ν	1	2	3	4	5	6	7	8	9	10	15	20	50	100

例 4-3 用标准数字电压表在标准条件下，对直流电压源 10V 点的输出电压值进行重复测量 10 次，测得值如下：

n	1	2	3	4	5	6	7	8	9	10
ν_i/V	10.000107	10.000103	10.000097	10.000111	10.000091	10.000108	10.000121	10.000101	10.000110	10.000094

已知标准电压表的示值误差按 3 倍标准差计算为 $\pm 3.5\times10^{-6}\times U_0$（$U_0$ 为标准电压表的读数，相对标准差为 25%），24h 的稳定度不超过 ±15μV（按均匀分布，相对标准差为 10%）。若用 10 次测量的平均值作为电压测量的估计值，试分析电压测量的不确定度来源，并分别计算其标准不确定度和自由度。

解：根据题意，引起电压测量不确定度的主要来源有电压测量的重复性、标准电压表的示值误差及其稳定性，其相应标准不确定度和自由度分别计算如下：

（1）电压测量重复性引起的标准不确定度 u_{x1}

由 10 次测量数据计算的平均值 $\overline{V}=10.000104\text{V}$，用贝塞尔法计算单次测量的标准差

$$\sigma=\sqrt{\frac{\sum_{i=1}^{10}(\nu_i-\overline{V})^2}{10-1}}=0.000009\text{V}=9\mu\text{V}$$

平均值的标准差

$$\sigma_{\overline{V}}=\frac{\sigma}{\sqrt{10}}=2.8\mu\text{V}$$

电压测量重复性引起的标准不确定度 u_{x1} 的计算属 A 类评定，则 $u_{x1}=\sigma_{\overline{V}}=2.8\mu\text{V}$，其自由度 $\nu_1=10-1=9$。

（2）标准电压表的示值误差引起的标准不确定度 u_{x2}

标准电压表的示值误差按 3 倍标准差计算，不确定度 u_{x2} 的计算属 B 类评定，根据式 (4-2) 计算，其中 $U_x=3.5\times10^{-6}\times10\text{V}$，$k=3$，则标准不确定度为

$$u_{x2}=\frac{3.5\times10^{-6}\times10\text{V}}{3}=1.17\times10^{-5}\text{V}=11.7\mu\text{V}$$

其相对标准差为 25%，则自由度为

$$\nu_2=\frac{1}{2\left(\frac{\sigma_{u2}}{u_2}\right)^2}=\frac{1}{2\times(25\%)^2}=8$$

（3）标准电压表的稳定度引起的标准不确定度 u_{x3}

标准电压表的稳定度按均匀分布，其不确定度 u_{x3} 属 B 类评定，根据式（4-3）计算标准不确定度为

$$u_{x3}=\frac{15\mu\text{V}}{\sqrt{3}}=8.7\mu\text{V}$$

其相对标准差为 10%，则自由度为

$$\nu_3=\frac{1}{2\left(\frac{\sigma_{u3}}{u_3}\right)^2}=\frac{1}{2\times(10\%)^2}=50$$

第三节　测量不确定度的合成

一、合成标准不确定度

当测量结果受多种因素影响形成了若干个不确定度分量时，测量结果的标准不确定度用各标准不确定度分量合成后所得的合成标准不确定度 u_c 表示。为了求得 u_c，首先需分析各种影响因素与测量结果的关系，以便准确评定各不确定度分量，然后才能进行合成标准不确定度计算，如在间接测量中，被测量 Y 的估计值 y 是由 N 个其他量的测得值 x_1，x_2，…，x_N 的函数求得，即

$$y=f(x_1,x_2,\cdots,x_N)$$

且各直接测得值 x_i 的测量标准不确定度为 u_{xi}，它对被测量估计值影响的传递系数为 $\partial f/\partial x_i$ 则由 x_i 引起被测量 y 的标准不确定度分量为

$$u_i=\left|\frac{\partial f}{\partial x_i}\right|u_{xi}\tag{4-7}$$

而测量结果 y 的不确定度 u_y 应是所有不确定度分量的合成，用合成标准不确定度 u_c 来表征，计算公式为

$$u_c=\sqrt{\sum_{i=1}^{N}\left(\frac{\partial f}{\partial x_i}\right)^2(u_{xi})^2+2\sum_{1\leqslant i<j}^{N}\frac{\partial f}{\partial x_i}\frac{\partial f}{\partial x_j}\rho_{ij}u_{xi}u_{xj}}\tag{4-8}$$

$$=\sqrt{\sum_{i=1}^{N}u_i^2+2\sum_{1\leqslant i<j}^{N}\rho_{ij}u_iu_j}$$

式中，ρ_{ij}为任意两个直接测量值 x_i 与 x_j 不确定度的相关系数。

若 x_i、x_j 的不确定度相互独立，即 $\rho_{ij}=0$，则合成标准不确定度计算公式（4-8）可表示为

$$u_c=\sqrt{\sum_{i=1}^{N}\left(\frac{\partial f}{\partial x_i}\right)^2u_{xi}^2}=\sqrt{\sum_{i=1}^{N}u_i^2}\tag{4-9}$$

当 $\rho_{ij}=1$，且$\partial f/\partial x_i$、$\partial f/\partial x_j$ 同号；或各 $\rho_{ij}=-1$，且$\partial f/\partial x_i$、$\partial f/\partial x_j$ 异号，则合成标准不确定度计算公式（4-8）可表示为

$$u_c=\sum_{i=1}^{N}\left|\frac{\partial f}{\partial x_i}\right|u_{xi}\tag{4-10}$$

若引起不确定度分量的各种因素与测量结果之间为简单的函数关系，则应根据具体情况按 A 类评定或 B 类评定方法来确定各不确定度分量 u_i 的值，然后按上述不确定度合成方法求得合成标准不确定度。如当

$$y=x_1+x_2+\cdots+x_{\mathrm{N}}$$

则

$$u_c=\sqrt{\sum_{i=1}^{N}u_{xi}^2+2\sum_{1\leqslant i<j}^{N}\rho_{ij}u_{xi}u_{xj}}\tag{4-11}$$

用合成标准不确定度作为被测量 Y 估计值 y 的测量不确定度，其测量结果可表示为

$$Y = y \pm u_c \tag{4-12}$$

为了正确给出测量结果的不确定度，还应全面分析影响测量结果的各种因素，从而列出测量结果的所有不确定度来源，做到不遗漏，不重复。因为遗漏会使测量结果的合成不确定度减小，重复则会使测量结果的合成不确定度增大，都会影响不确定度的评定质量。

二、展伸不确定度

合成标准不确定度可表示测量结果的不确定度，但它仅对应于标准差，由其所表示的测量结果 $y \pm u_c$ 含被测量 Y 的真值的概率仅为68%。然而在一些实际工作中，如高精度比对、一些与安全生产以及与身体健康有关的测量，要求给出的测量结果区间包含被测量真值的置信概率较大，即给出一个测量结果的区间，使被测量的值以高置信概率位于其中，为此需用展伸不确定度（也有称为扩展不确定度）表示测量结果。

展伸不确定度由合成标准不确定度 u_c 乘以包含因子 k 得到，记为 U，即

$$U = ku_c \tag{4-13}$$

用展伸不确定度作为测量不确定度，则测量结果表示为

$$Y = y \pm U \tag{4-14}$$

包含因子 k 由 t 分布的临界值 t_P（ν）给出，即

$$k = t_P(\nu) \tag{4-15}$$

式中，ν 是合成标准不确定度 u_c 的自由度。

根据给定的置信概率 P 与自由度 ν 查 t 分布表，得到 $t_P(\nu)$ 的值。当各不确定度分量 u_i 相互独立时，合成标准不确定度 u_c 的自由度 ν 由下式计算：

$$\nu = \frac{u_c^4}{\sum_{i=1}^{N} \frac{u_i^4}{\nu_i}} \tag{4-16}$$

式中，N 为不确定度分量的个数；ν_i 为各标准不确定度分量 u_i 的自由度。

当各不确定度分量的自由度 ν_i 均为已知时，才能由式（4-16）计算合成不确定度的自由度 ν。但往往由于缺少资料难以确定每一个分量的 ν_i，则自由度 ν 无法按式（4-16）计算，也不能按式（4-15）来确定包含因子 k 的值。为了求得展伸不确定度，一般情况下可取包含因子 $k = 2 \sim 3$。

三、不确定度的报告

对测量不确定度进行分析与评定后，应给出测量不确定度的最后报告。

（一）报告的基本内容

当测量不确定度用合成标准不确定度表示时，应给出合成标准不确定度 u_c 及其自由度 ν；当测量不确定度用展伸不确定度表示时，除给出展伸不确定度 U 外，还应该说明它计算时所依据的合成标准不确定度 u_c、自由度 ν、置信概率 P 和包含因子 k。

为了提高测量结果的使用价值，在不确定度报告中，应尽可能提供更详细的信息。如给出原始观测数据；描述被测量估计值及其不确定度评定的方法；列出所有的不确定度分量、自由度及相关系数，并说明它们是如何获得的等等。

（二）测量结果的表示

1）当不确定度用合成标准不确定度 u_c 表示时，可用下列几种方式之一表示测量结果。

例如，假设报告的被测量 Y 是标称值为100g 的标准砝码，其测量的估计值 $y =$

*100.02147*g，对应的合成标准不确定度 $u_c=0.35\text{mg}$，自由度 $\nu=9$，则测量结果可用下列几种方法表示：

a. $y=100.02147\text{g}$，$u_c=0.35\text{mg}$，$\nu=9$

b. $Y=100.02147(35)\text{g}$，$\nu=9$

c. $Y=100.02147(0.00035)\text{g}$，$\nu=9$

d. $Y=(100.02417\pm0.00035)\text{g}$，$\nu=9$

上述表示方法中，*b.* 中括号里的数为 u_c 的数值，u_c 的末位与被测量估计值的末位对齐，单位相同；*c.* 中括号里的数为 u_c 的数值，与被测量估计值的单位相同；*d.* 中 ± 符号后的数为 u_c 的数值。

2）当不确定度是用展伸不确定度 U 表示时，应按下列方式表示测量结果。

例如报告上述的标称值为 100g 的标准砝码，其测量结果为

$$Y=y\pm U=(100.02147\pm0.00079)\text{g}$$

其中，展伸不确定度 $U=ku_c=0.00079\text{g}$，是由合成标准不确定度 $u_c=0.35\text{mg}$ 和包含因子 $k=2.26$ 确定的，k 是依据置信概率 $P=0.95$ 和自由度 $\nu=9$，并由 t 分布表查得的。

这里必须注意，展伸不确定度的表示方法与标准不确定度表示形式 *d.* 相同，容易混淆。因此，当用展伸不确定度表示测量结果时，应给出相应的说明。

3）不确定度也可以用相对不确定度形式报告

例如报告上述的标称值为 100g 的标准砝码，$u_c=0.35\text{mg}$，$\nu=9$，其测量结果可表示为

$$y=100.02147\text{g},\ u_c=0.00035\%,\ \nu=9$$

4）最后报告的合成标准不确定度或展伸不确定度，其有效数字一般不超过两位，不确定度的数值与被测量的估计值末位对齐。若计算出的 u_c 或 U 的位数较多，作为最后的报告值时就要修约，将多余的位数舍去。但为了使舍去的数据对计算的不确定度影响很小，达到可以忽略的程度，需按第三章微小误差取舍准则，即依据“三分之一准则”进行数据舍取修约。先令测量估计值最末位的一个单位作为测量不确定度的基本单位，再将不确定度取至基本单位的整数位，多余位数按微小误差取舍准则，若小于基本单位的 1/3 则舍去，若大于或等于基本单位的 1/3，舍去后将最末整数位加 1。这种修约方法得到的不确定度，对测量结果评定是更加可靠。

例 4-4 已知被测量的估计值为 20.0005mm，若有两种情况：①展伸不确定度 $U=0.00124\text{mm}$；②展伸不确定度 $U=0.00123\text{mm}$。要求对 U 进行修约。

解：根据被测量的估计值，取 0.0001mm 作为 U 的基本单位。①$U=0.00124\text{mm}$，其整数部分为 12，小数部分为 0.4，大于基本单位的 1/3，故舍去后整数单位加 1。修约后，$U=0.0013\text{mm}$；②$U=0.00123\text{mm}$，其整数部分为 12，小数部分为 0.3，小于基本单位的 1/3，故舍去。修约后，$U=0.0012\text{mm}$。

例 4-5 根据例 4-3 计算的各标准不确定度，并取置信概率 $P=95\%$，求电压测量的展伸不确定度及其自由度。

解：在例 4-3 中，已计算出各误差源的标准不确定度 u_{xi}，由于不确定度的传递系数 $\left|\dfrac{\partial f}{\partial x_i}\right|=1$，故各个不确定度分量与其标准不确定度相等，即 $u_i=u_{xi}$。因不确定度分量 u_1、u_2、u_3 相互独立，则不确定度的相关系数 $\rho_{ij}=0$。根据式（4-9）计算电压测量的合成标准不确定度为

$$u_c=\sqrt{u_1^2+u_2^2+u_3^2}=\sqrt{(2.8)^2+(11.7)^2+(8.7)^2}\mu\text{V}=15\mu\text{V}$$

按式（4-16）计算其自由度得

$$\nu=\frac{u_c^4}{\dfrac{u_1^4}{\nu_1}+\dfrac{u_2^4}{\nu_2}+\dfrac{u_3^4}{\nu_3}}=\frac{(15)^4}{\dfrac{(2.8)^4}{9}+\dfrac{(11.7)^4}{8}+\dfrac{(8.7)^4}{50}}=20$$

根据置信概率 $P=95\%$，自由度 $\nu=20$，查 t 分布表得 $t_{0.95}(20)=2.09$，即包含因子 $k=2.09$。于是，电压测量的展伸不确定度为

$$U=ku_c=2.09\times15\mu\text{V}=31.35\mu\text{V}$$

依据“三分之一准则”对展伸不确定度进行修约，得展伸不确定度 $U=32\mu\text{V}$。

最后的不确定度报告：电压测量结果为

$$V=(10.000104\pm0.000032)\text{V}$$

说明：以上测量结果中 ± 符号后的数值是展伸不确定度 $U=32\mu\text{V}$，是由合成标准不确定度 $u_c=0.000015\text{V}$ 及包含因子 $k=2.09$ 确定的。对应的置信概率 $P=95\%$，自由度 $\nu=20$。

第四节　测量不确定度应用实例

一、测量不确定度计算步骤

综上所述，评定与表示测量不确定度的步骤可归纳为

1）分析测量不确定度的来源，列出对测量结果影响显著的不确定度分量。

2）评定标准不确定度分量，并给出其数值 u_i 和自由度 ν_i。

3）分析所有不确定度分量的相关性，确定各相关系数 ρ_{ij}。

4）求测量结果的合成标准不确定度 u_c 及自由度 ν。

5）若需要给出展伸不确定度，则将合成标准不确定度 u_c 乘以包含因子 k，得展伸不确定度 $U=ku_c$。

6）给出不确定度的最后报告，以规定的方式报告被测量的估计值 y 及合成标准不确定度 u_c 或展伸不确定度 U，并说明获得它们的细节。

根据以上测量不确定度计算步骤，下面通过实例说明不确定度评定方法的应用。

二、体积测量的不确定度计算

1. 测量方法

直接测量圆柱体的直径 D 和高度 h，由函数关系式计算出圆柱体的体积

$$V=\frac{\pi D^2}{4}h$$

由分度值为 0.01mm 的测微仪重复 6 次测量直径 D 和高度 h，测得数据如下：

D_i/mm	10.075	10.085	10.095	10.060	10.085	10.080
h_i/mm	10.105	10.115	10.105	10.110	10.110	10.115

计算直径 D 和高度 h 的测量平均值得：$D=10.080\text{mm}$，$h=10.110\text{mm}$，则体积 V 的测量结果的估计值为

$$V=\frac{\pi D^2}{4}h=806.8\text{mm}^3$$

2. 不确定度评定

分析测量方法可知，对体积 V 的测量不确定度影响显著的因素主要有：直径和高度的

测量重复性引起的不确定度 u_1、u_2；测微仪示值误差引起的不确定度 u_3。分析这些不确定度特点可知，不确定度 u_1、u_2 应采用 A 类评定方法，而不确定度 u_3 应采用 B 类评定方法。

下面分别计算各主要因素引起的不确定度分量。

（1）直径 D 的测量重复性引起的标准不确定度分量 u_1

由直径 D 的 6 次测量值求得平均值的标准差 $\sigma_D = 0.0048\text{mm}$，则直径 D 的测量标准不确定度 $u_D = \sigma_D = 0.0048\text{mm}$。又因 $\frac{\partial V}{\partial D} = \frac{\pi D}{2}h$，故由直径 D 测量重复性引起的不确定度分量为

$$u_1 = \left|\frac{\partial V}{\partial D}\right| u_D = 0.77\text{mm}^3$$

其自由度 $\nu_1 = 6 - 1 = 5$。

（2）高度 h 的测量重复性引起的标准不确定度分量 u_2

由高度 h 的 6 次测量值求得平均值的标准差 $\sigma_h = 0.0018\text{mm}$，则高度 h 的测量标准不确定度 $u_h = \sigma_h = 0.0018\text{mm}$。又因 $\partial V/\partial h = \pi D^2/4$，故由高度 h 测量重复性引起的不确定度分量为

$$u_2 = \left|\frac{\partial V}{\partial h}\right| u_h = 0.14\text{mm}^3$$

其自由度 $\nu_2 = 6 - 1 = 5$。

（3）测微仪的示值误差引起的标准不确定度分量 u_3

由仪器说明书获得测微仪的示值误差范围 $\pm 0.01\text{mm}$，取均匀分布，按式（4-3）计算得测微仪示值标准不确定度 $u_{仪} = \frac{0.01\text{mm}}{\sqrt{3}} = 0.0058\text{mm}$，由此引起的直径和高度测量的标准不确定度分量分别为

$$u_{3D} = \left|\frac{\partial V}{\partial D}\right| u_{仪}, \qquad u_{3h} = \left|\frac{\partial V}{\partial h}\right| u_{仪}$$

则测微仪的示值引起的体积测量不确定度分量为

$$u_3 = \sqrt{(u_{3D})^2 + (u_{3h})^2} = \sqrt{\left(\frac{\partial V}{\partial D}\right)^2 + \left(\frac{\partial V}{\partial h}\right)^2}\, u_{仪} = \sqrt{\left(\frac{\pi D}{2}h\right)^2 + \left(\frac{\pi D^2}{4}\right)^2}\, u_{仪} = 1.04\text{mm}^3$$

取相对标准差 $\frac{\sigma_{u_3}}{u_3} = 35\%$，对应的自由度 $\nu_3 = \frac{1}{2 \times (0.35)^2} = 4$。

3. 不确定度合成

因不确定度分量 u_1、u_2、u_3 相互独立，即 $\rho_{ij} = 0$，按式（4-9）得体积测量的合成标准不确定度

$$u_c = \sqrt{u_1^2 + u_2^2 + u_3^2} = \sqrt{(0.77)^2 + (0.14)^2 + (1.04)^2}\text{mm}^3 = 1.3\text{mm}^3$$

按式（4-16）计算其自由度得

$$\nu = \frac{u_c^4}{\sum_{i=1}^{3}\frac{u_i^4}{\nu_i}} = \frac{(1.3)^4}{\frac{(0.77)^4}{5} + \frac{(0.14)^4}{5} + \frac{(1.04)^4}{4}} = 7.87, 取\ \nu = 8。$$

4. 展伸不确定度

取置信概率 $P = 0.95$，自由度 $\nu = 8$，查 t 分布表得 $t_{0.95}(8) = 2.31$，即包含因子 $k =$

2.31。于是，体积测量的展伸不确定度为

$$U = ku_c = 2.31 \times 1.3\text{mm}^3 = 3.0\text{mm}^3$$

5. 不确定度报告

1）用合成标准不确定度评定体积测量的不确定度，则测量结果为

$$V = 806.8\text{mm}^3,\ u_c = 1.3\text{mm}^3,\ \nu = 7.87。$$

2）用展伸不确定度评定体积测量的不确定度，则测量结果为

$$V = (806.8 \pm 3.0)\text{mm}^3,\quad P = 0.95,\quad \nu = 8。$$

其中，±符号后的数值是展伸不确定度 $U = ku_c = 3.0\text{mm}^3$，是由合成标准不确定度 $u_c = 1.3\text{mm}^3$ 及包含因子 $k = 2.31$ 确定的。

三、湿度计检定的不确定度计算

1. 检定方法

用精密露点仪作为湿度测量的标准器，由恒温恒湿试验箱提供稳定的湿度场，采取比较法对湿度计进行检定。当试验箱的温度为20℃，相对湿度为60%RH时，精密露点仪的示值为59.10%RH，被检湿度计的10次测量数据如下：

n	1	2	3	4	5	6	7	8	9	10
F_i(%RH)	59.4	59.4	59.8	59.7	59.7	60.5	59.6	59.7	60.6	60.8

计算10次测量数据的平均值 $\overline{F} = 59.92\%\text{RH}$，则被检湿度计的误差

$$\Delta F = (59.92 - 59.10)\%\text{RH} = 0.82\%\text{RH}$$

对应湿度计该点示值的修正值为 $-0.82\%\text{RH}$。

2. 不确定度评定

（1）湿度计的测量重复性引起的不确定度分量 u_1

单次测量的标准差为

$$\sigma = \sqrt{\frac{\sum_{i=1}^{10}(F_i - \overline{F})^2}{10 - 1}} = 0.514\%\text{RH}$$

则湿度计的测量重复性引起的不确定度分量 $u_1 = \frac{\sigma}{\sqrt{n}} = \frac{0.514\%\text{RH}}{\sqrt{10}} = 0.163\%\text{RH}$，自由度 $\nu_1 = 10 - 1 = 9$。

（2）精密露点仪的示值误差引起的不确定度分量 u_2

由精密露点仪的鉴定证书给出，露点仪的示值误差按3倍标准差计算为±1%RH，其相对标准差为10%，则按式（4-2）计算不确定度分量 $u_2 = \frac{1\%\text{RH}}{3} = 0.333\%\text{RH}$，自由度 $\nu_2 = \frac{1}{2(10\%)^2} = 50$。

（3）试验箱湿度场不均匀引起的不确定度分量 u_3

由试验箱说明书给出，在试验箱有效工作区域内，湿度场的不均匀性小于±0.5%RH，相对标准差为20%。按均匀分布，由式（4-3）计算不确定度分量 $u_3 = \frac{0.5\%\text{RH}}{\sqrt{3}} = 0.289\%$

RH，自由度 $\nu_3=\dfrac{1}{2(20\%)^2}=12.5$。

（4）试验箱的稳定度引起的不确定度分量 u_4

在检定过程中，试验箱的稳定度不超过 ±0.3% RH，相对标准差为 20%，按均匀分布计算不确定度分量 $u_4=\dfrac{0.3\%\ \mathrm{RH}}{\sqrt{3}}=0.173\%\ \mathrm{RH}$，自由度 $\nu_4=\dfrac{1}{2(20\%)^2}=12.5$。

3. 不确定度合成

上述不确定度分量互不相关，彼此独立，相关系数为零；不确定度传递系数均为 1，故合成标准不确定度为

$$u_c=\sqrt{u_1^2+u_2^2+u_3^2+u_4^2}=\sqrt{(0.163)^2+(0.333)^2+(0.289)^2+(0.173)^2}\%\ \mathrm{RH}=0.50\%\ \mathrm{RH}$$

自由度为

$$\nu=\frac{u_c^4}{\sum_{i=1}^{4}\frac{u_i^4}{\nu_i}}=\frac{(0.501)^4}{\frac{(0.163)^4}{9}+\frac{(0.333)^4}{50}+\frac{(0.289)^4}{12.5}+\frac{(0.173)^4}{12.5}}=66$$

取置信概率 $P=95\%$，查 t 分布表得包含因子 $k=t_{0.95}(66)=2$，则展伸不确定度为

$$U=ku_c=2\times0.50\%\ \mathrm{RH}=1.0\%\ \mathrm{RH}$$

4. 不确定度报告

湿度计在该点检定的展伸不确定度 $U=1.0\%\ \mathrm{RH}$，是由合成标准不确定度 $u_c=0.50\%$ RH 及包含因子 $k=2$ 确定的，对应的置信概率 $P=95\%$，自由度 $\nu=66$。

四、黏度测量的不确定度计算

1. 测量方法

使用标准黏度计测量某液体的黏度，并配有标准黏度油，用以标定黏度计的常数。已知黏度计常数为

$$c=\frac{\eta}{t}$$

式中，η 为标准黏度油的黏度；t 为标准黏度油在黏度计流过的时间。

先用标准黏度油和高精度计时秒表按上式测出黏度计常数 c，再将黏度计进行洗涤、干燥、充满待测液体，使黏度计毛细管垂直，在一定的温度条件下测定待测液体流过的时间 t，然后由 $\eta=ct$ 计算待测液体的黏度。

为简便起见，下面仅对这种黏度测量方法的不确定度进行分析计算，而不给出具体待测液体的黏度测量数据，不需进行黏度测量结果处理。

2. 不确定度评定

分析测量方法可知，影响待测液体黏度测量不确定度的主要因素有：温度变化引起的不确定度 u_1；黏度计体积变化引起的不确定度 u_2；时间测量引起的不确定度 u_3；黏度计毛细管倾斜引起的不确定度 u_4；空气浮力引起的不确定度 u_5。分析这些不确定度特点可知，它们均应采用 B 类评定方法。下面计算各主要因素引起的不确定度分量。

（1）温度变化引起的测量不确定度 u_1

液体黏度随温度增高而减小，控制温度在（20 ±0.01）℃，在此温度条件下，由大量实验得出，黏度测量的相对误差为 0.025%（对应于 3σ），则由温度变化引起的黏度测量不确

定度分量为

$$u_1 = \frac{0.025\%}{3} = 0.008\%$$

（2）体积变化引起的测量不确定度 u_2

在测量过程中，黏度计的体积会发生变化，并已知由此引起的黏度测量的相对误差为 0.1%（对应于 3σ），则体积变化引起的黏度测量不确定度分量为

$$u_2 = \frac{0.1\%}{3} = 0.033\%$$

（3）时间测量引起的测量不确定度 u_3

测定液体流动时间用秒表，已知由秒表引起的黏度测量的相对误差为 0.2%（对应于 3σ），则时间测量引起的黏度测量的不确定度分量为

$$u_3 = \frac{0.2\%}{3} = 0.067\%$$

（4）黏度计倾斜引起的测量不确定度 u_4

因黏度计倾斜而引起黏度测量的相对误差为 0.02%（对应于 3σ），则黏度计倾斜引起的不确定度分量为

$$u_4 = \frac{0.02\%}{3} = 0.007\%$$

（5）空气浮力引起测量不确定度 u_5

由空气浮力引起的黏度测量的相对误差为 0.03%（对应于 3σ），故空气浮力引起的不确定度分量为

$$u_5 = \frac{0.03\%}{3} = 0.010\%$$

3. 不确定度合成

因上述各不确定度分量相互独立，即 $\rho_{ij} = 0$，故按式（4-11）得黏度测量的合成标准不确定度为

$$u_c = \sqrt{u_1^2 + u_2^2 + u_3^2 + u_4^2 + u_5^2} = 0.076\%$$

4. 展伸不确定度

因各个不确定度分量和合成标准不确定度皆基于误差范围为 3σ，故取包含因子 $k = 3$，则展伸不确定度为

$$U = ku_c = 3 \times 0.076\% = 0.23\%$$

5. 不确定度报告

黏度测量的展伸不确定度 $U = ku_c = 0.23\%$，是由合成标准不确定度 $u_c = 0.076\%$ 及包含因子 $k = 3$ 确定的。

五、量块校准的不确定度计算

1. 校准方法

在比较仪上，将 50mm 长度的被校准量块与同样标称长度的标准量块比较，进行 5 次重复测量后取平均值，得到被校准量块在 20℃时的长度估计值为 50.000838mm。考虑温度的影响，被校准量块与标准量块的长度差 Δl 表示为

$$\Delta l = l(1 + \alpha \Delta t) - l_s(1 + \alpha_s \Delta t_s)$$

式中，l 为被校准量块在20℃时的长度；l_s 为标准量块在20℃时的长度；α 和 α_s 分别为被校准量块和标准量块的热膨胀系数；Δt 和 Δt_s 分别为被校准量块和标准量块与标准温度20℃的偏差。

由长度差表达式可求得被校准量块在20℃时的长度为

$$
\begin{aligned}
l &= \frac{l_s(1+\alpha_s\Delta t_s)+\Delta l}{(1+\alpha\Delta t)} \\
&= l_s+\Delta l+l_s(\alpha_s\Delta t_s-\alpha\Delta t)-\frac{\alpha\Delta t l_s(\alpha_s\Delta t_s-\alpha\Delta t)+\alpha\Delta l\Delta t}{1+\alpha\Delta t} \\
&= l_s+\Delta l+l_s(\alpha_s\Delta t_s-\alpha\Delta t)
\end{aligned}
$$

令 $\delta_\alpha=\alpha-\alpha_s$，$\delta_t=\Delta t-\Delta t_s$，则被校准量块在20℃时的长度为

$$
\begin{aligned}
l &= f(l_s,\ \Delta l,\ \alpha_s,\ \Delta t,\ \delta_\alpha,\ \delta_t) \\
&= l_s+\Delta l-l_s(\Delta t\delta_\alpha+\alpha_s\delta_t)
\end{aligned}
$$

上式即为量块校准的数学模型。

2. 不确定度评定

因为 l_s、Δl、α_s、Δt、δ_α、δ_t 均互不相关，且 δ_α 和 δ_t 的估计值皆为零，则由量块校准的数学模型可知，影响量块校准结果不确定度的主要不确定度分量及其传递系数分别为：标准量块校准的不确定度 $u(l_s)$引起的不确定度分量 u_1，其传递系数 $\partial f/\partial l_s=1-(\Delta t\delta_\alpha+\alpha_s\delta_t)=1$；校准结果得到的长度差 Δl 的测量不确定度 $u(\Delta l)$引起的不确定度分量 u_2，其传递系数 $\partial f/\partial\Delta l=1$；两块量块的热膨胀系数之差 δ_α 的不确定度 $u(\delta_\alpha)$引起的不确定度分量 u_3，其传递系数 $\partial f/\partial\delta_\alpha=-l_s\Delta t$；两块量块的温度差 δ_t 的不确定度 $u(\delta_t)$引起的不确定度分量 u_4，其传递系数 $\partial f/\partial\delta_t=-l_s\alpha_s$。

下面分别计算各不确定度分量：

（1）标准量块的校准不确定度 $u(l_s)$引起的不确定度分量 u_1

由标准量块的校准证书给出的 $l_s=50.000623\text{mm}$ 为19次测量的平均值，其标准不确定度 $u(l_s)=25\text{nm}$，则不确定度分量为

$$u_1=\left|\frac{\partial f}{\partial l_s}\right|u(l_s)=u(l_s)=25\text{nm}$$

其自由度 $\nu_1=19-1=18$。

（2）长度差的测量不确定度 $u(\Delta l)$引起的不确定度分量 u_2

影响长度差测量的不确定度的因素主要是 Δl_1 的测量重复性引起的不确定度 $u(\Delta l_1)$和比较仪的示值误差引起的不确定度 $u(\Delta l_2)$。

已知由比较仪的25次观测值得单次测量重复性的标准差为13nm，在本例中，长度差是用5次测量的平均值作为估计值，所以其重复性引起的不确定度为

$$u(\Delta l_1)=\frac{13\text{nm}}{\sqrt{5}}=5.8\text{nm}$$

其自由度为 $\nu(\Delta l_1)=25-1=24$。

比较仪的检定证书给出，其示值误差按3倍标准差计算为23nm。由此引起的不确定度为

$$u(\Delta l_2)=\frac{23\text{nm}}{3}\approx 7.7\text{nm}$$

取相对标准差为 25%，所以对应的自由度 $\nu(\Delta l_2)=\dfrac{1}{2\times(0.25)^2}=8$。

如果 $u(\Delta l_1)$ 和 $u(\Delta l_2)$ 互不相关，则长度差的测量不确定度为

$$u(\Delta l)=\sqrt{u(\Delta l_1)^2+u(\Delta l_2)^2}=\sqrt{(5.8)^2+(7.7)^2}\text{nm}=9.7\text{nm}$$

则由 $u(\Delta l)$ 引起的不确定度分量为

$$u_2=\left|\frac{\partial f}{\partial \Delta l}\right|u(\Delta l)=u(\Delta l)=9.7\text{nm}$$

其自由度为

$$\nu_2=\nu(\Delta l)=\frac{u(\Delta l)^4}{\dfrac{u(\Delta l_1)^4}{\nu(\Delta l_1)}+\dfrac{u(\Delta l_2)^4}{\nu(\Delta l_2)}}=\frac{(9.7)^4}{\dfrac{(5.8)^4}{24}+\dfrac{(7.7)^4}{8}}=18$$

（3）热膨胀系数之差 δ_α 的不确定度 $u(\delta_\alpha)$ 引起的不确定度分量 u_3

量块的热膨胀系数之差 δ_α 的变化界限为 $\pm1\times10^{-6}/℃$，在该界限范围内具有任意值的 δ_α 有相等的概率，其相对标准差为 10%，故按均匀分布得

$$u(\delta_\alpha)=\frac{1\times10^{-6}/℃}{\sqrt{3}}=0.58\times10^{-6}/℃$$

其自由度 $\nu(\delta_\alpha)=\dfrac{1}{2\times(0.10)^2}=50$。

根据量块校准时的环境温度报告，其平均温度差值 $\Delta t=-0.1℃$，则由 $u(\delta_\alpha)$ 引起的不确定度分量 u_3 为

$$u_3=\left|\frac{\partial f}{\partial \delta_\alpha}\right|u(\delta_\alpha)=|l_s\Delta t|u(\delta_\alpha)=50\text{mm}\times0.1℃\times0.58\times10^{-6}/℃=2.9\text{nm}$$

其自由度 $\nu_3=\nu(\delta_\alpha)=50$。

（4）温度差 δ_t 的不确定度 $u(\delta_t)$ 引起的不确定度分量 u_4

被校准量块与标准量块应处于同一温度环境中，但实际存在温差，并以相等的概率落在 $\pm0.05℃$ 区间内，按均匀分布确定其标准不确定度为

$$u(\delta_t)=\frac{0.05℃}{\sqrt{3}}=0.029℃$$

因其可靠性较低，取相对标准差为 50%，量块的热膨胀系数 $\alpha_s=11.5\times10^{-6}/℃$，则由 $u(\delta_t)$ 引起的不确定度分量为

$$u_4=\left|\frac{\partial f}{\partial \delta_t}\right|u(\delta_t)=l_s\alpha_s u(\delta_t)=50\text{mm}\times11.5\times10^{-6}/℃\times0.029℃=16.6\text{nm}$$

其自由度 $\nu_4=\nu(\delta_t)=\dfrac{1}{2\times(0.50)^2}=2$。

3. 不确定度合成

因上述不确定度分量互不相关，即相关系数为零，按式（4-9）得量块校准的合成标准不确定度为

$$u_c=\sqrt{\sum_{i=1}^{4}u_i^2}=\sqrt{(25)^2+(9.7)^2+(2.9)^2+(16.6)^2}\text{nm}=32\text{nm}$$

按式（4-16）计算其自由度得

$$\nu = \frac{u_c^4}{\sum_{i=1}^{4} \frac{u_i^4}{\nu_i}} = \frac{(32)^4}{\frac{(25)^4}{18} + \frac{(9.7)^4}{18} + \frac{(2.9)^4}{50} + \frac{(16.6)^4}{2}} = 17.4$$

4. 展伸不确定度

取置信概率 $P = 99\%$，自由度 $\nu = 17$，查附录表 3t 分布表得包含因子 $k = t_P(\nu) = t_{0.99}(17) = 2.9$，于是，量块校准的展伸不确定度为

$$U = ku_c = 2.9 \times 32\text{nm} = 93\text{nm}$$

5. 不确定度报告

量块校准的结果为：被校准量块在20℃时的长度估计值 $l = 50.000838\text{mm}$，其展伸不确定度 $U = 93\text{nm}$，是由合成标准不确定度 $u_c = 32\text{nm}$ 及包含因子 $k = 2.9$（基于自由度 $\nu = 17$，置信概率为99%的 t 分布临界值）所确定的。

六、砝码校准的不确定度计算

1. 校准方法

用质量比较仪，通过对标称值相同的标准砝码和被校准砝码进行比较测量，得到两砝码的质量差 $\Delta m = m - m_s$，则被校准砝码的质量为

$$m = m_s + \Delta m$$

式中，Δm 为 5 次测量的平均值。

影响砝码校准的不确定度来源主要有：标准砝码 m_s 的示值误差；Δm 的测量重复性；标准砝码的质量自最近一次校准以来可能产生的漂移 δ_s；比较仪的偏心度和磁效应对测量的影响 δ_a；空气浮力对测量的影响 δ_b。则砝码校准的数学模型为

$$m = m_s + \Delta m + \delta_s + \delta_a + \delta_b$$

式中，δ_s、δ_a、δ_b 的期望值均为零。

2. 不确定度评定

（1）标准砝码的示值误差引起的不确定度分量 u_1

由标准砝码的校准证书可知，$m_s = 15000.005\text{g}$，其不确定度按 2 倍的标准差为 30mg，相对标准差为25%。则

$$u_1 = \frac{30\text{mg}}{2} = 15\text{mg}, \quad \nu_1 = \frac{1}{2(25\%)^2} = 8$$

（2）Δm 的测量重复性引起的不确定度分量 u_2

已知校准的单次测量的标准差为25mg，由 20 次重复测量样本所得。本次校准，由 5 次测量的平均值得到 $\Delta m = 0.020\text{g}$，则

$$u_2 = \frac{25\text{mg}}{\sqrt{5}} = 11.2\text{mg}, \quad \nu_2 = 20 - 1 = 19$$

（3）标准砝码示值可能产生的漂移引起的不确定度分量 u_3

参考前几次标准砝码校准后的漂移情况，估计其漂移不超过 ±12mg，相对标准差为20%，按均匀分布，则

$$u_3 = \frac{12\text{mg}}{\sqrt{3}} = 6.9\text{mg}, \quad \nu_3 = \frac{1}{2(20\%)^2} = 12.5$$

（4）比较仪的偏心度和磁效应引起的不确定度分量 u_4

由比较仪的说明书给出，偏心度和磁效应对测量影响的极限误差不超过 ±10mg，相对标准差为25%，按均匀分布，则

$$u_4=\frac{10\text{mg}}{\sqrt{3}}=5.8\text{mg},\nu_4=\frac{1}{2(25\%)^2}=8$$

（5）空气浮力引起的不确定度分量 u_5

根据长期工作经验，估计空气浮力的影响范围为 $\pm1\times10^{-6}m$，相对标准差为10%，按均匀分布，又 $m\approx m_s=15\text{kg}$，则

$$u_5=\frac{1\times10^{-6}\times15\text{kg}}{\sqrt{3}}=8.7\text{mg},\quad \nu_5=\frac{1}{2(10\%)^2}=50$$

3. 不确定度合成

由砝码校准的数学模型可知，上述不确定度分量的传递系数均为1，互不相关，彼此独立，相关系数为零。故合成标准不确定度为

$$u_c=\sqrt{u_1^2+u_2^2+u_3^2+u_4^2+u_5^2}=\sqrt{(15)^2+(11.2)^2+(6.9)^2+(5.8)^2+(8.7)^2}\text{mg}=22.5\text{mg}$$

自由度为

$$\nu=\frac{u_c^4}{\sum\limits_{i=1}^{5}\frac{u_i^4}{\nu_i}}=\frac{(22.5)^4}{\frac{(15)^4}{8}+\frac{(11.2)^4}{19}+\frac{(6.9)^4}{12.5}+\frac{(5.8)^4}{8}+\frac{(8.7)^4}{50}}=33.75$$

取置信概率 $P=95\%$，查 t 分布表得包含因子 $k=t_{0.95}(33.75)=2.03$，则展伸不确定度为

$$U=ku_c=2.03\times22.5\text{mg}=45.7\text{mg}\approx46\text{mg}$$

4. 不确定度报告

$$m=m_s+\Delta m=(15.000005+0.000020)\text{kg}=15.000025\text{kg}$$

标准值15kg的被校准砝码的质量为 15.000025kg ±46mg。其展伸不确定度 $U=46\text{mg}$，是由合成标准不确定度 $u_c=22.5\text{mg}$ 及包含因子 $k=2.03$ 确定的，对应的置信概率 $P=95\%$，自由度 $\nu=33.75$。

习　　题

4-1　某圆球的半径为 r，若重复10次测量得 $r\pm\sigma_r=(3.132\pm0.005)\text{cm}$，试求该圆球最大截面的圆周和面积及圆球体积的测量不确定度（置信概率 $P=99\%$）。

4-2　望远镜的放大率 $D=f_1/f_2$，已测得物镜主焦距 $f_1\pm\sigma_1=(19.80\pm0.10)\text{cm}$，目镜的主焦距 $f_2\pm\sigma_2=(0.800\pm0.005)\text{cm}$，求放大率测量中由 f_1、f_2 引起的不确定度分量和放大率 D 的标准不确定度。

4-3　测量某电路电阻 R 两端的电压 U，由公式 $I=U/R$ 算出电路电流 I。若测得 $U\pm\sigma_U=(16.50\pm0.05)\text{V}$、$R\pm\sigma_R=(4.26\pm0.02)\Omega$、相关系数 $\rho_{UR}=-0.36$，试求电流 I 的标准不确定度。

4-4　某校准证书说明，标称值10Ω的标准电阻器的电阻 R 在20℃时为 10.000742Ω ±129μΩ（$P=99\%$），求该电阻器的标准不确定度，并说明属于哪一类评定的不确定度。

4-5　在光学计上用52.5mm的量块组作为标准件测量圆柱体直径，量块组由三块量块研合而成，其尺寸分别是：$l_1=40\text{mm}$，$l_2=10\text{mm}$，$l_3=2.5\text{mm}$，量块按“级”使用，经查手册得其研合误差分别不超过 ±0.45μm、±0.30μm、±0.25μm（取置信概率 $P=99.73\%$ 的正态分布），求该量块组引起的测量不确定度。

4-6　某数字电压表的说明书指出，该表在校准后的两年内，其2V量程的测量误差不超过

$\pm(14\times10^{-6}\times$读数$+1\times10^{-6}\times$量程$)$V，相对标准差为20%，若按均匀分布，求1V测量时电压表的标准不确定度。设在该表校准一年后，对标称值为1V的电压进行16次重复测量，得观测值的平均值为0.92857V，并由此算得单次测量的标准差为0.000036V，若以平均值作为测量的估计值，试分析影响测量结果不确定度的主要来源，分别求出不确定度分量，说明评定方法的类别，求测量结果的合成标准不确定度及其自由度。

4-7 测量环路正弦交变电位差幅值和电流幅值，各重复测量5次，得到如下表所示的数据，已知相关系数$\rho=-0.36$，试根据测量数据计算阻抗R的最佳估计值及其标准不确定度。

次 数	电位差幅值/V	电流幅值/mA
1	5.007	19.663
2	4.994	19.639
3	5.005	19.640
4	4.990	19.685
5	4.999	19.675

4-8 在测长仪上对同一圆柱截面的直径进行了9次重复测量，其单次测量标准差为0.09μm；已知测长仪的示值误差范围为±0.4μm，仪器的分辨力为0.1μm，均按均匀分布，相对标准差都为10%；测量时温度控制在（20±0.5)℃，对测量的影响不超过±0.12μm（按3σ计算得到），其相对标准差为20%。若用平均值作为直径测量结果的估计值，求直径测量的合成标准不确定度及其自由度。

4-9 用漏电测量仪直接测量正常使用中微波炉的泄漏电流，5次重复测量的平均值为0.320mA，平均值的标准差为0.001mA；已知漏电测量仪的示值误差范围为±5%，按均匀分布，取相对标准差为10%；测量时环境温度和湿度的影响范围为±2%，按三角分布，其相对标准差为25%；试给出泄漏电流测量的不确定度报告（置信概率为99%）。

第五章　线性测量的参数最小二乘法处理

最小二乘法是一种在多学科领域中获得广泛应用的数据处理方法，可用于解决参数的最可信赖值估计、组合测量的数据处理、用实验方法来拟合经验公式以及回归分析等一系列数据处理问题。由于测量数据通常由线性测量方程组或非线性测量方程组得到，因此，本章将分别讨论上述两种测量情况下参数的最小二乘法处理。按照处理的具体方法不同，可以将最小二乘法区别为代数法和矩阵法。

第一节　最小二乘法原理

为了确定 t 个不可直接测量的未知量 X_1，X_2，…，X_t 的估计量 x_1，x_2，…，x_t，可对与该 t 个未知量有函数关系的直接测量量 Y 进行 n 次测量，得测量数据 l_1，l_2，…，l_n，并设有如下函数关系：

$$\left.\begin{aligned} Y_1 &= f_1(X_1, X_2, \cdots, X_t) \\ Y_2 &= f_2(X_1, X_2, \cdots, X_t) \\ &\vdots \\ Y_n &= f_n(X_1, X_2, \cdots, X_t) \end{aligned}\right\} \tag{5-1}$$

若 $n=t$，则可由式（5-1）直接求得未知量。由于测量数据不可避免地包含着测量误差，所求得的结果 x_1，x_2，…，x_t 也必定包含一定的误差。为提高所得结果的精度，应适当增加测量次数 n，以便利用抵偿性减小随机误差的影响。因而一般取 $n>t$。但此时则不能直接由方程组（5-1）解得 x_1，x_2，…，x_t。在这种情况下，怎样由测量数据 l_1，l_2，…，l_n 获得最可信赖的结果 x_1，x_2，…，x_t？最小二乘法原理指出，最可信赖值应在使残余误差平方和为最小的条件下求得。

设直接量 Y_1，Y_2，…，Y_n 的估计量分别为 y_1，y_2，…，y_n，则有如下关系：

$$\left.\begin{aligned} y_1 &= f_1(x_1, x_2, \cdots, x_t) \\ y_2 &= f_2(x_1, x_2, \cdots, x_t) \\ &\vdots \\ y_n &= f_n(x_1, x_2, \cdots, x_t) \end{aligned}\right\} \tag{5-2}$$

而测量数据 l_1，l_2，…，l_n 的残余误差应为

$$\left.\begin{aligned} v_1 &= l_1 - y_1 \\ v_2 &= l_2 - y_2 \\ &\vdots \\ v_n &= l_n - y_n \end{aligned}\right\} \tag{5-3}$$

即

$$\left.\begin{aligned} v_1 &= l_1 - f_1(x_1,x_2,\cdots,x_t) \\ v_2 &= l_2 - f_2(x_1,x_2,\cdots,x_t) \\ &\vdots \\ v_n &= l_n - f_n(x_1,x_2,\cdots,x_t) \end{aligned}\right\} \tag{5-4}$$

式（5-3）、式（5-4）称为误差方程式，也可称为残余误差方程式（简称残差方程式）。

若数据 l_1，l_2，…，l_n 的测量误差是无偏的（即排除了测量的系统误差），相互独立的，且服从正态分布，并设其标准差分别为 σ_1，σ_2，…，σ_n，则各测量结果 l_1，l_2，…，l_n 出现于相应真值附近 $\mathrm{d}\delta_1$，$\mathrm{d}\delta_2$，…，$\mathrm{d}\delta_n$ 区域内的概率分别为

$$P_1 = \frac{1}{\sigma_1\sqrt{2\pi}}\mathrm{e}^{-\delta_1^2/(2\sigma_1^2)}\mathrm{d}\delta_1$$

$$P_2 = \frac{1}{\sigma_2\sqrt{2\pi}}\mathrm{e}^{-\delta_2^2/(2\sigma_2^2)}\mathrm{d}\delta_2$$

$$\vdots$$

$$P_n = \frac{1}{\sigma_n\sqrt{2\pi}}\mathrm{e}^{-\delta_n^2/(2\sigma_n^2)}\mathrm{d}\delta_n$$

由概率乘法定理可知，各测量数据同时出现在相应区域 $\mathrm{d}\delta_1$，$\mathrm{d}\delta_2$，…，$\mathrm{d}\delta_n$ 的概率应为

$$\begin{aligned} P &= P_1P_2\cdots P_n \\ &= \frac{1}{\sigma_1\sigma_2\cdots\sigma_n(\sqrt{2\pi})^n}\mathrm{e}^{-(\delta_1^2/\sigma_1^2+\delta_2^2/\sigma_2^2+\cdots+\delta_n^2/\sigma_n^2)/2}\mathrm{d}\delta_1\mathrm{d}\delta_2\cdots\mathrm{d}\delta_n \end{aligned}$$

根据最大或然原理，由于事实上测量值 l_1，l_2，…，l_n 已经出现，因而有理由认为这 n 个测量值同时出现于相应区间 $\mathrm{d}\delta_1$，$\mathrm{d}\delta_2$，…，$\mathrm{d}\delta_n$ 的概率 P 应为最大，即待求量的最可信赖值的确定，应使 l_1，l_2，…，l_n 同时出现的概率 P 为最大。由上式不难看出，要使 P 最大，应满足

$$\frac{\delta_1^2}{\sigma_1^2} + \frac{\delta_2^2}{\sigma_2^2} + \cdots + \frac{\delta_n^2}{\sigma_n^2} = \text{最小}$$

当然，由此给出的结果只是估计量，它们以最大的可能性接近真值而并非真值，因此上述条件应以残余误差的形式表示，即

$$\frac{v_1^2}{\sigma_1^2} + \frac{v_2^2}{\sigma_2^2} + \cdots + \frac{v_n^2}{\sigma_n^2} = \text{最小}$$

引入权的符号 p，由式（2-42）可得

$$p_1v_1^2 + p_2v_2^2 + \cdots + p_nv_n^2 = \sum_{i=1}^{n} p_iv_i^2 = \text{最小} \tag{5-5}$$

在等精度测量中有

$$\sigma_1 = \sigma_2 = \cdots = \sigma_n$$

即

$$p_1 = p_2 = \cdots = p_n$$

则式（5-5）可简化为

$$v_1^2 + v_2^2 + \cdots + v_n^2 = \sum_{i=1}^{n} v_i^2 = \text{最小} \tag{5-6}$$

式（5-6）表明，测量结果的最可信赖值应在残余误差平方和（在不等精度测量的情形中应为加权残余误差平方和）为最小的条件下求出，这就是最小二乘法原理。

实质上，按最小二乘条件给出最终结果能充分地利用误差的抵偿作用，可以有效地减小随机误差的影响，因而所得结果具有最可信赖性。

必须指出，上述最小二乘原理是在测量误差无偏、正态分布和相互独立的条件下推导出的，但在不严格服从正态分布的情形下也常被使用。

一般情况下，最小二乘法可以用于线性测量参数的处理，也可用于非线性测量参数的处理。由于测量的实际问题中大量的是属于线性的，而非线性测量方程借助于级数展开的方法可以在某一区域近似地化成线性的形式。因此，线性测量参数的最小二乘法处理是最小二乘法理论所研究的基本内容。

线性测量的测量方程一般形式为

$$\left.\begin{aligned} Y_1 &= a_{11}X_1 + a_{12}X_2 + \cdots + a_{1t}X_t \\ Y_2 &= a_{21}X_1 + a_{22}X_2 + \cdots + a_{2t}X_t \\ &\vdots \\ Y_n &= a_{n1}X_1 + a_{n2}X_2 + \cdots + a_{nt}X_t \end{aligned}\right\} \tag{5-7}$$

相应的估计量为

$$\left.\begin{aligned} y_1 &= a_{11}x_1 + a_{12}x_2 + \cdots + a_{1t}x_t \\ y_2 &= a_{21}x_1 + a_{22}x_2 + \cdots + a_{2t}x_t \\ &\vdots \\ y_n &= a_{n1}x_1 + a_{n2}x_2 + \cdots + a_{nt}x_t \end{aligned}\right\} \tag{5-8}$$

其误差方程为

$$\left.\begin{aligned} v_1 &= l_1 - (a_{11}x_1 + a_{12}x_2 + \cdots + a_{1t}x_t) \\ v_2 &= l_2 - (a_{21}x_1 + a_{22}x_2 + \cdots + a_{2t}x_t) \\ &\vdots \\ v_n &= l_n - (a_{n1}x_1 + a_{n2}x_2 + \cdots + a_{nt}x_t) \end{aligned}\right\} \tag{5-9}$$

线性测量参数的最小二乘法借助于矩阵这一工具进行讨论将有许多便利之处。下面给出最小二乘原理的矩阵形式。

设有列向量

$$\boldsymbol{L} = \begin{pmatrix} l_1 \\ l_2 \\ \vdots \\ l_n \end{pmatrix} \qquad \hat{\boldsymbol{X}} = \begin{pmatrix} x_1 \\ x_2 \\ \vdots \\ x_t \end{pmatrix} \qquad \boldsymbol{V} = \begin{pmatrix} v_1 \\ v_2 \\ \vdots \\ v_n \end{pmatrix}$$

和 $n \times t$ 阶矩阵（$n > t$）

$$A=\begin{pmatrix} a_{11} & a_{12} & \cdots & a_{1t} \\ a_{21} & a_{22} & \cdots & a_{2t} \\ & & \vdots & \\ a_{n1} & a_{n2} & \cdots & a_{nt} \end{pmatrix}$$

式中各矩阵元素：

l_1，l_2，…，l_n 为 n 个直接测量结果（已获得的测量数据）；

x_1，x_2，…，x_t 为 t 个待求的被测量的估计量；

v_1，v_2，…，v_n 为 n 个直接测量结果的残余误差；

a_{11}，a_{21}，…，a_{nt} 为 n 个误差方程的 $n\times t$ 个系数。

则线性测量参数的误差方程式（5-9）可表示为

$$\begin{pmatrix} v_1 \\ v_2 \\ \vdots \\ v_n \end{pmatrix}=\begin{pmatrix} l_1 \\ l_2 \\ \vdots \\ l_n \end{pmatrix}-\begin{pmatrix} a_{11} & a_{12} & \cdots & a_{1t} \\ a_{21} & a_{22} & \cdots & a_{2t} \\ & & \vdots & \\ a_{n1} & a_{n2} & \cdots & a_{nt} \end{pmatrix}\begin{pmatrix} x_1 \\ x_2 \\ \vdots \\ x_t \end{pmatrix}$$

即
$$\boldsymbol{V}=\boldsymbol{L}-\boldsymbol{A}\hat{\boldsymbol{X}} \tag{5-10}$$

等精度测量时，残余误差平方和最小这一条件的矩阵形式为

$$(v_1 v_2 \cdots v_n)\begin{pmatrix} v_1 \\ v_2 \\ \vdots \\ v_n \end{pmatrix}=\text{最小}$$

即
$$\boldsymbol{V}^{\mathrm{T}}\boldsymbol{V}=\text{最小} \tag{5-11}$$

或
$$(\boldsymbol{L}-\boldsymbol{A}\hat{\boldsymbol{X}})^{\mathrm{T}}(\boldsymbol{L}-\boldsymbol{A}\hat{\boldsymbol{X}})=\text{最小} \tag{5-12}$$

而不等精度测量时，最小二乘原理的矩阵形式为

$$\boldsymbol{V}^{\mathrm{T}}\boldsymbol{P}\boldsymbol{V}=\text{最小} \tag{5-13}$$

或

$$(\boldsymbol{L}-\boldsymbol{A}\hat{\boldsymbol{X}})^{\mathrm{T}}\boldsymbol{P}(\boldsymbol{L}-\boldsymbol{A}\hat{\boldsymbol{X}})=\text{最小} \tag{5-14}$$

式中，$\boldsymbol{P}$ 为 $n\times n$ 阶权矩阵。

$$\boldsymbol{P}=\begin{pmatrix} p_1 & 0 & \cdots & 0 \\ 0 & p_2 & \cdots & 0 \\ & & \vdots & \\ 0 & 0 & \cdots & p_n \end{pmatrix}=\begin{pmatrix} \frac{\sigma^2}{\sigma_1^2} & 0 & \cdots & 0 \\ 0 & \frac{\sigma^2}{\sigma_2^2} & \cdots & 0 \\ & & \vdots & \\ 0 & 0 & \cdots & \frac{\sigma^2}{\sigma_n^2} \end{pmatrix}$$

$p_1=\sigma^2/\sigma_1^2$，$p_2=\sigma^2/\sigma_2^2$，…，$p_n=\sigma^2/\sigma_n^2$ 分别为测量数据 l_1，l_2，…，l_n 的权；σ^2 为单位权

方差；σ_1^2，σ_2^2，…，σ_n^2 分别为测量数据 l_1，l_2，…，l_n 的方差。

线性测量中的不等精度测量还可以转化为等精度的形式，从而可以利用等精度测量时测量数据的最小二乘法处理的全部结果。为此，应将误差方程化为等权的形式。若不等精度测量数据 l_1，l_2，…，l_n 的权分别为 p_1，p_2，…，p_n，此时不等精度测量的误差方程式仍用式（5-9）表示，将其两端同乘以相应权的平方根得

$$\left.\begin{aligned} v_1 p_1^{1/2} &= l_1 p_1^{1/2} - (a_{11} p_1^{1/2} x_1 + a_{12} p_1^{1/2} x_2 + \cdots + a_{1t} p_1^{1/2} x_t) \\ v_2 p_2^{1/2} &= l_2 p_2^{1/2} - (a_{21} p_2^{1/2} x_1 + a_{22} p_2^{1/2} x_2 + \cdots + a_{2t} p_2^{1/2} x_t) \\ &\vdots \\ v_n p_n^{1/2} &= l_n p_n^{1/2} - (a_{n1} p_n^{1/2} x_1 + a_{n2} p_n^{1/2} x_2 + \cdots + a_{nt} p_n^{1/2} x_t) \end{aligned}\right\}$$

令

$$a'_{11} = a_{11} p_1^{1/2}, a'_{12} = a_{12} p_1^{1/2}, \cdots, a'_{nt} = a_{nt} p_n^{1/2},$$

$$l'_1 = l_1 p_1^{1/2}, l'_2 = l_2 p_2^{1/2}, \cdots, l'_n = l_n p_n^{1/2},$$

$$v'_1 = v_1 p_1^{1/2}, v_2 = v_2 p_2^{1/2}, \cdots, v'_n = v_n p_n^{1/2},$$

则误差方程化为等精度的形式为

$$\left.\begin{aligned} v'_1 &= l'_1 - (a'_{11} x_1 + a'_{12} x_2 + \cdots + a'_{1t} x_t) \\ v'_2 &= l'_2 - (a'_{21} x_1 + a'_{22} x_2 + \cdots + a'_{2t} x_t) \\ &\vdots \\ v'_n &= l'_n - (a'_{n1} x_1 + a'_{n2} x_2 + \cdots + a'_{nt} x_t) \end{aligned}\right\} \tag{5-15}$$

方程式（5-15）中各式已具有相同的权，与等精度测量的误差方程（5-9）形式一致，即可按等精度测量数据处理的方法来处理。

设有 $n \times 1$ 阶矩阵（列向量）

$$\boldsymbol{L}^* = \begin{pmatrix} l'_1 \\ l'_2 \\ \vdots \\ l'_n \end{pmatrix} \qquad \boldsymbol{V}^* = \begin{pmatrix} v'_1 \\ v'_2 \\ \vdots \\ v'_n \end{pmatrix}$$

和 $n \times t$ 阶矩阵

$$\boldsymbol{A}^* = \begin{pmatrix} a'_{11} & a'_{12} & \cdots & a'_{1t} \\ a'_{21} & a'_{22} & \cdots & a'_{2t} \\ & & \vdots & \\ a'_{n1} & a'_{n2} & \cdots & a'_{nt} \end{pmatrix}$$

则线性测量参数不等精度测量的误差方程的矩阵形式为

$$\boldsymbol{V}^* = \boldsymbol{L}^* - \boldsymbol{A}^* \hat{\boldsymbol{X}} \tag{5-16}$$

此时最小二乘条件用矩阵形式可表达为

$$\boldsymbol{V}^{*\mathrm{T}} \boldsymbol{V}^* = 最小 \tag{5-17}$$

或

$$(\boldsymbol{L}^{*}-\boldsymbol{A}^{*}\hat{\boldsymbol{X}})^{\mathrm{T}}(\boldsymbol{L}^{*}-\boldsymbol{A}^{*}\hat{\boldsymbol{X}})=\text{最小} \tag{5-18}$$

第二节 正 规 方 程

为了获得更可靠的结果，测量次数 n 总要多于未知参数的个数 t，即所得误差方程式的个数总是要多于未知数的个数。因而直接用一般解代数方程的方法是无法求解这些未知参数的。最小二乘法则可以由误差方程得到有确定解的代数方程组（其方程式个数正好等于未知数的个数），从而可求解出这些未知参数。这个有确定解的代数方程组称为最小二乘法估计的正规方程（或称为法方程）。

线性测量参数的最小二乘法处理程序可归结为：首先根据具体问题列出误差方程式；再按最小二乘法原理，利用求极值的方法由误差方程得到正规方程；然后求解正规方程，得到待求的估计量；最后给出精度估计。对于非线性测量方程，可先将其线性化，然后按上述线性测量参数的最小二乘法处理程序去处理。因此，建立正规方程是待求参数最小二乘法处理的基本环节。

一、等精度线性测量参数最小二乘法处理的正规方程

线性测量的误差方程式为

$$\left.\begin{aligned}v_1&=l_1-(a_{11}x_1+a_{12}x_2+\cdots+a_{1t}x_t)\\v_2&=l_2-(a_{21}x_1+a_{22}x_2+\cdots+a_{2t}x_t)\\&\vdots\\v_n&=l_n-(a_{n1}x_1+a_{n2}x_2+\cdots+a_{nt}x_t)\end{aligned}\right\}$$

在等精度测量中，应满足最小二乘条件式（5-6），即

$$\sum_{i=1}^{n}v_i^2=v_1^2+v_2^2+\cdots+v_n^2=\text{最小}$$

现求上式的估计量 x_1，x_2，…，x_t，可利用求极值的方法来满足上式的条件。为此，对残余误差的平方和 $\sum\limits_{i=1}^{n}v_i^2$ 求导数，并令其为零，有

$$\begin{aligned}\frac{\partial\left(\sum\limits_{i=1}^{n}v_i^2\right)}{\partial x_1}=&-2a_{11}\{l_1-(a_{11}x_1+a_{12}x_2+\cdots+a_{1t}x_t)\}\\&-2a_{21}\{l_2-(a_{21}x_1+a_{22}x_2+\cdots+a_{2t}x_t)\}\\&-\cdots-2a_{n1}\{l_n-(a_{n1}x_1+a_{n2}x_2+\cdots+a_{nt}x_t)\}=0\end{aligned}$$

因为

$$\sum_{i=1}^{n}a_{i1}a_{i1}=a_{11}a_{11}+a_{21}a_{21}+\cdots+a_{n1}a_{n1}$$

$$\sum_{i=1}^{n}a_{i1}a_{i2}=a_{11}a_{12}+a_{21}a_{22}+\cdots+a_{n1}a_{n2}$$

$$\vdots$$

$$\sum_{i=1}^{n} a_{i1}a_{it} = a_{11}a_{1t} + a_{21}a_{2t} + \cdots + a_{n1}a_{nt}$$

$$\sum_{i=1}^{n} a_{i1}l_i = a_{11}l_1 + a_{21}l_2 + \cdots + a_{n1}l_n$$

所以

$$\frac{\partial\left(\sum_{i=1}^{n} v_i^2\right)}{\partial x_1} = -2\left\{\sum_{i=1}^{n} a_{i1}l_i - \left(x_1\sum_{i=1}^{n} a_{i1}a_{i1} + x_2\sum_{i=1}^{n} a_{i1}a_{i2} + \cdots + x_t\sum_{i=1}^{n} a_{i1}a_{it}\right)\right\} = 0$$

同理有

$$\frac{\partial\left(\sum_{i=1}^{n} v_i^2\right)}{\partial x_2} = -2\left\{\sum_{i=1}^{n} a_{i2}l_i - \left(x_1\sum_{i=1}^{n} a_{i2}a_{i1} + x_2\sum_{i=1}^{n} a_{i2}a_{i2} + \cdots + x_t\sum_{i=1}^{n} a_{i2}a_{it}\right)\right\} = 0$$

$$\vdots$$

$$\frac{\partial\left(\sum_{i=1}^{n} v_i^2\right)}{\partial x_t} = -2\left\{\sum_{i=1}^{n} a_{it}l_i - \left(x_1\sum_{i=1}^{n} a_{it}a_{i1} + x_2\sum_{i=1}^{n} a_{it}a_{i2} + \cdots + x_t\sum_{i=1}^{n} a_{it}a_{it}\right)\right\} = 0$$

注意到上式中各二阶偏导数恒正，即

$$\frac{\partial^2\left(\sum_{i=1}^{n} v_i^2\right)}{\partial x_1^2} = 2\sum_{i=1}^{n} a_{i1}a_{i1} > 0$$

$$\frac{\partial^2\left(\sum_{i=1}^{n} v_i^2\right)}{\partial x_2^2} = 2\sum_{i=1}^{n} a_{i2}a_{i2} > 0$$

$$\vdots$$

$$\frac{\partial^2\left(\sum_{i=1}^{n} v_i^2\right)}{\partial x_t^2} = 2\sum_{i=1}^{n} a_{it}a_{it} > 0$$

由此可知，上面各方程求得的极值是最小值，满足最小二乘条件，因而也是所要求的估计量，最后把它写成

$$\left.\begin{aligned}
\sum_{i=1}^{n} a_{i1}a_{i1}x_1 + \sum_{i=1}^{n} a_{i1}a_{i2}x_2 + \cdots + \sum_{i=1}^{n} a_{i1}a_{it}x_t &= \sum_{i=1}^{n} a_{i1}l_i \\
\sum_{i=1}^{n} a_{i2}a_{i1}x_1 + \sum_{i=1}^{n} a_{i2}a_{i2}x_2 + \cdots + \sum_{i=1}^{n} a_{i2}a_{it}x_t &= \sum_{i=1}^{n} a_{i2}l_i \\
&\vdots \\
\sum_{i=1}^{n} a_{it}a_{i1}x_1 + \sum_{i=1}^{n} a_{it}a_{i2}x_2 + \cdots + \sum_{i=1}^{n} a_{it}a_{it}x_t &= \sum_{i=1}^{n} a_{it}l_i
\end{aligned}\right\} \tag{5-19}$$

式（5-19）即为等精度测量的线性方程最小二乘法处理的正规方程。这是一个 t 元线性方程组，当其系数行列式不为零时，有唯一确定的解，由此可解得欲求的估计量。

注意到方程组（5-19）在形式上有如下特点：

1）沿主对角线分布着平方项系数 $\sum_{i=1}^{n} a_{i1}a_{i1}, \sum_{i=1}^{n} a_{i2}a_{i2}, \cdots, \sum_{i=1}^{n} a_{it}a_{it}$ 都为正数。

2）以主对角线为对称线，对称分布的各系数彼此两两相等，如 $\sum_{i=1}^{n} a_{i1}a_{i2}$ 与 $\sum_{i=1}^{n} a_{i2}a_{i1}$ 相等，$\sum_{i=1}^{n} a_{i2}a_{it}$ 与 $\sum_{i=1}^{n} a_{it}a_{i2}$ 相等，…

现将上述正规方程（5-19）表示成矩阵形式。把正规方程组中第 r 个方程式（$r=1, 2, \cdots, t$）

$$\sum_{i=1}^{n} a_{ir}l_i - \left[\sum_{i=1}^{n} a_{ir}a_{i1}x_1 + \sum_{i=1}^{n} a_{ir}a_{i2}x_2 + \cdots + \sum_{i=1}^{n} a_{ir}a_{it}x_t\right] = 0$$

改写成如下形式为

$$\begin{aligned}
&(a_{1r}l_1 + a_{2r}l_2 + \cdots + a_{nr}l_n) - (a_{1r}a_{11}x_1 + a_{2r}a_{21}x_1 + \cdots + a_{nr}a_{n1}x_1)\\
&\quad - (a_{1r}a_{12}x_2 + a_{2r}a_{22}x_2 + \cdots + a_{nr}a_{n2}x_2) - \cdots - (a_{1r}a_{1t}x_t + a_{2r}a_{2t}x_t + \cdots + a_{nr}a_{nt}x_t)\\
&= a_{1r}[l_1 - (a_{11}x_1 + a_{12}x_2 + \cdots + a_{1t}x_t)] + a_{2r}[l_2 - (a_{21}x_1 + a_{22}x_2 + \cdots + a_{2t}x_t)] + \cdots\\
&\quad + a_{nr}[l_n - (a_{n1}x_1 + a_{n2}x_2 + \cdots + a_{nt}x_t)]\\
&= a_{1r}v_1 + a_{2r}v_2 + \cdots + a_{nr}v_n\\
&= 0
\end{aligned}$$

式中，$r=1, 2, \cdots, t$。

由此，正规方程组可写成

$$\left.\begin{aligned}
a_{11}v_1 + a_{21}v_2 + \cdots + a_{n1}v_n &= 0\\
a_{12}v_1 + a_{22}v_2 + \cdots + a_{n2}v_n &= 0\\
&\vdots\\
a_{1t}v_1 + a_{2t}v_2 + \cdots + a_{nt}v_n &= 0
\end{aligned}\right\} \tag{5-20}$$

因而它可表示为

$$\begin{pmatrix} a_{11} & a_{21} & \cdots & a_{n1}\\ a_{12} & a_{22} & \cdots & a_{n2}\\ & & \vdots & \\ a_{1t} & a_{2t} & \cdots & a_{nt} \end{pmatrix} \begin{pmatrix} v_1\\ v_2\\ \vdots\\ v_n \end{pmatrix} = \begin{pmatrix} 0\\ 0\\ \vdots\\ 0 \end{pmatrix}$$

即

$$\boldsymbol{A}^{\mathrm{T}}\boldsymbol{V} = \boldsymbol{0} \tag{5-21}$$

这就是等精度测量情况下以矩阵形式表示的正规方程。又因

$$\boldsymbol{V} = \boldsymbol{L} - \boldsymbol{A}\hat{\boldsymbol{X}}$$

所以正规方程又可表示为

$$A^{T}L - A^{T}A\hat{X} = 0$$

即
$$(A^{T}A)\hat{X} = A^{T}L \tag{5-22}$$

若令
$$C = A^{T}A$$

则正规方程又可写成
$$C\hat{X} = A^{T}L \tag{5-23}$$

若 A 的秩等于 t，则矩阵 C 是满秩的，即其行列式 $|C| \neq 0$。那么 $\hat{X}$ 必定有唯一的解。此时用 C^{-1} 左乘正规方程的两边，就得到正规方程解的矩阵表达式
$$\hat{X} = C^{-1}A^{T}L \tag{5-24}$$

所解得 $\hat{X}$ 的数学期望为
$$E[\hat{X}] = E(C^{-1}A^{T}L) = C^{-1}A^{T}E(L) = C^{-1}A^{T}Y = C^{-1}A^{T}AX = X$$

式中，Y、X 为列向量（$n \times 1$ 阶矩阵和 $t \times 1$ 阶矩阵）

$$Y = \begin{pmatrix} Y_1 \\ Y_2 \\ \vdots \\ Y_n \end{pmatrix} \qquad X = \begin{pmatrix} X_1 \\ X_2 \\ \vdots \\ X_t \end{pmatrix}$$

式中，矩阵元素 Y_1，Y_2，…，Y_n 为直接量的真值，而 X_1，X_2，…，X_t 为待求量的真值。可见 $\hat{X}$ 是 X 的无偏估计。

例 5-1 已知任意温度 t 时的铜棒长度 y_t、0℃时的铜棒长度 y_0 和铜的线膨胀系数 α 具有线性关系 $y_1 = y_0(1+\alpha t)$。现测得在不同温度 t_i 下，铜棒长度 l_i 见下表，试估计 y_0 和 α 的最可信赖值。

i	1	2	3	4	5	6
t_i/℃	10	20	25	30	40	45
l_i/mm	2000.36	2000.72	2000.80	2001.07	2001.48	2001.60

解：列出误差方程
$$v_i = l_i - y_0(1 + \alpha t_i) \qquad (i = 1,2,\cdots,6)$$

式中，l_i 为在温度 t_i 下铜棒长度的测得值；α 为铜的线膨胀系数。

令 $y_0 = a$，$\alpha y_0 = b$ 为两个待估计参量，则误差方程可写为
$$v_i = l_i - (a + t_i b) \qquad (i = 1,2,\cdots,6)$$

为计算方便，将数据列表如下：

i	t_i/℃	t_i^2/℃^{2}	l_i/mm	t_il_i/（℃·mm）
1	10	100	2000.36	20003.6
2	20	400	2000.72	40014.4
3	25	625	2000.80	50020.0
4	30	900	2001.07	60032.1
5	40	1600	2001.48	80059.2
6	45	2025	2001.60	90072.0
$\sum$	170	5650	12006.03	340201.3

根据误差方程，按式（5-19）列出正规方程

$$\left.\begin{aligned} na + \sum_{i=1}^{6} t_i b &= \sum_{i=1}^{6} l_i \\ \sum_{i=1}^{6} t_i a + \sum_{i=1}^{6} t_i^2 b &= \sum_{i=1}^{6} t_i l_i \end{aligned}\right\}$$

将表中计算出的相应系数值代入上面的正规方程得

$$6a + 170b℃ = 12006.03\text{mm}$$

$$170a + 5650b℃ = 340201.3\text{mm}$$

解得

$$a \approx 1999.97\text{mm}$$

$$b \approx 0.03654\text{mm/℃}$$

即

$$y_0 = 1999.97\text{mm}$$

$$\alpha = \frac{b}{y_0} = \frac{0.03654\text{mm/℃}}{1999.97\text{mm}} \approx 0.0000183/℃$$

按矩阵形式解算，则有

$$\boldsymbol{C} = \begin{pmatrix} n & \sum_{i=1}^{6} t_i \\ \sum_{i=1}^{6} t_i & \sum_{i=1}^{6} t_i^2 \end{pmatrix} = \begin{pmatrix} 6 & 170 \\ 170 & 5650 \end{pmatrix}$$

$$\boldsymbol{C}^{-1} = \begin{pmatrix} 1.13 & -0.034 \\ -0.034 & 0.0012 \end{pmatrix}$$

$$\boldsymbol{A}^{\mathrm{T}}\boldsymbol{L} = \begin{pmatrix} \sum_{i=1}^{6} l_i \\ \sum_{i=1}^{6} t_i l_i \end{pmatrix} = \begin{pmatrix} 12006.03 \\ 340201.3 \end{pmatrix}$$

得

$$\hat{\boldsymbol{X}} = \boldsymbol{C}^{-1}\boldsymbol{A}^{\mathrm{T}}\boldsymbol{L} = \begin{pmatrix} a \\ b \end{pmatrix} = \begin{pmatrix} 1.13 & -0.034 \\ -0.034 & 0.0012 \end{pmatrix}\begin{pmatrix} 12006.03 \\ 340201.3 \end{pmatrix} = \begin{pmatrix} 1999.97 \\ 0.03654 \end{pmatrix}$$

所以

$$y_0 = a = 1999.97\text{mm}$$

$$\alpha = \frac{b}{y_0} = \frac{0.03654\text{mm/℃}}{1999.97\text{mm}} \approx 0.0000183/℃$$

因此，铜棒长度 y_t 随温度 t 的线性变化规律为

$$y_t = 1999.97(1 + 0.0000183t/℃)\text{mm}$$

二、不等精度线性测量参数最小二乘法处理的正规方程

不等精度线性测量时参数的误差方程仍如式（5-9）一样，但在进行最小二乘法处理时，要取加权残余误差平方和为最小，即

$$\sum_{i=1}^{n} p_i v_i^2 = \text{最小}$$

对 $\sum_{i=1}^{n} p_i v_i^2$ 求导数并令其为0

$$\left.\begin{aligned}
\frac{\partial\left(\sum_{i=1}^{n} p_i v_i^2\right)}{\partial x_1} &= 0 \\
\frac{\partial\left(\sum_{i=1}^{n} p_i v_i^2\right)}{\partial x_2} &= 0 \\
&\vdots \\
\frac{\partial\left(\sum_{i=1}^{n} p_i v_i^2\right)}{\partial x_t} &= 0
\end{aligned}\right\}$$

该方程满足 $\sum_{i=1}^{n} p_i v_i^2$ = 最小的条件，经整理后得如下方程组：

$$\left.\begin{aligned}
\sum_{i=1}^{n} p_i a_{i1} a_{i1} x_1 + \sum_{i=1}^{n} p_i a_{i1} a_{i2} x_2 + \cdots + \sum_{i=1}^{n} p_i a_{i1} a_{it} x_t &= \sum_{i=1}^{n} p_i a_{i1} l_i \\
\sum_{i=1}^{n} p_i a_{i2} a_{i1} x_1 + \sum_{i=1}^{n} p_i a_{i2} a_{i2} x_2 + \cdots + \sum_{i=1}^{n} p_i a_{i2} a_{it} x_t &= \sum_{i=1}^{n} p_i a_{i2} l_i \\
&\vdots \\
\sum_{i=1}^{n} p_i a_{it} a_{i1} x_1 + \sum_{i=1}^{n} p_i a_{it} a_{i2} x_2 + \cdots + \sum_{i=1}^{n} p_i a_{it} a_{it} x_t &= \sum_{i=1}^{n} p_i a_{it} l_i
\end{aligned}\right\} \tag{5-25}$$

式中

$$\sum_{i=1}^{n} p_i a_{ir} a_{is} = p_1 a_{1r} a_{1s} + p_2 a_{2r} a_{2s} + \cdots + p_n a_{nr} a_{ns}$$

$$\sum_{i=1}^{n} p_i a_{ir} l_i = p_1 a_{1r} l_1 + p_2 a_{2r} l_2 + \cdots + p_n a_{nr} l_n$$

$$r = 1,2,\cdots,t; s = 1,2,\cdots,t$$

式（5-25）就是不等精度线性测量时线性测量参数最小二乘法处理的正规方程。它仍有前述等精度测量时正规方程的特点，即主对角线各项系数是平方和，为正值，以主对角线为对称轴线的其他各相应项两两相等。

我们还可以将该正规方程化成等精度的形式。为此，做代换

$$\left.\begin{aligned}
a_{ir}' &= p_i^{1/2} a_{ir} \\
l_i' &= p_i^{1/2} l_i
\end{aligned}\right\}\begin{pmatrix} i = 1,2,\cdots,n \\ r = 1,2,\cdots,t \end{pmatrix}$$

将其代入正规方程（5-25），经整理后得到下面的正规方程

$$\left.\begin{aligned}\sum_{i=1}^{n} a_{i1}'a_{i1}'x_1 + \sum_{i=1}^{n} a_{i1}'a_{i2}'x_2 + \cdots + \sum_{i=1}^{n} a_{i1}'a_{it}'x_t &= \sum_{i=1}^{n} a_{i1}'l_i' \\ \sum_{i=1}^{n} a_{i2}'a_{i1}'x_1 + \sum_{i=1}^{n} a_{i2}'a_{i2}'x_2 + \cdots + \sum_{i=1}^{n} a_{i2}'a_{it}'x_t &= \sum_{i=1}^{n} a_{i2}'l_i' \\ &\vdots \\ \sum_{i=1}^{n} a_{it}'a_{i1}'x_1 + \sum_{i=1}^{n} a_{it}'a_{i2}'x_2 + \cdots + \sum_{i=1}^{n} a_{it}'a_{it}'x_t &= \sum_{i=1}^{n} a_{it}'l_i'\end{aligned}\right\} \tag{5-26}$$

可以看出，上列正规方程在形式上已与等精度测量时的正规方程（5-19）完全一致了。将正规方程（5-25）各式分别展开，整理后可得与式（5-20）类似的结果

$$\left.\begin{aligned}p_1a_{11}v_1 + p_2a_{21}v_2 + \cdots + p_na_{n1}v_n &= 0 \\ p_1a_{12}v_1 + p_2a_{22}v_2 + \cdots + p_na_{n2}v_n &= 0 \\ &\vdots \\ p_1a_{1t}v_1 + p_2a_{2t}v_2 + \cdots + p_na_{nt}v_n &= 0\end{aligned}\right\}$$

用矩阵表示为

$$\begin{pmatrix} a_{11} & a_{21} & \cdots & a_{n1} \\ a_{12} & a_{22} & \cdots & a_{n2} \\ & \vdots & & \\ a_{1t} & a_{2t} & \cdots & a_{nt} \end{pmatrix} \begin{pmatrix} p_1 & 0 & \cdots & 0 \\ 0 & p_2 & \cdots & 0 \\ & \vdots & & \\ 0 & 0 & \cdots & p_n \end{pmatrix} \begin{pmatrix} v_1 \\ v_2 \\ \vdots \\ v_n \end{pmatrix} = \begin{pmatrix} 0 \\ 0 \\ \vdots \\ 0 \end{pmatrix}$$

即

$$\boldsymbol{A}^{\mathrm{T}}\boldsymbol{PV} = \boldsymbol{0} \tag{5-27}$$

而

$$\boldsymbol{V} = \boldsymbol{L} - \boldsymbol{A}\hat{\boldsymbol{X}}$$

所以式（5-27）又可写成

$$\boldsymbol{A}^{\mathrm{T}}\boldsymbol{P}(\boldsymbol{L} - \boldsymbol{A}\hat{\boldsymbol{X}}) = \boldsymbol{0}$$

由

$$\boldsymbol{A}^{\mathrm{T}}\boldsymbol{PA}\hat{\boldsymbol{X}} = \boldsymbol{A}^{\mathrm{T}}\boldsymbol{PL} \tag{5-28}$$

可得出正规方程的解，即参数的最小二乘解为

$$\hat{\boldsymbol{X}} = (\boldsymbol{A}^{\mathrm{T}}\boldsymbol{PA})^{-1}\boldsymbol{A}^{\mathrm{T}}\boldsymbol{PL} \tag{5-29}$$

令

$$\boldsymbol{C}^* = \boldsymbol{A}^{*\mathrm{T}}\boldsymbol{A}^* = \boldsymbol{A}^{\mathrm{T}}\boldsymbol{PA}$$

则

$$\hat{\boldsymbol{X}} = \boldsymbol{C}^{*-1}\boldsymbol{A}^{\mathrm{T}}\boldsymbol{PL} \tag{5-30}$$

这就是不等精度线性测量时，线性测量参数的最小二乘法处理。因为

$$\boldsymbol{E}(\hat{\boldsymbol{X}}) = \boldsymbol{E}(\boldsymbol{C}^{*-1}\boldsymbol{A}^{\mathrm{T}}\boldsymbol{PL}) = \boldsymbol{C}^{*-1}\boldsymbol{A}^{\mathrm{T}}\boldsymbol{PE}(\boldsymbol{L}) = \boldsymbol{C}^{*-1}\boldsymbol{A}^{\mathrm{T}}\boldsymbol{PAX} = \boldsymbol{X}$$

可见 $\hat{\boldsymbol{X}}$ 是 $\boldsymbol{X}$ 的无偏估计。

例 5-2 某测量过程有误差方程式及相应的标准差如下：

$$\begin{aligned} v_1 &= 6.44 - (x_1 + x_2) & \sigma_1 &= 0.06 \\ v_2 &= 8.60 - (x_1 + 2x_2) & \sigma_2 &= 0.06 \\ v_3 &= 10.81 - (x_1 + 3x_2) & \sigma_3 &= 0.08 \\ v_4 &= 13.22 - (x_1 + 4x_2) & \sigma_4 &= 0.08 \\ v_5 &= 15.27 - (x_1 + 5x_2) & \sigma_5 &= 0.08 \end{aligned}$$

试求 x_1、x_2 的最小二乘法处理正规方程的解。

解： 首先确定各式的权，由式（2-42）得

$$p_1:p_2:p_3:p_4:p_5 = \frac{1}{\sigma_1^2}:\frac{1}{\sigma_2^2}:\frac{1}{\sigma_3^2}:\frac{1}{\sigma_4^2}:\frac{1}{\sigma_5^2}$$
$$= \frac{1}{0.06^2}:\frac{1}{0.06^2}:\frac{1}{0.08^2}:\frac{1}{0.08^2}:\frac{1}{0.08^2}$$
$$= 16:16:9:9:9$$

取各式的权为

$$p_1 = 16,\ p_2 = 16,\ p_3 = 9,\ p_4 = 9,\ p_5 = 9$$

现用表格计算给出正规方程常数项和系数：

i	a_{i1}	a_{i2}	p_i	$p_i a_{i1}^2$	$p_i a_{i2}^2$	$p_i a_{i1} a_{i2}$	l_i	$p_i a_{i1} l_i$	$p_i a_{i2} l_i$
1	1	1	16	16	16	16	6.44	103.04	103.04
2	1	2	16	16	64	32	8.60	137.60	275.20
3	1	3	9	9	81	27	10.81	97.29	291.87
4	1	4	9	9	144	36	13.22	118.98	475.92
5	1	5	9	9	225	45	15.27	137.43	687.15
Σ				59	530	156		594.34	1833.18

可得正规方程

$$\left.\begin{aligned} 59x_1 + 156x_2 &= 594.34 \\ 156x_1 + 530x_2 &= 1833.18 \end{aligned}\right\}$$

解得最小二乘法处理结果为

$$\left.\begin{aligned} x_1 &\approx 4.186 \\ x_2 &\approx 2.227 \end{aligned}\right\}$$

三、非线性测量参数最小二乘法处理的正规方程

在一般情况下，函数

$$y_i = f_i(x_1, x_2, \cdots, x_t) \qquad (i = 1, 2, \cdots, n)$$

为非线性函数，测量的误差方程

$$\left.\begin{aligned} v_1 &= l_1 - f_1(x_1, x_2, \cdots, x_t) \\ v_2 &= l_2 - f_2(x_1, x_2, \cdots, x_t) \\ &\ \vdots \\ v_n &= l_n - f_n(x_1, x_2, \cdots, x_t) \end{aligned}\right\} \tag{5-31}$$

是非线性方程组。一般来说，直接由它建立正规方程并求解是困难的。

为了解决这类问题，一般采取线性化的方法，将非线性函数化为线性函数，再按线性测量方程参数的情形进行处理。

为此，取 x_{10}，x_{20}，…，x_{t0} 为待估计量 x_1，x_2，…，x_t 的近似值，而估计量 x_r 则可表示为

$$\left.\begin{aligned} x_1 &= x_{10} + \delta_1 \\ x_2 &= x_{20} + \delta_2 \\ &\ \vdots \\ x_t &= x_{t0} + \delta_t \end{aligned}\right\} \tag{5-32}$$

式中，δ_1，δ_2，…，δ_t 分别为估计量与所取近似值的偏差。

因此，只须求得偏差 δ_1，δ_2，…，δ_t 即可由式（5-32）获得估计量 x_1，x_2，…，x_t。

现将函数在 x_{10}，x_{20}，…，x_{t0}处展开，取一次项，则有

$$f_i(x_1,x_2,\cdots,x_t) = f_i(x_{10},x_{20},\cdots,x_{t0}) + \left(\frac{\partial f_i}{\partial x_1}\right)_0 \delta_1 + \left(\frac{\partial f_i}{\partial x_2}\right)_0 \delta_2 + \cdots + \left(\frac{\partial f_i}{\partial x_t}\right)_0 \delta_t$$

$$(i = 1,2,\cdots,n) \tag{5-33}$$

式中，$(\partial f_i/\partial x_r)_0$ 为函数 f_i 对 x_r 的偏导数在 x_{10}，x_{20}，…，x_{t0}处的值，$r=1$，2，…，t。将展开式（5-33）代入误差方程（5-31），并令

$$l'_i = l_i - f_i(x_{10},x_{20},\cdots,x_{t0})$$

$$a_{i1} = \left(\frac{\partial f_i}{\partial x_1}\right)_0,\ a_{i2} = \left(\frac{\partial f_i}{\partial x_2}\right)_0,\ \cdots,\ a_{it} = \left(\frac{\partial f_i}{\partial x_t}\right)_0$$

则误差方程（5-31）化成线性方程组

$$\left.\begin{aligned} v_1 &= l'_1 - (a_{11}\delta_1 + a_{12}\delta_2 + \cdots + a_{1t}\delta_t) \\ v_2 &= l'_2 - (a_{21}\delta_1 + a_{22}\delta_2 + \cdots + a_{2t}\delta_t) \\ &\vdots \\ v_n &= l'_n - (a_{n1}\delta_1 + a_{n2}\delta_2 + \cdots + a_{nt}\delta_t) \end{aligned}\right\} \tag{5-34}$$

于是，就可以按线性测量方程参数的情形列出正规方程并求解出 δ_r（$r=1$，2，…，t），进而可按式(5-32)求得相应的估计量 x_r（$r=1$，2，…，t）。

应该指出，为获得线性化的结果，函数的展开式只取一次项而略去了二次以上的高次项，严格地说，由此给出的估计量是近似的。不过一般来说这已能满足实际的要求，因为只要所取近似值 x_{r0}的偏差 δ_r 相对于所研究的问题而言足够小，则二次项以上的高次项其值甚微，可以忽略不计。因此，在作线性化处理时，估计量近似值的选取应有相应的精度要求。

为获得函数的展开式，必须首先确定未知数的近似值，其方法可以是：

（1）直接测量　对未知量 x_r 直接进行测量，所得结果即可作为其近似值。

（2）通过部分方程式进行计算　从误差方程中选取最简单的 t 个方程式，采用近似的求解方法，如令 $v_i=0$，于是可以得到一个 t 元齐次方程组，由此解得 x_{10}，x_{20}，…，x_{t0}，即为未知数的近似值。至于到底选用哪种方法，应视具体问题而定。

由以上讨论可见，所有情况（等精度与非等精度测量，线性与非线性测量）最后均可归结为等精度线性测量的情形。从而，可按等精度线性测量的情形建立和解算正规方程。

四、最小二乘原理与算术平均值原理的关系

为了确定一个量 X 的估计量 x，对它进行 n 次直接测量，得到 n 个数据 l_1，l_2，…，l_n，相应的权分别为 p_1，p_2，…，p_n，则测量的误差方程为

$$\left.\begin{aligned} v_1 &= l_1 - x \\ v_2 &= l_2 - x \\ &\vdots \\ v_n &= l_n - x \end{aligned}\right\} \tag{5-35}$$

其最小二乘法处理的正规方程为

$$\left(\sum_{i=1}^{n} p_i a_i a_i\right) x = \sum_{i=1}^{n} p_i a_i l_i \tag{5-36}$$

由误差方程知 $a_i=1$，因而有

$$\left(\sum_{i=1}^{n} p_i\right)x = \sum_{i=1}^{n} p_i l_i$$

可得最小二乘法处理的结果

$$x = \frac{\sum_{i=1}^{n} p_i l_i}{\sum_{i=1}^{n} p_i} = \frac{p_1 l_1 + p_2 l_2 + \cdots + p_n l_n}{p_1 + p_2 + \cdots + p_n} \tag{5-37}$$

这正是不等精度测量时加权算术平均值原理所给出的结果。

对于等精度测量有

$$p_1 = p_2 = \cdots = p_n = p$$

则由最小二乘法所确定的估计量为

$$x = \frac{p_1 l_1 + p_2 l_2 + \cdots + p_n l_n}{p_1 + p_2 + \cdots + p_n} = \frac{p(l_1 + l_2 + \cdots + l_n)}{np} = \frac{\sum_{i=1}^{n} l_i}{n} \tag{5-38}$$

此式与等精度测量时算术平均值原理给出的结果相同。

由此可见，最小二乘法原理与算术平均值原理是一致的，算术平均值原理可以看做是最小二乘法原理的特例。

第三节　精 度 估 计

对测量数据最小二乘法处理的最终结果，不仅要给出待求量的最可信赖的估计量，而且还要确定其可信赖程度，即应给出所得估计量的精度。

一、测量数据的精度估计

为了确定最小二乘估计量 x_1，x_2，…，x_t 的精度，首先需要给出直接测量所得测量数据的精度。测量数据的精度也以标准差 σ 来表示。因为无法求得 σ 的真值，因而只能依据有限次的测量结果给出 σ 的估计值 $\hat{\sigma}$，所谓给出精度估计，实际上是求出估计值 $\hat{\sigma}$。

（一）等精度测量数据的精度估计

设对包含 t 个未知量的 n 个线性测量参数方程组（5-7）进行 n 次独立的等精度测量，获得了 n 个测量数据 l_1，l_2，…，l_n。其相应的测量误差分别为 δ_1，δ_2，…，δ_n，它们是互不相关的随机误差。因为一般情况下真误差 δ_1，δ_2，…，δ_n 是未知的，只能由残余误差 v_1，v_2，…，v_n 给出 σ^2 的估计量。

可以证明 $\left(\sum_{i=1}^{n} v_i^2\right)/\sigma^2$ 是自由度为（$n-t$）的 χ^2 变量。根据 χ^2 变量的性质，有

$$E\left\{\frac{\sum_{i=1}^{n} v_i^2}{\sigma^2}\right\} = n - t \tag{5-39}$$

因而

$$E\left\{\frac{\sum_{i=1}^{n} v_i^2}{n}\right\} = \frac{n-t}{n}\sigma^2$$

由此可知，若仿照式（5-39）的结果，取残余误差平方的平均值作为 σ^2 的估计量 $\hat{\sigma}^2$，则所得 $\hat{\sigma}^2$ 将对 σ^2 有系统偏移，即

$$\hat{\sigma}^2 = \frac{\sum_{i=1}^{n} v_i^2}{n}$$

将不是 σ^2 的无偏估计量。因为

$$E\left\{\frac{\sum_{i=1}^{n} v_i^2}{n}\frac{n}{n-t}\right\} = E\left\{\frac{\sum_{i=1}^{n} v_i^2}{n-t}\right\} = \sigma^2$$

所以，可取

$$\hat{\sigma}^2 = \frac{\sum_{i=1}^{n} v_i^2}{n-t} \tag{5-40}$$

作为 σ^2 的无偏估计量。习惯上，这个估计量也写成 σ^2，即

$$\sigma^2 = \frac{\sum_{i=1}^{n} v_i^2}{n-t} \tag{5-41}$$

因而测量数据的标准差的估计量为

$$\hat{\sigma} = \sqrt{\frac{\sum_{i=1}^{n} v_i^2}{n-t}} \tag{5-42}$$

一般写成

$$\sigma = \sqrt{\frac{\sum_{i=1}^{n} v_i^2}{n-t}} \tag{5-43}$$

例 5-3 试求例 5-1 中铜棒长度的测量精度。

已知残余误差方程为

$$v_i = [l_i - 1999.97 \times (1 + 0.0000183 t_i/℃)]\text{mm} \quad (i = 1,2,\cdots,6)$$

将 t_i，l_i 值代入上式，可得残余误差为

$$v_1 = [2000.36 - 1999.97 \times (1 + 0.0000183 \times 10)]\text{mm} = 0.03\text{mm}$$

$$v_2 = [2000.72 - 1999.97 \times (1 + 0.0000183 \times 20)]\text{mm} = 0.02\text{mm}$$

$$v_3 = [2000.80 - 1999.97 \times (1 + 0.0000183 \times 25)]\text{mm} = -0.08\text{mm}$$

$$v_4 = [2001.07 - 1999.97 \times (1 + 0.0000183 \times 30)]\text{mm} = 0\text{mm}$$

$$v_5 = [2001.48 - 1999.97 \times (1 + 0.0000183 \times 40)]\text{mm} = 0.05\text{mm}$$

$$v_6 = [2001.60 - 1999.97 \times (1 + 0.0000183 \times 45)]\text{mm} = -0.02\text{mm}$$

$$\sum_{i=1}^{6} v_i^2 = 0.0106\text{mm}^2$$

因 $n=6$，$t=2$

于是可得标准差为

$$\sigma=\sqrt{\frac{\sum_{i=1}^{6}v_i^2}{n-t}}=\sqrt{\frac{0.0106}{6-2}}\text{mm}=0.051\text{mm}$$

（二）不等精度测量数据的精度估计

不等精度测量数据的精度估计与等精度测量数据的精度估计相似，只是公式中的残余误差平方和变为加权的残余误差平方和，测量数据的单位权方差的无偏估计为

$$\hat{\sigma}^2=\frac{\sum_{i=1}^{n}p_iv_i^2}{n-t} \tag{5-44}$$

通常习惯写成

$$\sigma^2=\frac{\sum_{i=1}^{n}p_iv_i^2}{n-t} \tag{5-45}$$

故测量数据的单位权标准差为

$$\sigma=\sqrt{\frac{\sum_{i=1}^{n}p_iv_i^2}{n-t}} \tag{5-46}$$

二、最小二乘估计量的精度估计

最小二乘法所确定的估计量 x_1，x_2，…，x_t 的精度取决于测量数据的精度和线性方程组所给出的函数关系。对给定的线性方程组，若已知测量数据 l_1，l_2，…，l_n 的精度，就可求得最小二乘估计量的精度。

下面首先讨论等精度测量时最小二乘估计量的精度估计。

设有正规方程

$$\left.\begin{aligned}
\sum_{i=1}^{n}a_{i1}a_{i1}x_1+\sum_{i=1}^{n}a_{i1}a_{i2}x_2+\cdots+\sum_{i=1}^{n}a_{i1}a_{it}x_t&=\sum_{i=1}^{n}a_{i1}l_i\\
\sum_{i=1}^{n}a_{i2}a_{i1}x_1+\sum_{i=1}^{n}a_{i2}a_{i2}x_2+\cdots+\sum_{i=1}^{n}a_{i2}a_{it}x_t&=\sum_{i=1}^{n}a_{i2}l_i\\
&\vdots\\
\sum_{i=1}^{n}a_{it}a_{i1}x_1+\sum_{i=1}^{n}a_{it}a_{i2}x_2+\cdots+\sum_{i=1}^{n}a_{it}a_{it}x_t&=\sum_{i=1}^{n}a_{it}l_i
\end{aligned}\right\}$$

现要给出由此方程所确定的估计量 x_1，x_2，…，x_t 的精度。为此，利用不定乘数法求出 x_1，x_2，…，x_t 的表达式，然后再找出估计量 x_1，x_2，…，x_t 的精度与测量数据 l_1，l_2，…，l_n 精度的关系，即可得到估计量精度估计的表达式。

设有不定乘数 d_{11}，d_{12}，…，d_{1t}；d_{21}，d_{22}，…，d_{2t}；…；d_{t1}，d_{t2}，…，d_{tt}（共$t\times t$个）。为求 x_1，令 d_{11}，d_{12}，…，d_{1t}分别去乘上面的正规方程中的第 1，2，…，t 式，得

$$\left.\begin{aligned}d_{11}\sum_{i=1}^{n}a_{i1}a_{i1}x_1+d_{11}\sum_{i=1}^{n}a_{i1}a_{i1}x_2+\cdots+d_{11}\sum_{i=1}^{n}a_{i1}a_{it}x_t&=d_{11}\sum_{i=1}^{n}a_{i1}l_i\\d_{12}\sum_{i=1}^{n}a_{i2}a_{i1}x_1+d_{12}\sum_{i=1}^{n}a_{i2}a_{i1}x_2+\cdots+d_{12}\sum_{i=1}^{n}a_{i2}a_{it}x_t&=d_{12}\sum_{i=1}^{n}a_{i2}l_i\\&\vdots\\d_{1t}\sum_{i=1}^{n}a_{it}a_{i1}x_1+d_{1t}\sum_{i=1}^{n}a_{it}a_{i2}x_2+\cdots+d_{1t}\sum_{i=1}^{n}a_{it}a_{it}x_t&=d_{1t}\sum_{i=1}^{n}a_{it}l_i\end{aligned}\right\}$$

将上面的方程组各式的左右两边分别相加得

$$\sum_{r=1}^{t}d_{1r}\sum_{i=1}^{n}a_{ir}a_{i1}x_1+\sum_{r=1}^{t}d_{1r}\sum_{i=1}^{n}a_{ir}a_{i2}x_2+\cdots+\sum_{r=1}^{t}d_{1r}\sum_{i=1}^{n}a_{ir}a_{it}x_t=\sum_{r=1}^{t}d_{1r}\sum_{i=1}^{n}a_{ir}l_i$$

选择 d_{11}，d_{12}，…，d_{1t}值，使之满足如下条件：

$$\left.\begin{aligned}\sum_{r=1}^{t}d_{1r}\sum_{i=1}^{n}a_{ir}a_{i1}&=1\\\sum_{r=1}^{t}d_{1r}\sum_{i=1}^{n}a_{ir}a_{i2}&=0\\&\vdots\\\sum_{r=1}^{t}d_{1r}\sum_{i=1}^{n}a_{ir}a_{it}&=0\end{aligned}\right\}\tag{5-47}$$

则

$$\begin{aligned}x_1&=\sum_{r=1}^{t}d_{1r}\sum_{i=1}^{n}a_{ir}l_i\\&=d_{11}\sum_{i=1}^{n}a_{i1}l_i+d_{12}\sum_{i=1}^{n}a_{i2}l_i+\cdots+d_{1t}\sum_{i=1}^{n}a_{it}l_i\\&=[d_{11}a_{11}+d_{12}a_{12}+\cdots+d_{1t}a_{1t}]l_1+[d_{11}a_{21}+d_{12}a_{22}+\cdots+d_{1t}a_{2t}]l_2+\cdots\\&\quad+[d_{11}a_{n1}+d_{12}a_{n2}+\cdots+d_{1t}a_{nt}]l_n\end{aligned}$$

令

$$\begin{aligned}d_{11}a_{11}+d_{12}a_{12}+\cdots+d_{1t}a_{1t}&=h_{11}\\d_{11}a_{21}+d_{12}a_{22}+\cdots+d_{1t}a_{2t}&=h_{12}\\&\vdots\\d_{11}a_{n1}+d_{12}a_{n2}+\cdots+d_{1t}a_{nt}&=h_{1n}\end{aligned}$$

则

$$x_1=h_{11}l_1+h_{12}l_2+\cdots+h_{1n}l_n\tag{5-48}$$

因 l_1，l_2，…，l_n 为相互独立（因而互不相关）的正态随机变量，且为等精度的，即 $\sigma_1=\sigma_2=\cdots=\sigma_n=\sigma$，则有

$$\sigma_{x1}^2=h_{11}^2\sigma_1^2+h_{12}^2\sigma_2^2+\cdots+h_{1n}^2\sigma_n^2=(h_{11}^2+h_{12}^2+\cdots+h_{1n}^2)\sigma^2\tag{5-49}$$

将等式右端 σ^2 的系数展开，并适当地合并同类项，注意到不定乘数 d_{11}，d_{12}，…，d_{1t}的选择条件式（5-47），最后可得

$$\sigma_{x1}^2=d_{11}\sigma^2$$

同样，再用 d_{21}，d_{22}，…，d_{2t}分别去乘正规方程各式，将乘得的各式相加，按 x_1，x_2，

…, x_t 合并同类项得

$$\sum_{r=1}^{t} d_{2r} \sum_{i=1}^{n} a_{ir} a_{i1} x_1 + \sum_{r=1}^{t} d_{2r} \sum_{i=1}^{n} a_{ir} a_{i2} x_2 + \cdots + \sum_{r=1}^{t} d_{2r} \sum_{i=1}^{n} a_{ir} a_{it} x_t = \sum_{r=1}^{t} d_{2r} \sum_{i=1}^{n} a_{ir} l_i$$

适当选择 d_{21}，d_{22}，…，d_{2t}，使之满足如下条件：

$$\left.\begin{aligned} \sum_{r=1}^{t} d_{2r} \sum_{i=1}^{n} a_{ir} a_{i1} &= 0 \\ \sum_{r=1}^{t} d_{2r} \sum_{i=1}^{n} a_{ir} a_{i2} &= 1 \\ &\vdots \\ \sum_{r=1}^{t} d_{2r} \sum_{i=1}^{n} a_{ir} a_{it} &= 0 \end{aligned}\right\} \tag{5-50}$$

则可求得 x_2 的表达式，由此得

$$\sigma_{x2}^2 = d_{22} \sigma^2$$

依此类推，可得 σ_{x3}^2，…，σ_{xt}^2。

由上所述，可给出下面的结果：

设 d_{11}，d_{12}，…，d_{1t}；d_{21}，d_{22}，…，d_{2t}；…；d_{t1}，d_{t2}，…，d_{tt} 分别为下列各方程组的解：

$$\left.\begin{aligned} &\left.\begin{aligned} \sum_{i=1}^{n} a_{i1} a_{i1} d_{11} + \sum_{i=1}^{n} a_{i1} a_{i2} d_{12} + \cdots + \sum_{i=1}^{n} a_{i1} a_{it} d_{1t} &= 1 \\ \sum_{i=1}^{n} a_{i2} a_{i1} d_{11} + \sum_{i=1}^{n} a_{i2} a_{i2} d_{12} + \cdots + \sum_{i=1}^{n} a_{i2} a_{it} d_{1t} &= 0 \\ &\vdots \\ \sum_{i=1}^{n} a_{it} a_{i1} d_{11} + \sum_{i=1}^{n} a_{it} a_{i2} d_{12} + \cdots + \sum_{i=1}^{n} a_{it} a_{it} d_{1t} &= 0 \end{aligned}\right\} \\ &\left.\begin{aligned} \sum_{i=1}^{n} a_{i1} a_{i1} d_{21} + \sum_{i=1}^{n} a_{i1} a_{i2} d_{22} + \cdots + \sum_{i=1}^{n} a_{i1} a_{it} d_{2t} &= 0 \\ \sum_{i=1}^{n} a_{i2} a_{i1} d_{21} + \sum_{i=1}^{n} a_{i2} a_{i2} d_{22} + \cdots + \sum_{i=1}^{n} a_{i2} a_{it} d_{2t} &= 1 \\ &\vdots \\ \sum_{i=1}^{n} a_{it} a_{i1} d_{21} + \sum_{i=1}^{n} a_{it} a_{i2} d_{22} + \cdots + \sum_{i=1}^{n} a_{it} a_{it} d_{2t} &= 0 \end{aligned}\right\} \\ &\qquad\vdots \\ &\left.\begin{aligned} \sum_{i=1}^{n} a_{i1} a_{i1} d_{t1} + \sum_{i=1}^{n} a_{i1} a_{i2} d_{t2} + \cdots + \sum_{i=1}^{n} a_{i1} a_{it} d_{tt} &= 0 \\ \sum_{i=1}^{n} a_{i2} a_{i1} d_{t1} + \sum_{i=1}^{n} a_{i2} a_{i2} d_{t2} + \cdots + \sum_{i=1}^{n} a_{i2} a_{it} d_{tt} &= 0 \\ &\vdots \\ \sum_{i=1}^{n} a_{it} a_{i1} d_{t1} + \sum_{i=1}^{n} a_{it} a_{i2} d_{t2} + \cdots + \sum_{i=1}^{n} a_{it} a_{it} d_{tt} &= 1 \end{aligned}\right\} \end{aligned}\right\} \tag{5-51}$$

方程组（5-51）中，不定乘数 d_{rs}（r，$s=1$，2，…，t）的系数与正规方程（5-19）的系数完全一样，因而在实际计算时，可以利用解正规方程的中间结果，十分简便。

由式（5-51）求得不定乘数 d_{11}，d_{12}，…，d_{tt}，则各估计量 x_1，x_2，…，x_t 的方差为

$$\left.\begin{aligned} \sigma_{x1}^2 &= d_{11}\sigma^2 \\ \sigma_{x2}^2 &= d_{22}\sigma^2 \\ &\vdots \\ \sigma_{xt}^2 &= d_{tt}\sigma^2 \end{aligned}\right\} \tag{5-52}$$

相应的标准差为

$$\left.\begin{aligned} \sigma_{x1} &= \sigma\sqrt{d_{11}} \\ \sigma_{x2} &= \sigma\sqrt{d_{22}} \\ &\vdots \\ \sigma_{xt} &= \sigma\sqrt{d_{tt}} \end{aligned}\right\} \tag{5-53}$$

式中，σ 为测量数据的标准差。

不等精度测量的情况与此类似。若有正规方程

$$\left.\begin{aligned} \sum_{i=1}^n p_i a_{i1}a_{i1}x_1 + \sum_{i=1}^n p_i a_{i1}a_{i2}x_2 + \cdots + \sum_{i=1}^n p_i a_{i1}a_{it}x_t &= \sum_{i=1}^n p_i a_{i1}l_i \\ \sum_{i=1}^n p_i a_{i2}a_{i1}x_1 + \sum_{i=1}^n p_i a_{i2}a_{i2}x_2 + \cdots + \sum_{i=1}^n p_i a_{i2}a_{it}x_t &= \sum_{i=1}^n p_i a_{i2}l_i \\ &\vdots \\ \sum_{i=1}^n p_i a_{it}a_{i1}x_1 + \sum_{i=1}^n p_i a_{it}a_{i2}x_2 + \cdots + \sum_{i=1}^n p_i a_{it}a_{it}x_t &= \sum_{i=1}^n p_i a_{it}l_i \end{aligned}\right\}$$

求解下面的 t 个方程组：

$$\left.\begin{aligned} &\left.\begin{aligned} \sum_{i=1}^n p_i a_{i1}a_{i1}d_{11} + \sum_{i=1}^n p_i a_{i1}a_{i2}d_{12} + \cdots + \sum_{i=1}^n p_i a_{i1}a_{it}d_{1t} &= 1 \\ \sum_{i=1}^n p_i a_{i2}a_{i1}d_{11} + \sum_{i=1}^n p_i a_{i2}a_{i2}d_{12} + \cdots + \sum_{i=1}^n p_i a_{i2}a_{it}d_{1t} &= 0 \\ &\vdots \\ \sum_{i=1}^n p_i a_{it}a_{i1}d_{11} + \sum_{i=1}^n p_i a_{it}a_{i2}d_{12} + \cdots + \sum_{i=1}^n p_i a_{it}a_{it}d_{1t} &= 0 \end{aligned}\right\} \\ &\left.\begin{aligned} \sum_{i=1}^n p_i a_{i1}a_{i1}d_{21} + \sum_{i=1}^n p_i a_{i1}a_{i2}d_{22} + \cdots + \sum_{i=1}^n p_i a_{i1}a_{it}d_{2t} &= 0 \\ \sum_{i=1}^n p_i a_{i2}a_{i1}d_{21} + \sum_{i=1}^n p_i a_{i2}a_{i2}d_{22} + \cdots + \sum_{i=1}^n p_i a_{i2}a_{it}d_{2t} &= 1 \\ &\vdots \\ \sum_{i=1}^n p_i a_{it}a_{i1}d_{21} + \sum_{i=1}^n p_i a_{it}a_{i2}d_{22} + \cdots + \sum_{i=1}^n p_i a_{it}a_{it}d_{2t} &= 0 \end{aligned}\right\} \end{aligned}\right\} \tag{5-54}$$

$$
\left.\begin{array}{c}
\vdots \\
\sum_{i=1}^{n} p_i a_{i1} a_{i1} d_{t1} + \sum_{i=1}^{n} p_i a_{i1} a_{i2} d_{t2} + \cdots + \sum_{i=1}^{n} p_i a_{i1} a_{it} d_{tt} = 0 \\
\sum_{i=1}^{n} p_i a_{i2} a_{i1} d_{t1} + \sum_{i=1}^{n} p_i a_{i2} a_{i2} d_{t2} + \cdots + \sum_{i=1}^{n} p_i a_{i2} a_{it} d_{tt} = 0 \\
\vdots \\
\sum_{i=1}^{n} p_i a_{it} a_{i1} d_{t1} + \sum_{i=1}^{n} p_i a_{it} a_{i2} d_{t2} + \cdots + \sum_{i=1}^{n} p_i a_{it} a_{it} d_{tt} = 1
\end{array}\right\}
$$

得到 d_{11}，d_{22}，…，d_{tt}，于是估计量的标准差为

$$
\left.\begin{array}{l}
\sigma_{x1} = \sigma\sqrt{d_{11}} \\
\sigma_{x2} = \sigma\sqrt{d_{22}} \\
\quad\vdots \\
\sigma_{xt} = \sigma\sqrt{d_{tt}}
\end{array}\right\} \tag{5-55}
$$

式中，σ 为单位权标准差。

对等精度测量，因 $p_1 = p_2 = \cdots = p_n$（可取值为 1），σ 即为测量数据的标准差，这是不等精度测量的特例。

利用矩阵的形式可以更方便地获得上述结果。设有协方差矩阵（$n \times n$ 阶矩阵）

$$
\begin{aligned}
\boldsymbol{DL} &= \begin{pmatrix} Dl_{11} & Dl_{12} & \cdots & Dl_{1n} \\ Dl_{21} & Dl_{22} & \cdots & Dl_{2n} \\ & & \vdots & \\ Dl_{n1} & Dl_{n2} & \cdots & Dl_{nn} \end{pmatrix} \\
&= E(\boldsymbol{L} - E\boldsymbol{L})(\boldsymbol{L} - E\boldsymbol{L})^{\mathrm{T}}
\end{aligned}
$$

式中，Dl_{ii} 为 l_i 的方差，$Dl_{ii} = E(l_i - El_i)(l_i - El_i) = \sigma_i^2 (i = 1, 2, \cdots, n)$；$Dl_{ij}$ 为 l_i 与 l_j 的协方差（或称相关矩）；$Dl_{ij} = E(l_i - El_i)(l_j - El_j) = \rho_{ij}\sigma_i\sigma_j (i = 1, 2, \cdots, n; j = 1, 2, \cdots, n; i \neq j)$。

若 l_1，l_2，…，l_n 等精度独立测量的结果，即

$$
\sigma_1 = \sigma_2 = \cdots = \sigma_n = \sigma
$$

且相关系数 $\rho_{ij} = 0$，即 $Dl_{ij} = 0$

则有

$$
\boldsymbol{DL} = \begin{pmatrix} \sigma^2 & & & 0 \\ & \sigma^2 & & \\ & & \ddots & \\ 0 & & & \sigma^2 \end{pmatrix}
$$

于是估计量的协方差为

$$
\begin{aligned}
D\hat{\boldsymbol{X}} &= E(\hat{\boldsymbol{X}} - E\hat{\boldsymbol{X}})(\hat{\boldsymbol{X}} - E\hat{\boldsymbol{X}})^{\mathrm{T}} \\
&= (\boldsymbol{A}^{\mathrm{T}}\boldsymbol{A})^{-1}\boldsymbol{A}^{\mathrm{T}} E(\boldsymbol{L} - E\boldsymbol{L})(\boldsymbol{L} - E\boldsymbol{L})^{\mathrm{T}}[(\boldsymbol{A}^{\mathrm{T}}\boldsymbol{A})^{-1}\boldsymbol{A}^{\mathrm{T}}]^{\mathrm{T}}
\end{aligned}
$$

$$
\begin{aligned}
&=(\boldsymbol{A}^{\mathrm{T}}\boldsymbol{A})^{-1}\boldsymbol{A}^{\mathrm{T}}\boldsymbol{DLA}(\boldsymbol{A}^{\mathrm{T}}\boldsymbol{A})^{-1}\\
&=(\boldsymbol{A}^{\mathrm{T}}\boldsymbol{A})^{-1}\boldsymbol{A}^{\mathrm{T}}\sigma^{2}\boldsymbol{IA}(\boldsymbol{A}^{\mathrm{T}}\boldsymbol{A})^{-1}\\
&=(\boldsymbol{A}^{\mathrm{T}}\boldsymbol{A})^{-1}\sigma^{2}
\end{aligned}
$$

矩阵

$$
(\boldsymbol{A}^{\mathrm{T}}\boldsymbol{A})^{-1}=\begin{pmatrix} d_{11} & d_{12} & \cdots & d_{1t} \\ d_{21} & d_{22} & \cdots & d_{2t} \\ & & \vdots & \\ d_{t1} & d_{t2} & \cdots & d_{tt} \end{pmatrix}
$$

式中各元素即为上述的不定乘数，可由矩阵（$\boldsymbol{A}^{\mathrm{T}}\boldsymbol{A}$）求逆而得，或由式（5-51）求得。

同样，也可得不等精度测量的协方差矩阵

$$
D\hat{\boldsymbol{X}}=(\boldsymbol{A}^{\mathrm{T}}\boldsymbol{PA})^{-1}\sigma^{2}
$$

式中，σ 为单位权标准差。

矩阵

$$
(\boldsymbol{A}^{\mathrm{T}}\boldsymbol{PA})^{-1}=\begin{pmatrix} d_{11} & d_{12} & \cdots & d_{1t} \\ d_{21} & d_{22} & \cdots & d_{2t} \\ & & \vdots & \\ d_{t1} & d_{t2} & \cdots & d_{tt} \end{pmatrix}
$$

式中各元素即为不定乘数，可由（$\boldsymbol{A}^{\mathrm{T}}\boldsymbol{PA}$）求逆得到，也可由式（5-54）求得。

例 5-4　试求例 5-1 中铜棒长度和线膨胀系数估计量的精度。

已知正规方程为

$$
\left.\begin{aligned} 6a+170b℃&=12006.03\text{mm}\\ 170a+5650b℃&=340201.3\text{mm}\end{aligned}\right\}
$$

测量数据 l_i 的标准差为

$$
\sigma=0.051\text{mm}
$$

由式（5-51）及所给正规方程的系数，可列出求解不定乘数

$$
\left.\begin{matrix} d_{11} & d_{12} \\ d_{21} & d_{22} \end{matrix}\right\}
$$

的方程组为

$$
\left.\begin{aligned} 6d_{11}+170d_{12}&=1\\ 170d_{11}+5650d_{12}&=0\end{aligned}\right\}
$$

$$
\left.\begin{aligned} 6d_{21}+170d_{22}&=0\\ 170d_{21}+5650d_{22}&=1\end{aligned}\right\}
$$

分别解得

$$
d_{11}=1.13
$$

$$
d_{22}=0.0012
$$

则按式（5-53），可得估计量 a、b 的标准差为

$$\sigma_a = \sigma \sqrt{d_{11}} = 0.051 \sqrt{1.13}\text{mm} = 0.054\text{mm}$$

$$\sigma_b = \sigma \sqrt{d_{22}} = 0.051 \sqrt{0.0012}\text{mm/℃} = 0.0018\text{mm/℃}$$

因

$$y_0 = a,\ \alpha = \frac{b}{y_0}$$

故

$$\sigma_{y0} = \sigma_a = 0.06\text{mm}$$

$$\sigma_a = \frac{\sigma_b}{y_0} = \frac{0.0018}{1999.97}/℃ = 9 \times 10^{-7}℃$$

第四节　组合测量的最小二乘法处理

在精密测试工作中，组合测量占有十分重要的地位。例如，作为标准量的多面棱体、度盘、砝码、电容器以及其他标准器的检定等，为了减小随机误差的影响，提高测量精度，可采用组合测量的方法。

组合测量是通过直接测量待测参数的各种组合量（一般是等精度测量），然后对这些测量数据进行处理，从而求得待测参数的估计量，并给出其精度估计。通常组合测量数据是用最小二乘法进行处理，它是最小二乘法在精密测试中的一种重要的应用。

为简单起见，现以检定三段刻线间距为例，说明组合测量的数据处理方法。

如图 5-1 所示，要求检定刻线 A、B、C、D 间的距离 x_1、x_2、x_3。

为此，直接测量刻线间距的各种组合量（见图 5-2），得到如下测量数据：

$$l_1 = 1.015\text{mm} \quad l_2 = 0.985\text{mm} \quad l_3 = 1.020\text{mm}$$
$$l_4 = 2.016\text{mm} \quad l_5 = 1.981\text{mm} \quad l_6 = 3.032\text{mm}$$

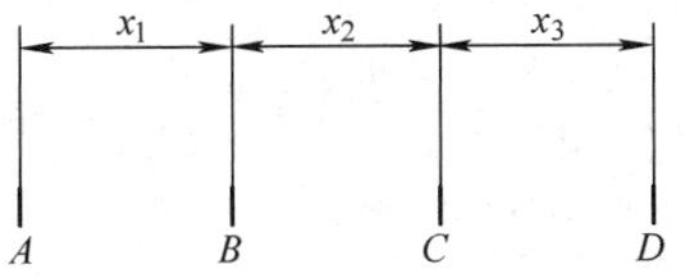

图　5-1

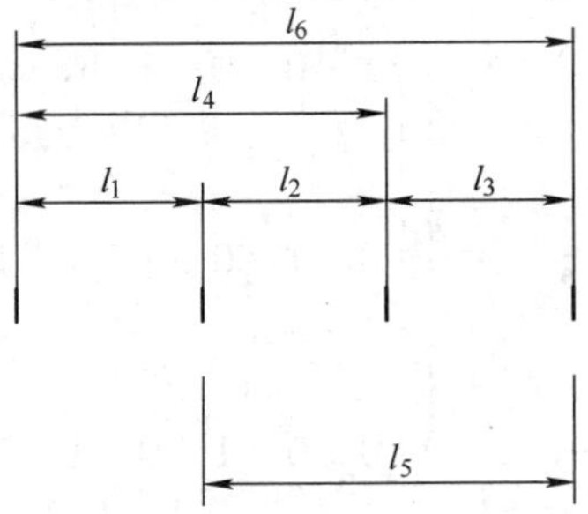

图　5-2

首先按式（5-9）列出误差方程

$$\left.\begin{aligned} v_1 &= l_1 - x_1 \\ v_2 &= l_2 - x_2 \\ v_3 &= l_3 - x_3 \\ v_4 &= l_4 - (x_1 + x_2) \\ v_5 &= l_5 - (x_2 + x_3) \\ v_6 &= l_6 - (x_1 + x_2 + x_3) \end{aligned}\right\}$$

根据矩阵形式（5-10），上式可以表示为

$$\begin{pmatrix} v_1 \\ v_2 \\ v_3 \\ v_4 \\ v_5 \\ v_6 \end{pmatrix} = \begin{pmatrix} l_1 \\ l_2 \\ l_3 \\ l_4 \\ l_5 \\ l_6 \end{pmatrix} - \begin{pmatrix} 1 & 0 & 0 \\ 0 & 1 & 0 \\ 0 & 0 & 1 \\ 1 & 1 & 0 \\ 0 & 1 & 1 \\ 1 & 1 & 1 \end{pmatrix} \begin{pmatrix} x_1 \\ x_2 \\ x_3 \end{pmatrix}$$

即

$$\boldsymbol{V} = \begin{pmatrix} v_1 \\ v_2 \\ v_3 \\ v_4 \\ v_5 \\ v_6 \end{pmatrix}, \ \boldsymbol{L} = \begin{pmatrix} l_1 \\ l_2 \\ l_3 \\ l_4 \\ l_5 \\ l_6 \end{pmatrix} = \begin{pmatrix} 1.015 \\ 0.985 \\ 1.020 \\ 2.016 \\ 1.981 \\ 3.032 \end{pmatrix}, \ \boldsymbol{A} = \begin{pmatrix} 1 & 0 & 0 \\ 0 & 1 & 0 \\ 0 & 0 & 1 \\ 1 & 1 & 0 \\ 0 & 1 & 1 \\ 1 & 1 & 1 \end{pmatrix}, \ \hat{\boldsymbol{X}} = \begin{pmatrix} x_1 \\ x_2 \\ x_3 \end{pmatrix}$$

由式（5-24）可得

$$\hat{\boldsymbol{X}} = \begin{pmatrix} x_1 \\ x_2 \\ x_3 \end{pmatrix} = \boldsymbol{C}^{-1}\boldsymbol{A}^{\mathrm{T}}\boldsymbol{L} = (\boldsymbol{A}^{\mathrm{T}}\boldsymbol{A})^{-1}\boldsymbol{A}^{\mathrm{T}}\boldsymbol{L}$$

式中

$$\begin{aligned} \boldsymbol{C}^{-1} &= (\boldsymbol{A}^{\mathrm{T}}\boldsymbol{A})^{-1} \\ &= \left(\begin{pmatrix} 1 & 0 & 0 & 1 & 0 & 1 \\ 0 & 1 & 0 & 1 & 1 & 1 \\ 0 & 0 & 1 & 0 & 1 & 1 \end{pmatrix} \begin{pmatrix} 1 & 0 & 0 \\ 0 & 1 & 0 \\ 0 & 0 & 1 \\ 1 & 1 & 0 \\ 0 & 1 & 1 \\ 1 & 1 & 1 \end{pmatrix} \right)^{-1} = \begin{pmatrix} 3 & 2 & 1 \\ 2 & 4 & 2 \\ 1 & 2 & 3 \end{pmatrix}^{-1} \\ &= \frac{1}{\begin{vmatrix} 3 & 2 & 1 \\ 2 & 4 & 2 \\ 1 & 2 & 3 \end{vmatrix}} \begin{pmatrix} 8 & -4 & 0 \\ -4 & 8 & -4 \\ 0 & -4 & 8 \end{pmatrix} = \frac{1}{4} \begin{pmatrix} 2 & -1 & 0 \\ -1 & 2 & -1 \\ 0 & -1 & 2 \end{pmatrix} \end{aligned}$$

所以

$$\hat{\boldsymbol{X}} = \begin{pmatrix} x_1 \\ x_2 \\ x_3 \end{pmatrix} = \boldsymbol{C}^{-1}\boldsymbol{A}^{\mathrm{T}}\boldsymbol{L}$$

$$= \frac{1}{4}\begin{pmatrix} 2 & -1 & 0 \\ -1 & 2 & -1 \\ 0 & -1 & 2 \end{pmatrix}\begin{pmatrix} 1 & 0 & 0 & 1 & 0 & 1 \\ 0 & 1 & 0 & 1 & 1 & 1 \\ 0 & 0 & 1 & 0 & 1 & 1 \end{pmatrix}\begin{pmatrix} 1.015 \\ 0.985 \\ 1.020 \\ 2.016 \\ 1.981 \\ 3.032 \end{pmatrix}$$

$$= \frac{1}{4}\begin{pmatrix} 2 & -1 & 0 & 1 & -1 & 1 \\ -1 & 2 & -1 & 1 & 1 & 0 \\ 0 & -1 & 2 & -1 & 1 & 1 \end{pmatrix}\begin{pmatrix} 1.015 \\ 0.985 \\ 1.020 \\ 2.016 \\ 1.981 \\ 3.032 \end{pmatrix} = \frac{1}{4}\begin{pmatrix} 4.112 \\ 3.932 \\ 4.052 \end{pmatrix} = \begin{pmatrix} 1.028 \\ 0.983 \\ 1.013 \end{pmatrix}$$

即解得

$$\left.\begin{aligned} x_1 &= 1.028\text{mm} \\ x_2 &= 0.983\text{mm} \\ x_3 &= 1.013\text{mm} \end{aligned}\right\}$$

这就是刻线间距 AB、BC、CD 的最佳估计值，现再求出上述估计量的精度估计。

将最佳估计值代入误差方程可得

$$v_1 = l_1 - x_1 = 1.015\text{mm} - 1.028\text{mm} = -0.013\text{mm}$$

$$v_2 = l_2 - x_2 = 0.985\text{mm} - 0.983\text{mm} = 0.002\text{mm}$$

$$v_3 = l_3 - x_3 = 1.020\text{mm} - 1.013\text{mm} = 0.007\text{mm}$$

$$v_4 = l_4 - (x_1 + x_2) = 2.016\text{mm} - (1.028 + 0.983)\text{mm} = 0.005\text{mm}$$

$$v_5 = l_5 - (x_2 + x_3) = 1.981\text{mm} - (0.983 + 1.013)\text{mm} = -0.015\text{mm}$$

$$v_6 = l_6 - (x_1 + x_2 + x_3) = 3.032\text{mm} - (1.028 + 0.983 + 1.013)\text{mm} = 0.008\text{mm}$$

$$\begin{aligned} \sum_{i=1}^{6} v_i^2 &= v_1^2 + v_2^2 + v_3^2 + v_4^2 + v_5^2 + v_6^2 \\ &= (0.013^2 + 0.002^2 + 0.007^2 + 0.005^2 + 0.015^2 + 0.008^2)\text{mm}^2 \\ &= 0.000536\text{mm}^2 \end{aligned}$$

因为是等精度测量，测得数据 l_1，l_2，l_3，l_4，l_5，l_6 的标准差相同，为

$$\sigma = \sqrt{\frac{\sum_{i=1}^{6} v_i^2}{n - t}} = \sqrt{\frac{0.000536}{6 - 3}}\text{mm} = 0.013\text{mm}$$

为求出估计量 x_1，x_2，x_3 的标准差，首先需求出不定乘数 $d_{ij}(i, j = 1, 2, 3)$。由方程（5-51）可知，不定乘数 d_{ij} 的系数与正规方程（5-19）的系数相同，因而 d_{ij} 是矩阵 $\boldsymbol{C}^{-1}$ 中各元素，即

$$\boldsymbol{C}^{-1} = \begin{pmatrix} d_{11} & d_{12} & d_{13} \\ d_{21} & d_{22} & d_{23} \\ d_{31} & d_{32} & d_{33} \end{pmatrix} = \frac{1}{4}\begin{pmatrix} 2 & -1 & 0 \\ -1 & 2 & -1 \\ 0 & -1 & 2 \end{pmatrix}$$

则

$$d_{11} = \frac{1}{4} \times 2 = 0.5$$

$$d_{22} = \frac{1}{4} \times 2 = 0.5$$

$$d_{33} = \frac{1}{4} \times 2 = 0.5$$

按式（5-53），可得估计量的标准差为

$$\sigma_{x1} = \sigma\sqrt{d_{11}} = 0.013\sqrt{0.5}\text{mm} = 0.009\text{mm}$$

$$\sigma_{x2} = \sigma\sqrt{d_{22}} = 0.013\sqrt{0.5}\text{mm} = 0.009\text{mm}$$

$$\sigma_{x3} = \sigma\sqrt{d_{33}} = 0.013\sqrt{0.5}\text{mm} = 0.009\text{mm}$$

例 5-5　为了测定公称值是 10g、20g、50g 的三只砝码质量 m_1、m_2、m_3，对三只砝码采用不同组合进行了 6 次测量（测量无系统误差），按下列组合方式和测量后的结果为

对砝码 m_1 单独测量，得　　$y_1 = 10.002\text{g}$

对砝码 m_2 单独测量，得　　$y_2 = 20.002\text{g}$

对砝码 m_3 单独测量，得　　$y_3 = 50.006\text{g}$

对砝码 m_1、m_2 之和组合测量，得　　$y_4 = 30.004\text{g}$

对砝码 m_1、m_3 之和组合测量，得　　$y_5 = 60.002\text{g}$

对砝码 m_2、m_3 之和组合测量，得　　$y_6 = 70.002\text{g}$

对砝码 m_1、m_2、m_3 之和组合测量，得　　$y_7 = 80.008\text{g}$

求三只砝码的最佳估计值及其标准差?

首先按式（5-9）列出误差方程

$$\left.\begin{aligned} v_1 &= y_1 - m_1 \\ v_2 &= y_2 - m_2 \\ v_3 &= y_3 - m_3 \\ v_4 &= y_4 - (m_1 + m_2) \\ v_5 &= y_5 - (m_1 + m_3) \\ v_6 &= y_6 - (m_2 + m_3) \\ v_7 &= y_7 - (m_1 + m_2 + m_3) \end{aligned}\right\}$$

根据矩阵形式（5-10），上式可以用矩阵表示为

$$\begin{pmatrix} v_1 \\ v_2 \\ v_3 \\ v_4 \\ v_5 \\ v_6 \\ v_7 \end{pmatrix} = \begin{pmatrix} y_1 \\ y_2 \\ y_3 \\ y_4 \\ y_5 \\ y_6 \\ y_7 \end{pmatrix} - \begin{pmatrix} 1 & 0 & 0 \\ 0 & 1 & 0 \\ 0 & 0 & 1 \\ 1 & 1 & 0 \\ 1 & 0 & 1 \\ 0 & 1 & 1 \\ 1 & 1 & 1 \end{pmatrix} \begin{pmatrix} m_1 \\ m_2 \\ m_3 \end{pmatrix}$$

即

$$\boldsymbol{V}=\begin{pmatrix}v_1\\v_2\\v_3\\v_4\\v_5\\v_6\\v_7\end{pmatrix},\ \boldsymbol{Y}=\begin{pmatrix}y_1\\y_2\\y_3\\y_4\\y_5\\y_6\\y_7\end{pmatrix}=\begin{pmatrix}10.002\\20.002\\50.006\\30.004\\60.002\\70.002\\80.008\end{pmatrix},\ \boldsymbol{A}=\begin{pmatrix}1&0&0\\0&1&0\\0&0&1\\1&1&0\\1&0&1\\0&1&1\\1&1&1\end{pmatrix},\ \hat{\boldsymbol{M}}=\begin{pmatrix}m_1\\m_2\\m_3\end{pmatrix}$$

由式（5-24）可得

$$\hat{\boldsymbol{M}}=\begin{pmatrix}m_1\\m_2\\m_3\end{pmatrix}=\boldsymbol{C}^{-1}\boldsymbol{A}^{\mathrm{T}}\boldsymbol{Y}$$

式中

$$\begin{aligned}\boldsymbol{C}^{-1}&=(\boldsymbol{A}^{\mathrm{T}}\boldsymbol{A})^{-1}\\&=\begin{pmatrix}4&2&2\\2&4&2\\2&2&4\end{pmatrix}^{-1}\\&=\frac{1}{\begin{vmatrix}4&2&2\\2&4&2\\2&2&4\end{vmatrix}}\begin{pmatrix}12&-4&-4\\-4&12&-4\\-4&-4&12\end{pmatrix}=\frac{1}{8}\begin{pmatrix}3&-1&-1\\-1&3&-1\\-1&-1&3\end{pmatrix}\end{aligned}$$

所以

$$\hat{\boldsymbol{M}}=\begin{pmatrix}m_1\\m_2\\m_3\end{pmatrix}=\boldsymbol{C}^{-1}\boldsymbol{A}^{\mathrm{T}}\boldsymbol{Y}$$

$$=\frac{1}{8}\begin{pmatrix}3&-1&-1\\-1&3&-1\\-1&-1&3\end{pmatrix}\begin{pmatrix}1&0&0&1&1&0&1\\0&1&0&1&0&1&1\\0&0&1&0&1&1&1\end{pmatrix}\begin{pmatrix}10.002\\20.002\\50.006\\30.004\\60.002\\70.002\\80.008\end{pmatrix}$$

$$=\frac{1}{8}\begin{pmatrix}3&-1&-1&2&2&-2&1\\-1&3&-1&2&-2&2&1\\-1&-1&3&-2&2&2&1\end{pmatrix}\begin{pmatrix}10.002\\20.002\\50.006\\30.004\\60.002\\70.002\\80.008\end{pmatrix}$$

$$=\frac{1}{8}\begin{pmatrix}80.014\\160.014\\400.022\end{pmatrix}=\begin{pmatrix}10.00175\\20.00175\\50.00275\end{pmatrix}$$

即解得

$$\left.\begin{aligned} m_1 &= 10.00175\text{g} \\ m_2 &= 20.00175\text{g} \\ m_3 &= 50.00275\text{g} \end{aligned}\right\}$$

这就是砝码质量 m_1、m_2、m_3 的最佳估计值，现再求出上述估计量的标准差。
将最佳估计值代入误差方程可得

$$v_1 = y_1 - m_1 = 10.002\text{g} - 10.00175\text{g} = 0.00025\text{g}$$
$$v_2 = y_2 - m_2 = 20.002\text{g} - 20.00175\text{g} = 0.00025\text{g}$$
$$v_3 = y_3 - m_3 = 50.006\text{g} - 50.00275\text{g} = 0.00325\text{g}$$
$$v_4 = y_4 - (m_1 + m_2) = 30.004\text{g} - (10.00175\text{g} + 20.00175\text{g}) = 0.0005\text{g}$$
$$v_5 = y_5 - (m_1 + m_3) = 60.002\text{g} - (10.00175\text{g} + 50.00275\text{g}) = -0.0025\text{g}$$
$$v_6 = y_6 - (m_2 + m_3) = 70.002\text{g} - (20.00175\text{g} + 50.00275\text{g}) = -0.0025\text{g}$$
$$v_7 = y_7 - (m_1 + m_2 + m_3) = 80.008\text{g} - (10.00175 + 20.00175\text{g} + 50.00275\text{g}) = 0.00175\text{g}$$

$$\begin{aligned}\sum_{i=1}^{7} v_i^2 &= v_1^2 + v_2^2 + v_3^2 + v_4^2 + v_5^2 + v_6^2 + v_7^2 \\ &= (0.00025^2 + 0.00025^2 + 0.00325^2 + 0.0005^2 + (-0.0025)^2 + (-0.0025)^2 + 0.00175^2)\text{g}^2 \\ &= 0.0000265\text{g}^2\end{aligned}$$

因为是等精度测量，测得数据 y_1，y_2，y_3，y_4，y_5，y_6，y_7 的标准差相同，为

$$\sigma = \sqrt{\frac{\sum_{i=1}^{n} v_i^2}{n-t}} = \sqrt{\frac{0.0000265}{7-3}}\text{g} = 0.0026\text{g}$$

为求出估计量 m_1，m_2，m_3 的标准差，首先需要求出不定乘数 d_{ij}（i，$j=1$，2，3）。由式（5-51）可知，不定乘数 d_{ij} 的系数与正规方程（5-19）的系数相同，因而 d_{ij} 是矩阵 $\boldsymbol{C}^{-1}$ 中的各元素，即

$$\boldsymbol{C}^{-1} = \begin{pmatrix} d_{11} & d_{12} & d_{13} \\ d_{21} & d_{22} & d_{23} \\ d_{31} & d_{32} & d_{33} \end{pmatrix} = \frac{1}{8}\begin{pmatrix} 3 & -1 & -1 \\ -1 & 3 & -1 \\ -1 & -1 & 3 \end{pmatrix}$$

则

$$d_{11} = \frac{1}{8} \times 3 = 0.375$$

$$d_{22} = \frac{1}{8} \times 3 = 0.375$$

$$d_{33} = \frac{1}{8} \times 3 = 0.375$$

按式（5-53），可得估计量的标准差为

$$\sigma_{m1} = \sigma\sqrt{d_{11}} = 0.0026\sqrt{0.375}\text{g} = 0.0016\text{g}$$
$$\sigma_{m2} = \sigma\sqrt{d_{22}} = 0.0026\sqrt{0.375}\text{g} = 0.0016\text{g}$$
$$\sigma_{m3} = \sigma\sqrt{d_{33}} = 0.0026\sqrt{0.375}\text{g} = 0.0016\text{g}$$

习　　题

5-1　由测量方程

$$3x + y = 2.9 \quad x - 2y = 0.9 \quad 2x - 3y = 1.9$$

试求 x、y 的最小二乘法处理及其相应精度。

5-2　对未知量 x、y、z，组合测量的结果如下：

$$x = 0 \qquad y = 0 \qquad z = 0 \qquad -y + x = 1.35 \qquad x - y = 0.92 \qquad -x + z = 1.00$$

试求 x、y、z 的最可信赖值及其标准差。

5-3　已知误差方程为

$$v_1 = 10.013 - x_1 \qquad v_3 = 10.002 - x_3 \qquad v_5 = 0.008 - (x_1 - x_3)$$

$$v_2 = 10.010 - x_2 \qquad v_4 = 0.004 - (x_1 - x_2) \qquad v_6 = 0.006 - (x_2 - x_3)$$

试给出 x_1、x_2、x_3 的最小二乘法处理及其相应精度。

5-4　今有等精度测量方程组：

$$x + 37y + 1369z = 36.3 \qquad x + 27y + 729z = 47.5 \qquad x + 2y + 484z = 54.7$$

$$x + 17y + 289z = 63.2 \qquad x + 12y + 144z = 72.9 \qquad x + 7y + 49z = 83.7$$

试用矩阵最小二乘法求 x、y、z 的最可信赖值及其精度。

5-5　测力计示值与测量时的温度 t 的对应值独立测得如下表所示：

t/℃	15	18	21	24	27	30
F/N	43.61	43.63	43.68	43.71	43.74	43.78

设 t 无误差，F 值随 t 的变化呈线性关系 $F = k_0 + kt$，试给出线性方程中系数 k_0 和 k 的最小二乘估计及其相应精度。

5-6　研究米尺基准器的线膨胀系数，得出在不同温度时该基准器的长度修正值可用公式 $\Delta L = x + yt + zt^2$ 表示。式中为0℃时米尺基准器的修正值（单位为 μm），y 和 z 为温度系数，t 为温度。在不同温度时米尺基准器的修正值 ΔL 如下表所示：

t/℃	0.551	5.363	10.459	14.277	17.806	22.103	24.633	28.986	34.417
ΔL/μm	5.70	47.61	91.49	124.25	154.87	192.64	214.57	252.09	299.84

试求 x，y，z 的最小二乘法处理及其相应精度。

5-7　不等精度测量的方程组如下：

$$x - 3y = -5.6,\ P_1 = 1;\ 4x + y = 8.1,\ P_2 = 2;\ 2x - y = 0.5,\ P_3 = 3$$

试求 x、y 的最小二乘法处理及其相应精度。

5-8　对某一角度值 a_i，分两个测回进行测量，其权 p_i 等于测定次数，测定值如下表。试求该角度的最可信赖值及其标准差。

第一测回		第二测回	
p_i	a_i	p_i	a_i
7	34°56′	3	34°55′40″
1	34°54′	2	34°55′30″
		1	34°55′20″
		1	34°55′0″
2	34°55′	1	34°55′30″
		1	34°55′10″
		1	34°55′50″

5-9　已知不等精度测量的单位权标准差 $\sigma=0.004$，正规方程为

$$33x_1+32x_2=70.184 \qquad 32x_1+117x_2=111.994$$

试给出 x_1、x_2 的最小二乘法处理及其相应精度。

5-10　将下面的非线性误差方程组化成线性的形式，并给出未知参数 x_1、x_2 的二乘法处理及其相应精度。

$$\nu_1=5.13-x_1 \qquad \nu_2=8.26-x_2 \qquad \nu_3=13.21-(x_1+x_2) \qquad \nu_4=3.01-\frac{x_1x_2}{x_1+x_2}$$

5-11　今有两个电容器，分别测其电容，然后又将其串联和并联测量，测得如下结果：

$$C_1=0.2071\mu\text{F} \qquad C_2=0.2056\mu\text{F} \qquad C_1+C_2=0.4111\mu\text{F} \qquad \frac{C_1C_2}{C_1+C_2}=0.1035\mu\text{F}$$

试求电容器电容量的最可信赖值及其精度。

5-12　交流电路的电抗 $x=\omega L-\dfrac{1}{\omega C}$，测得角频率 ω 和电抗 x 为

$$\omega_1=3,\ x_1=0.8; \qquad \omega_2=2,\ x_2=0.2; \qquad \omega_3=1,\ x_3=-0.3$$

试求：(1) L、C 最可信赖值及其标准差；(2) $\omega=3$ 时（$\sigma_\omega=0.1$）电抗值及其标准差。

5-13　今测得由坐标点 (1, 0)、(3, 1) 和 (−1, 2) 到某点的距离分别为 3.1、2.2 和 3.2。试求该点坐标位置的最可信赖值及其标准差。

5-14　某平面三角形三个角被测出为 $A=48°5'10''$，$B=60°25'24''$，$C=70°42'7''$，今假设这种测量为 (1) 各次权相等；(2) 各次权分别为 1、2、3；试分别求 A、B、C 的最可信赖结果。

第六章　回 归 分 析

前几章所讨论的内容，其目的在于寻求被测量的最佳值及其精度。在生产和科学实验中，还有另一类问题，即测量与数据处理的目的并不在于获得被测量的估计值，而是为了寻求两个变量或多个变量之间的内在关系，这就是本章所要解决的主要问题。

表达变量之间关系的方法有散点图、表格、曲线、数学表达式等，其中数学表达式能较客观地反映事物的内在规律性，形式紧凑，且便于从理论上作进一步分析研究，对认识自然界量与量之间关系有着重要意义。而数学表达式的获得是通过回归分析方法完成的。

第一节　回归分析的基本概念

一、函数与相关

在生产和科学实验中，人们常遇到各种变量。从辩证唯物主义观点来看，这些变量之间是相互联系、相互依存的，它们之间存在着一定的关系。人们通过实践，发现变量之间的关系可分为两种类型：

1. 函数关系（即确定性关系）

数学分析和物理学中的大多数公式属于这种类型。例如以速度 v 作匀速运动的物体，走过的距离 s 与时间 t 之间，有如下确定的函数关系：

$$s = vt$$

若上式中的变量有两个已知，则另一个就可由函数关系精确地求出。

2. 相关关系

在实际问题中，绝大多数情况下变量之间的关系不那么简单。例如，在车床上加工零件，零件的加工误差与零件的直径之间有一定的关系，知道了零件直径可大致估计其加工误差，但又不能精确地预知加工误差。这是由于零件在加工过程中影响加工误差的因素很多，如毛坯的裕量、材料性能、背吃刀量、进给量、切削速度、零件长度等，相互构成一个很复杂的关系，加工误差并不由零件直径这一因素所确定。像这种关系，在实践中是大量存在的，如材料的抗拉强度与其硬度之间；螺纹零件中螺纹的作用中径与螺纹中径之间；齿轮各种综合误差与有关单项误差之间；某些光学仪器、电子仪器等开机后仪器的读数变化与时间之间；材料的性能与其化学成分之间等。这些变量之间既存在着密切的关系，又不能由一个（或几个）变量（自变量）的数值精确地求出另一个变量（因变量）的数值，而是要通过实验和调查研究，才能确定它们之间的关系，我们称这类变量之间的关系为相关关系。一般讲，多考虑一些变量会减少所考察的因变量的不确定性，但不是绝对的。

应该指出，函数和相关关系虽然是两种不同类型的变量关系，但是它们之间并无严格的界限。一方面由于测量误差等原因，确定性的关系在实际中往往通过相关关系表现出来。例如尽管从理论上物体运动的速度、时间和运动距离之间存在着函数关系，但如果我们做多次反复地实测，每次测得的数值并不一定满足 $s = vt$ 的关系。在实践中，为确定某种函数关系中的常数，往往也是通过实验。另一方面，当对事物内部的规律性了解得更加深刻的时候，相关关系又能转化为确定性关系。事实上，实验科学（包括物理学）中的许多确定性的定理正是通过对大量实验数据的分析和处理，经过总结和提高，从感性到理性，最后才能得到更能深刻地反映变量之间关系的客观规律。

二、回归分析的主要内容

回归分析（Regression Analysis）是英国生物学家兼统计学家高尔顿（Galton）在 1889 年出版的《自然遗传》一书中首先提出的，是处理变量之间相关关系的一种数理统计方法。上面已经提到，由于相关变量之间不存在确定性关系，因此，在生产实践和科学实验所记录的这些变量的数据中，存在着不同程度的差异。回归分析就是应用数学的方法，对大量的观测数据进行处理，从而得出比较符合事物内部规律的数学表达式。概括地说，本章主要解决以下几方面的问题：

1）从一组数据出发，确定这些变量之间的数学表达式——回归方程或经验公式。

2）对回归方程的可信程度进行统计检验。

3）进行因素分析，例如从对共同影响一个变量的许多变量（因素）中，找出哪些是重要因素，哪些是次要因素。

回归分析是数理统计中的一个重要分支，在工农业生产和科学研究中有着广泛的应用。当今在实验数据处理、经验公式的求得、因素分析、仪器的精度分析、产品质量的控制、某些新标准的制定、气象及地震预报、自动控制中的数学模型的制定及其他许多场合中，回归分析往往是一种很有用的工具。

三、回归分析与最小二乘的关系

回归分析是基于最小二乘原理的，回归方程系数的求解，特别是一元线性回归方程的求解与最小二乘法有一定的相似性，两者的主要不同是，最小二乘法对研究事物内部规律的数学表达式——经验公式，在得到该公式待求参数估计量后，只进行精度评价，而不研究所拟合的经验公式的整体质量。回归分析求解回归方程系数后，还需进一步对所得的回归方程——经验公式的整体精度进行分析和检验，以确定回归方程的质量水平，并定量地评价回归方程与实际研究的事物规律的符合程度，即进行回归方程的方差分析与显著性检验等。由此表明，最小二乘原理是回归分析的主要理论基础，而回归分析则是最小二乘原理的实际应用与扩展，它不仅研究一元回归分析，还有多元回归分析等内容。

第二节　一元线性回归

一元回归是处理两个变量之间的关系的，即两个变量 x 和 y 之间若存在一定的关系，则可通过实验，分析所得数据，找出两者之间关系的经验公式。假如两个变量之间的关系是线性的就称为一元线性回归，这就是工程上和科研中常遇到的直线拟合问题。

一、一元线性回归方程

（一）回归方程的求法

下面通过具体例子来讨论这个问题。

例 6-1　测量某导线在一定温度 x 下的电阻值 y 得如下结果：

x/℃	19.1	25.0	30.1	36.0	40.0	46.5	50.0
y/Ω	76.30	77.80	79.75	80.80	82.35	83.90	85.10

试找出它们之间的内在关系。

为了研究电阻 y 与温度 x 之间的关系，把数据点在坐标纸上（见图6-1），这种图叫散点图。从散点图可以看出，电阻 y 与温度 x 大致成线性关系。因此，人们假设 x 与 y 之间的内在关系是一条直线，这些点与直线的偏离是实验过程中其他一些随机因素的影响而造成的。这样就可以假设这组测量数据有如下结构型式：

$$y_t = \beta_0 + \beta x_t + \varepsilon_t, \quad t = 1, 2, \cdots, N \tag{6-1}$$

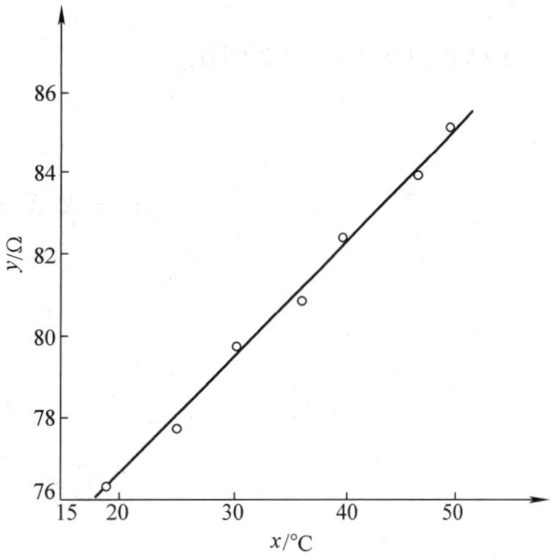

图 6-1

式中的 ε_1，ε_2，…，ε_N 分别表示其他随机因素对电阻 y_1，y_2，…，y_N 影响的总和，一般假设它们是一组相互独立并服从同一正态分布 $N(0, \sigma)$ 的随机变量（本章对 ε_t，$t=1$，2，…，N 均作这样的假设）。变量 x 可以是随机变量，也可是一般变量，不特别指出时，都作一般变量处理，即它是可以精确测量或严格控制的变量。这样，变量 y 是服从 $N(\beta_0+\beta x_t, \sigma)$ 的随机变量。式（6-1）就是一元线性回归的数学模型。在例6-1中 $N=7$，将表中的数据代入式（6-1），就可以得到一组测量方程，该方程组与式（5-7）完全相似，只是方程组中每个方程形式都相同，即都为式（6-1）的形式，但比式（5-7）中的方程形式更规范。由式（6-1）组成的方程组中有两个未知数，且方程个数大于未知数的个数，适合用最小二乘法求解。由此可见，回归分析只是最小二乘法的一个应用特例。

所以，人们用最小二乘法来估计式（6-1）中的参数 β_0、β。

设 b_0 和 b 分别是参数 β_0 和 β 的最小二乘估计，于是得到一元线性回归的回归方程

$$\hat{y} = b_0 + bx \tag{6-2}$$

式中，b_0、b 为回归方程的回归系数。

对每一个 x_t 由式（6-2）可以确定一个回归值 $\hat{y}_t = b_0 + bx_t$。实际测得值 y_t 与这个回归值 $\hat{y}_t$ 之差就是残余误差 v_t

$$v_t = y_t - \hat{y}_t = y_t - b_0 - bx_t \quad t = 1,2,\cdots,N \tag{6-3}$$

应用最小二乘法求解回归系数，就是在使残余误差平方和为最小的条件下求解回归系数 b_0 和 b。这种方法我们在第五章中已经熟悉了。用矩阵形式，令

$$\boldsymbol{Y} = \begin{pmatrix} y_1 \\ y_2 \\ \vdots \\ y_N \end{pmatrix} \quad \boldsymbol{X} = \begin{pmatrix} 1 & x_1 \\ 1 & x_2 \\ \vdots & \vdots \\ 1 & x_N \end{pmatrix} \quad \boldsymbol{b} = \begin{pmatrix} b_0 \\ b \end{pmatrix} \quad \boldsymbol{V} = \begin{pmatrix} v_1 \\ v_2 \\ \vdots \\ v_N \end{pmatrix}$$

则式（6-3）的矩阵形式为

$$\boldsymbol{Y}-\boldsymbol{X}\boldsymbol{b}=\boldsymbol{V} \tag{6-4}$$

假定测得值 y_t 的精度相等，根据最小二乘原理，回归系数的矩阵解为

$$\boldsymbol{b}=(\boldsymbol{X}^{\mathrm{T}}\boldsymbol{X})^{-1}\boldsymbol{X}^{\mathrm{T}}\boldsymbol{Y}=\boldsymbol{C}\boldsymbol{B} \tag{6-5}$$

计算式（6-5）的下列矩阵

$$\boldsymbol{A}=\boldsymbol{X}^{\mathrm{T}}\boldsymbol{X}=\begin{pmatrix} N & \sum_{t=1}^{N} x_t \\ \sum_{t=1}^{N} x_t & \sum_{t=1}^{N} x_t^2 \end{pmatrix}$$

$$\boldsymbol{C}=\boldsymbol{A}^{-1}=\frac{1}{N\sum_{t=1}^{N} x_t^2-\left(\sum_{t=1}^{N} x_t\right)^2}\begin{pmatrix} \sum_{t=1}^{N} x_t^2 & -\sum_{t=1}^{N} x_t \\ -\sum_{t=1}^{N} x_t & N \end{pmatrix} \tag{6-6}$$

$$\boldsymbol{B}=\boldsymbol{X}^{\mathrm{T}}\boldsymbol{Y}=\begin{pmatrix} \sum_{t=1}^{N} y_t \\ \sum_{t=1}^{N} x_t y_t \end{pmatrix}$$

将 $\boldsymbol{C}$、$\boldsymbol{B}$ 代入式（6-5），解得 b_0、b

$$b=\frac{N\sum_{t=1}^{N} x_t y_t-\left(\sum_{t=1}^{N} x_t\right)\left(\sum_{t=1}^{N} y_t\right)}{N\sum_{t=1}^{N} x_t^2-\left(\sum_{t=1}^{N} x_t\right)^2}=\frac{l_{xy}}{l_{xx}} \tag{6-7}$$

$$b_0=\frac{\left(\sum_{t=1}^{N} x_t^2\right)\left(\sum_{t=1}^{N} y_t\right)-\left(\sum_{t=1}^{N} x_t\right)\left(\sum_{t=1}^{N} x_t y_t\right)}{N\sum_{t=1}^{N} x_t^2-\left(\sum_{t=1}^{N} x_t\right)^2}=\bar{y}-b\bar{x} \tag{6-8}$$

式中

$$\bar{x}=\frac{1}{N}\sum_{t=1}^{N} x_t \tag{6-9}$$

$$\bar{y}=\frac{1}{N}\sum_{t=1}^{N} y_t \tag{6-10}$$

$$l_{xx}=\sum_{t=1}^{N}(x_t-\bar{x})^2=\sum_{t=1}^{N} x_t^2-\frac{1}{N}\left(\sum_{t=1}^{N} x_t\right)^2 \tag{6-11}$$

$$l_{xy} = \sum_{t=1}^{N}(x_t - \overline{x})(y_t - \overline{y}) = \sum_{t=1}^{N}x_t y_t - \frac{1}{N}\left(\sum_{t=1}^{N}x_t\right)\left(\sum_{t=1}^{N}y_t\right) \tag{6-12}$$

$$l_{yy} = \sum_{t=1}^{N}(y_t - \bar{y})^2 = \sum_{t=1}^{N}y_t^2 - \frac{1}{N}\left(\sum_{t=1}^{N}y_t\right)^2 \tag{6-13}$$

式中，l_{yy}是为了以后做进一步分析的需要而在这里一并写出。

将式（6-8）代入回归方程式（6-2），可得回归方程的另一种形式

$$\hat{y} - \bar{y} = b(x - \bar{x}) \tag{6-14}$$

由此可见，回归方程式（6-2）通过点（$\bar{x}$，$\bar{y}$），明确这一点对回归方程的作图是有帮助的。

由式（6-7）、式（6-8）求回归方程的具体计算通常是通过列表进行的。例6-1的计算见表6-1和表6-2，由此可得回归方程

$$\hat{y} = 70.90\Omega + (0.2824\Omega/℃)x \tag{6-15}$$

这条回归直线一定通过（$\bar{x}$，$\bar{y}$）这一点，再令x取某一x_0，代入回归方程式（6-15）求出相应的$\hat{y}_0$，连接（$\bar{x}$，$\bar{y}$）和（x_0，$\hat{y}_0$）就是回归直线，并把它画在图6-1上。在本例中回归系数b的物理意义是温度上升1℃，电阻平均增加0.2824Ω。

表　6-1

序　号	x/℃	y/Ω	x^2/℃^{2}	y^2/Ω^2	xy/Ω·℃
1	19.1	76.30	364.81	5821.690	1457.330
2	25.0	77.80	625.00	6052.840	1945.000
3	30.1	79.75	906.01	6360.062	2400.475
4	36.0	80.80	1296.00	6528.840	2908.800
5	40.0	82.35	1600.00	6781.522	3294.000
6	46.5	83.90	2162.25	7039.210	3901.350
7	50.0	85.10	2500.00	7242.010	4255.000
Σ	246.7	566.00	9454.07	45825.974	20161.955

表　6-2

$\sum_{t=1}^{N}x_t = 246.7℃$	$\sum_{t=1}^{N}y_t = 566.00\Omega$	$N = 7$
$\bar{x} = 35.243℃$	$\bar{y} = 80.857\Omega$	
$\sum_{t=1}^{N}x_t^2 = 9454.07℃^2$	$\sum_{t=1}^{N}y_t^2 = 45825.974\Omega^2$	$\sum_{t=1}^{N}x_t y_t = 20161.955\Omega\cdot℃$
$\left(\sum_{t=1}^{N}x_t\right)^2 \Big/ N = 8694.413℃^2$	$\left(\sum_{t=1}^{N}y_t\right)^2 \Big/ N = 45765.143\Omega^2$	$\left(\sum_{t=1}^{N}x_t\right)\left(\sum_{t=1}^{N}y_t\right)\Big/ N = 19947.457\Omega\cdot℃$
$l_{xx} = \sum_{t=1}^{N}x_t^2 - \left(\sum_{t=1}^{N}x_t\right)^2/N$	$l_{yy} = \sum_{t=1}^{N}y_t^2 - \left(\sum_{t=1}^{N}y_t\right)^2/N$	$l_{xy} = \sum_{t=1}^{N}x_t y_t - \left(\sum_{t=1}^{N}x_t\right)\left(\sum_{t=1}^{N}y_t\right)/N$
$= 759.657℃^2$	$= 60.831\Omega^2$	$= 214.498\Omega\cdot℃$
	$b = \frac{l_{xy}}{l_{xx}} = 0.2824\Omega/℃$	
	$b_0 = \bar{y} - b\bar{x} = 70.90\Omega$	
	$\hat{y} = 70.90\Omega + (0.2824\Omega/℃)x$	

（二）回归方程的稳定性

回归方程的稳定性是指回归值 $\hat{y}$ 的波动大小，波动越小，回归方程的稳定性越好。和对待一般的估计值一样，$\hat{y}$ 的波动大小用 $\hat{y}$ 的标准差 $\sigma_{\hat{y}}$ 来表示。根据随机误差传递公式及回归方程式（6-2）有

$$\sigma_{\hat{y}}^2 = \sigma_{b_0}^2 + x^2\sigma_b^2 + 2x\sigma_{b_0 b} \tag{6-16}$$

式中，σ_{b_0}、σ_b 为 b_0、b 的标准差；$\sigma_{b_0 b}$ 为 b_0 和 b 的协方差。

设 σ 为测量数据 y 的残余标准差［有关 σ 的进一步说明见本节二、（三）及式（6-33）］，由相关矩阵式（6-6）可得

$$\sigma_{b_0}^2 = \frac{\sum_{t=1}^{N} x_t^2}{N\sum_{t=1}^{N} x_t^2 - \left(\sum_{t=1}^{N} x_t\right)^2}\sigma^2 = \left(\frac{1}{N} + \frac{\bar{x}^2}{l_{xx}}\right)\sigma^2 \tag{6-17}$$

$$\sigma_b^2 = \frac{N}{N\sum_{t=1}^{N} x_t^2 - \left(\sum_{t=1}^{N} x_t\right)^2}\sigma^2 = \frac{\sigma^2}{l_{xx}} \tag{6-18}$$

$$\sigma_{b_0 b} = \frac{-\sum_{t=1}^{N} x_t}{N\sum_{t=1}^{N} x_t^2 - \left(\sum_{t=1}^{N} x_t\right)^2} = -\frac{\bar{x}}{l_{xx}}\sigma^2 \tag{6-19}$$

将式（6-17）、式（6-18）、式（6-19）代入式（6-16）得

$$\begin{aligned}\sigma_{\hat{y}}^2 &= \left(\frac{1}{N} + \frac{\bar{x}^2}{l_{xx}}\right)\sigma^2 + x^2\frac{\sigma^2}{l_{xx}} - 2x\frac{\bar{x}}{l_{xx}}\sigma^2 \\ &= \left(\frac{1}{N} + \frac{(x-\bar{x})^2}{l_{xx}}\right)\sigma^2\end{aligned} \tag{6-20}$$

或

$$\sigma_{\hat{y}} = \sigma\sqrt{\frac{1}{N} + \frac{(x-\bar{x})^2}{l_{xx}}} \tag{6-21}$$

由式（6-21）可见，回归值的波动大小不仅与残余标准差 σ 有关，而且还取决于实验次数 N 及自变量 x 的取值范围。N 越大，x 的取值范围越小，回归值 $\hat{y}$ 的精度越高。

二、回归方程的方差分析及显著性检验

回归方程式（6-15）求出来了，但它是否有实际意义呢？这里有两个问题需要解决：其一，就这种求回归直线的方法本身而言，对任何两个变量 x 和 y 的一组数据(x_t, y_t)，$t=1$，2，…，N，都可以用最小二乘法给它们拟合一条直线。要知道这条直线是否基本上符合 y 与 x 之间的客观规律，这就是回归方程的显著性检验要解决的问题。其二，由于 x 与 y 之间是相关关系，知道了 x 值，并不能精确地知道 y 值。那么，用回归方程，根据自变量 x 值预报（或控制）因变量 y 值，其效果如何？这就是回归方程的预报精度问题。为此，必须对回归问题作进一步分析。现介绍一种常用的方差分析法，其实质是对 N 个观测值与其算术

平均值之差的平方和进行分解，将对 N 个观测值的影响因素从数量上区别开，然后用 F 检验法对所求回归方程进行显著性检验。

（一）回归问题的方差分析

观测值 y_1，y_2，…，y_N 之间的差异（称变差），是由两个方面原因引起的：①自变量 x 取值的不同；②其他因素（包括实验误差）的影响。为了对回归方程进行检验，首先必须把它们所引起的变差从 y 的总变差中分解出来（见图 6-2）。

N 个观测值之间的变差，可用观测值 y 与其算术平均值 $\bar{y}$ 的离差平方和来表示，称为总的离差平方和，记作

$$S = \sum_{t=1}^{N}(y_t - \bar{y})^2 = l_{yy} \qquad (6\text{-}22)$$

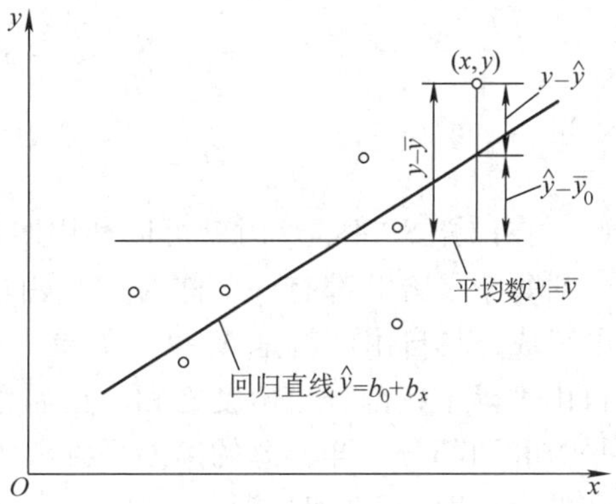

图 6-2

因为

$$\begin{aligned} S = \sum_{t=1}^{N}(y_t - \bar{y})^2 &= \sum_{t=1}^{N}[(y_t - \hat{y}_t) + (\hat{y}_t - \bar{y})]^2 \\ &= \sum_{t=1}^{N}(\hat{y}_t - \bar{y})^2 + \sum_{t=1}^{N}(y_t - \hat{y}_t)^2 + 2\sum_{t=1}^{N}(y_t - \hat{y}_t)(\hat{y}_t - \bar{y}) \end{aligned}$$

可以证明，交叉项

$$\sum_{t=1}^{N}(y_t - \hat{y})(\hat{y}_t - \bar{y}) = 0$$

因此总的离差平方和可以分解为两个部分，即

$$\sum_{t=1}^{N}(y_t - \bar{y})^2 = \sum_{t=1}^{N}(\hat{y}_t - \bar{y})^2 + \sum_{t=1}^{N}(y_t - \hat{y}_t)^2 \qquad (6\text{-}23)$$

或者写成

$$S = U + Q \qquad (6\text{-}24)$$

式（6-23）、式（6-24）中右边第一项，即

$$U = \sum_{t=1}^{N}(\hat{y}_t - \bar{y})^2 \qquad (6\text{-}25)$$

称为回归平方和，它反映了在 y 总的变差中由于 x 和 y 的线性关系而引起 y 变化的部分。因此回归平方和也就是考虑了 x 与 y 的线性关系部分在总的离差平方和 S 中所占的成分，以便从数量上与 Q 值相区分。

式（6-24）中右边第二项，即

$$Q = \sum_{t=1}^{N}(y_t - \hat{y}_t)^2 \qquad (6\text{-}26)$$

称为残余平方和，即所有观测点到回归直线的残余误差 $y_t - \hat{y}_t$ 的平方和。它是除了 x 对 y 的线性影响之外的一切因素（包括实验误差、x 对 y 的非线性影响以及其他未加控制的因素）对 y 的变差作用，这部分的变差是仅考虑 x 与 y 的线性关系所不能减少的部分。

这样，通过平方和分解式（6-23）就把对 N 个观测值的两种影响从数量上区分开来。U

和 Q 的具体计算通常并不是按它们的定义式（6-25）和式（6-26）进行，而是按下式计算：

$$U = \sum_{t=1}^{N}(\hat{y}_t - \bar{y})^2 = \sum_{t=1}^{N}(b_0 + bx_t - b_0 - b\bar{x})^2$$

$$= b^2\sum_{t=1}^{N}(x_t - \bar{x})^2 = b\sum_{t=1}^{N}(x_t - \bar{x})(\hat{y}_t - \bar{y}) = bl_{xy} \tag{6-27}$$

$$Q = \sum_{t=1}^{N}(y_t - \hat{y}_t)^2 = S - U = l_{yy} - bl_{xy} \tag{6-28}$$

因此，在计算 S、U、Q 时就可以利用回归系数计算过程中的一些结果。

对每个平方和都有一个称为“自由度”的数据跟它相联系。如果总的离差平方和是由 N 项组成，其自由度就是 $N-1$。如果一个平方和是由几部分相互独立的平方和组成，则总的自由度等于各部分自由度之和。正如总的离差平方和在数值上可以分解成回归平方和与残余平方和两部分一样，总的离差平方和的自由度 ν_S 也等于回归平方和的自由度 ν_U 与残余平方和的自由度 ν_Q 之和，即

$$\nu_S = \nu_U + \nu_Q \tag{6-29}$$

在回归问题中，$\nu_S = N-1$，而 ν_U 对应于自变量的个数，因此在一元线性回归问题中 $\nu_U = 1$，故根据式（6-29），Q 的自由度 $\nu_Q = N-2$。

（二）回归方程显著性检验

由回归平方和与残余平方和的意义可知，一个回归方程是否显著，也就是 y 与 x 的线性关系是否密切，取决于 U 及 Q 的大小，U 越大、Q 越小说明 y 与 x 的线性关系越密切。回归方程显著性检验通常采用 F 检验法，因此要计算统计量 F：

$$F = \frac{U/\nu_U}{Q/\nu_Q} \tag{6-30}$$

对一元线性回归

$$F = \frac{U/1}{Q/(N-2)} \tag{6-31}$$

再查附表 4 F 分布表。F 分布表中的两个自由度 ν_1 和 ν_2 分别对应于式（6-30）中的 ν_U 和 ν_Q，即式（6-31）中的 1 和 $N-2$。检验时，一般需查出 F 分布表中对三种不同显著性水平 a 的数值，设记为 F_a（1，$N-2$），将这三个数与由式（6-31）计算的 F 值进行比较，若 $F \geqslant F_{0.01}$（1，$N-2$），则认为回归是高度显著的（或称在 0.01 水平上显著）；若 $F_{0.05}$（1，$N-2$）$\leqslant F < F_{0.01}$（1，$N-2$），则称回归是显著的（或称在 0.05 水平上显著）；若 $F_{0.10}$（1，$N-2$）$\leqslant F < F_{0.05}$（1，$N-2$），则称回归在 0.1 水平上显著；若 $F < F_{0.10}$（1，$N-2$），一般认为回归不显著，此时，y 对 x 的线性关系就不密切。

（三）残余方差与残余标准差

残余平方和 Q 除以它的自由度 ν_Q 所得商

$$\sigma^2 = \frac{Q}{N-2} \tag{6-32}$$

称为残余方差，它可以看作在排除了 x 对 y 的线性影响后（或者当 x 固定时），衡量 y 随机波动大小的一个估计量。残余方差的正平方根

$$\sigma = \sqrt{\frac{Q}{N-2}} \tag{6-33}$$

称为残余标准差，与 σ^2 的意义相似，它可以用来衡量所有随机因素对 y 的一次性观测的平均变差的大小，σ 越小，回归直线的精度越高。当回归方程的稳定性较好时，σ 可作为应用回归方程时的精度参数。

（四）方差分析表

上述把平方和及自由度进行分解的方差分析所有结果可归纳在一个简单的表格中，这种表称为方差分析表，见表 6-3。

表 6-3

来　源	平方和	自由度	方　差	F	显著性
回　归 残　余	$U=bl_{xy}$ $Q=l_{yy}-bl_{xy}$	1 $N-2$	 $\sigma^2=Q/(N-2)$	$F=\frac{U/1}{Q/(N-2)}$	—
总　计	$S=l_{yy}$	$N-1$	—	—	—

例 6-2　在例 6-1 电阻对温度的回归中，由表 6-2 及表 6-3 可得表 6-4 的方差分析结果。

表 6-4

来　源	平方和/Ω^2	自由度	方差/Ω^2	F	显著性
回　归 残　余	60.574 0.257	1 5	— 0.0514	1.18×10^3 —	$\alpha=0.01$ —
总　计	60.831	6	—	—	—

显著性一栏中的 $\alpha=0.01$，表明前面所得的回归方程式（6-15）在 $\alpha=0.01$ 水平上显著，即可信赖程度为 99% 以上，这是高度显著的。

利用回归方程，可以在一定显著性水平 α 上，确定与 x 相对应的 y 的取值范围。反之，若要求观测值 y 在一定的范围内取值，利用回归方程可以确定自变量 x 的控制范围。

三、重复实验情况

应该指出，用残余平方和检验回归平方和所作出的“回归方程显著”这一判断，只表明相对于其他因素及试验误差来说，因素 x 的一次项对指标 y 的影响是主要的，但它并没有告诉我们：影响 y 的除 x 外，是否还有一个或几个不可忽略的其他因素，以及 x 和 y 的关系是否确实为线性。换言之，在上述意义下的回归方程显著，并不一定表明这个回归方程是拟合得很好的。其原因是由于残余平方和中除包括实验误差外，还包括了 x 和 y 线性关系以外的其他未加控制的因素的影响。为了检验一个回归方程拟合得好坏，可以做些重复实验，从而获得误差平方和 Q_E 和失拟平方和 Q_L（它反映了非线性及其他未加控制的因素的影响），用误差平方和对失拟平方和进行 F 检验，就可以确定回归方程拟合得好坏。

设取 N 个实验点，每个实验点都重复 m 次实验，此时各种平方和及其相应的自由度可按下列各式计算：

$$S = U + Q_L + Q_E,\quad \nu_S = \nu_U + \nu_L + \nu_E \tag{6-34}$$

$$S = \sum_{t=1}^{N}\sum_{i=1}^{m}(y_{ti} - \bar{y})^2, \quad \nu_S = Nm - 1 \tag{6-35}$$

$$U = m\sum_{t=1}^{N}(\hat{y}_t - \bar{y})^2, \quad \nu_U = 1 \tag{6-36}$$

$$Q_E = \sum_{t=1}^{N}\sum_{i=1}^{m}(y_{ti} - \bar{y}_t)^2, \quad \nu_{Q_E} = N(m - 1) \tag{6-37}$$

$$Q_L = m\sum_{t=1}^{N}(\bar{y}_t - \hat{y}_t)^2, \quad \nu_{Q_L} = N - 2 \tag{6-38}$$

例 6-3 用标准压力计对某固体压力传感器进行检定，检定所得数据见表 6-5。表中 x_t 为标准压力，y_{ti}为传感器输出电压，$\bar{y}_t$ 为 4 次读数的算术平均值。试对仪器定标，并分析仪器的误差。

仪器要求线性定标，故应拟合一条回归直线。可以证明，用平均值的 11 个点拟合的回归直线与用原来的 44 个点拟合的回归直线完全一样。具体计算见表 6-6 和表 6-7（表中 y_t 即为表 6-5 中的 $\bar{y}_t$）。

表 6-5

序 号	x_t/N · cm^{-2}	y_{ti}/mV				$\bar{y}_t$/mV
		升 压	降 压	升 压	降 压	
1	0	2.78	2.80	2.80	2.86	2.81
2	1	9.70	9.76	9.78	9.78	9.755
3	2	16.60	16.71	16.70	16.76	16.6925
4	3	23.54	23.56	23.58	23.71	23.5975
5	4	30.44	30.51	30.54	30.64	30.5325
6	5	37.35	37.45	37.42	37.50	37.43
7	6	44.28	44.35	44.30	44.38	44.3275
8	7	51.19	51.25	51.18	51.25	51.2175
9	8	58.06	58.08	58.12	58.14	58.1
10	9	64.92	64.96	64.94	65.00	64.955
11	10	71.73	71.73	71.75	71.75	71.74

表 6-6

序 号	x_t/N · cm^{-2}	y_t/mV	x_t^2/(N · cm^{-2})^2	y_t^2/(mV)^2	x_ty_t/mV · N · cm^{-2}
1	0	2.8100	0	7.8961	0
2	1	9.7550	1	95.1600	9.7500
3	2	16.6925	4	278.6396	33.3850
4	3	23.5975	9	556.8420	70.7925

（续）

序　号	x_t/N·cm^{-2}	y_t/mV	x_t^2/(N·cm^{-2})^2	y_t^2/(mV)^2	x_ty_t/mV·N·cm^{-2}
5	4	30.5325	16	932.2336	122.1300
6	5	37.4300	25	1401.0049	187.1500
7	6	44.3275	36	1964.9273	265.9650
8	7	51.2175	49	2623.2323	358.5225
9	8	58.1000	64	3375.6100	464.8000
10	9	64.9550	81	4219.1520	584.5950
11	10	71.7400	100	5146.6276	717.4000
Σ	55	411.1575	385	26601.3254	2814.4950

表 6-7

$\sum_{t=1}^{N} x_t = 55\text{N/cm}^2$	$\sum_{t=1}^{N} y_t = 411.1575\text{mV}$	$N = 11$
$\bar{x} = 5\text{N/cm}^2$	$\bar{y} = 37.3780\text{mV}$	
$\sum_{t=1}^{N} x_t^2 = 385(\text{N/cm}^2)^2$	$\sum_{t=1}^{N} y_t^2 = 20601.3254(\text{mV})^2$	$\sum_{t=1}^{N} x_ty_t = 2814.4950\text{mV}\cdot\text{N/cm}^2$
$\left(\sum_{t=1}^{N} x_t\right)^2 \Big/ N = 275(\text{N/cm}^2)^2$	$\left(\sum_{t=1}^{N} y_t\right)^2 \Big/ N = 15368.226(\text{mV})^2$	$\left(\sum_{t=1}^{N} x_t\right)\left(\sum_{t=1}^{N} y_t\right) \Big/ N = 2055.7875\text{mV}\cdot\text{N/cm}^2$
$l_{xx} = \sum_{t=1}^{N} x_t^2 - \left(\sum_{t=1}^{N} x_t\right)^2 \Big/ N$ $= 110(\text{N/cm}^2)^2$	$l_{yy} = \sum_{t=1}^{N} y_t^2 - \left(\sum_{t=1}^{N} y_t\right)^2 \Big/ N$ $= 5233.0990(\text{mV})^2$ $b = \frac{l_{xy}}{l_{xx}} = 6.89734\text{mV}/(\text{N}\cdot\text{cm}^{-2})$ $b_0 = \bar{y} - b\bar{x} = 2.8913\text{mV}$ $\hat{y} = 2.8913\text{mV} + [6.89734\text{mV}/(\text{N}\cdot\text{cm}^{-2})]x$	$l_{xy} = \sum_{t=1}^{N} x_ty_t - \left(\sum_{t=1}^{N} x_t\right)\left(\sum_{t=1}^{N} y_t\right) \Big/ N$ $= 758.7075\text{mV}\cdot\text{N/cm}^2$

现在进行方差分析。当用 $\bar{y}_t$ 求回归直线时，各平方和可按下式顺序计算：

$$\left.\begin{aligned} U &= mbl_{xy} \\ Q_L &= ml_{yy} - U \\ Q_E &= \sum_{t=1}^{N}\sum_{i=1}^{m}(y_{ti} - \bar{y}_t)^2 \\ S &= U + Q_L + Q_E \end{aligned}\right\} \tag{6-39}$$

计算结果见表 6-8。

表中 F 栏为用误差平方和对相应的平方和项进行 F 检验的数学统计量，其中

表 6-8

来　源	平方和/mV^2	自由度	方差/mV^2	F	显著性
回　归	20932.2574	1	20932.2574	7.68×10^6	$F_{0.01}=7.47$
失　拟	0.1386	9	0.0154	5.65	$F_{0.01}=3.03$
误　差	0.0899	33	0.0027	—	—
总　计	20932.4859	43	—	—	—

第一行

$$F=\frac{U/\nu_U}{Q_E/\nu_{Q_E}}=7.68\times10^6 \tag{6-40}$$

$$F>F_{0.01}(1,33)=7.47$$

第二行

$$F_1=\frac{Q_L/\nu_{Q_L}}{Q_E/\nu_{Q_E}}=5.65 \tag{6-41}$$

$$F_1>F_{0.01}(9,33)=3.03$$

由表6-8或式（6-41）可知，对失拟平方和进行 F 检验结果高度显著，说明失拟误差相对于实验误差来说是不可忽略的，这时有如下几种可能：

1）影响 y 的除 x 外，至少还有一个不可忽略的因素。

2）y 和 x 是曲线关系。

3）y 和 x 无关。

总之，所选择的一元线性回归这个数学模型与实际情况不符合，说明该直线拟合得并不好。失拟平方和 Q_L 或失拟方差反映了拟合误差，通常称为模型误差。

如果 F_1 检验结果不显著，说明非线性误差（相对于实验误差讲）很小，或者基本上是由实验误差等随机因素引起的。于是可把失拟平方和 Q_L 与误差平方和 Q_E 合并，对回归平方和进行 F 检验，即

$$F_2=\frac{U/\nu_U}{(Q_L+Q_E)/(\nu_{Q_L}+\nu_{Q_E})} \tag{6-42}$$

如果第二次 F 检验结果显著，说明一元回归方程拟合得好。

对于给定的显著性水平 α，如果 F_2 不显著，那么这时有两种可能：

1）没有什么因素对 y 有系统的影响。

2）实验误差过大。

当然所求的回归方程不理想。

现在继续对例6-3作进一步分析。

F_1 检验结果显著，回归方程是否就没有用了呢？不妨再用 Q_E 对 U 进行第二次 F 检验

$$F_2=\frac{U/\nu_U}{Q_E/\nu_{Q_E}}=7.68\times10^6\gg F_{0.01}(1,33)=7.47$$

结果高度显著。再用 $Q_E+Q_L=Q$ 对 U 进行第二次 F 检验

$$F_2=\frac{U/\nu_U}{Q/\nu_Q}=3.85\times10^6\gg F_{0.01}(1,42)=7.28$$

也高度显著。由于 F_1 检验结果显著，虽然相对于实验误差来讲，此方程不能说拟合得很好，但是由于两种 F_2 检验都高度显著，实验误差和残余误差都很小，只要残余标准差 σ 小于该仪器所要求的精度参数，就可以使用此方程对该仪器进行定标。当然，如有必要，可进一步查明原因，重做回归方程。

从以上分析可以看出，在一般情况下，重复实验可将误差平方和与失拟平方和从残余平方和中分离出来，这对统计分析是有好处的。同时，在精密测试仪器中，通常失拟平方和及误差平方和分别与仪器的原理误差（定标误差、非线性误差）及仪器的随机误差相对应。应用这种方法分析传感器或非电量电测仪器及其他类似需要变换参量的测量仪器的精度，可以将系统误差与随机误差分离开来，并可用回归分析方法进一步找出仪器的误差方程，从而可以对仪器的误差进行修正。不需要对仪器作任何改进，只是通过数据处理，对仪器的系统误差进行修正，就可使仪器的精度明显提高，这是提高仪器精度的一种颇为有效的方法。总之，通过重复实验的回归分析对了解这类仪器的误差来源和提高仪器的精度是有益的。如果没有条件做重复实验，只能用残余平方和对回归平方和按式（6-30）进行 F 检验，也可大致说明回归效果的好坏。习惯上，经常也把这种检验结果显著与不显著说成拟合得好与坏。但需要注意，一个方程拟合得好的真正含义应该是失拟平方和相对于误差平方和来讲是不显著的。

四、回归直线的简便求法

回归分析是以最小二乘法为基础的，因此所建立的回归直线方程误差（标准差）最小，但它的计算一般是比较复杂的。为了减少计算，在精度要求不太高或实验数据线性较好的情况下，可采用如下简便方法：

（一）分组法（平均值法）

用分组法求回归方程 $\hat{y}=b_0+bx$ 中的系数 b_0 和 b 的具体作法是：将自变量数据按由小到大的次序安排，分成个数相等或近于相等的两个组（分组数等于欲求的未知数个数）：第一组为 x_1，x_2，…，x_k；第二组为 x_{k+1}，…，x_N，建立相应的两组观测方程

$$\left.\begin{aligned} y_1 &= b_0 + bx_1 \\ &\vdots \\ y_k &= b_0 + bx_k \end{aligned}\right\} \qquad \left.\begin{aligned} y_{k+1} &= b_0 + bx_{k+1} \\ &\vdots \\ y_N &= b_0 + bx_N \end{aligned}\right\}$$

两组观测方程分别相加，得到关于 b_0 及 b 的方程组

$$\left.\begin{aligned} \sum_{t=1}^{k} y_t &= kb_0 - b\sum_{t=1}^{k} x_t \\ \sum_{t=k+1}^{N} y_t &= (N-k)b_0 + b\sum_{t=k+1}^{N} x_t \end{aligned}\right\} \tag{6-43}$$

该方程组可解得 b 及 b_0。特别当 $N=2k$ 时，回归系数

$$\left.\begin{aligned} b &= \frac{\sum\limits_{t=1}^{N/2} y_t - \sum\limits_{t=N/2+1}^{N} y_t}{\sum\limits_{t=1}^{N/2} x_t - \sum\limits_{t=N/2+1}^{N} x_t} \\ b_0 &= \frac{\sum\limits_{t=1}^{N} y_t}{N} - \frac{\sum\limits_{t=1}^{N} x_t}{N} = \bar{y} - b\bar{x} \end{aligned}\right\} \tag{6-44}$$

例 6-4 对例 6-1 用分组法求回归方程。

因观测数据已按自变量从小到大的次序排列，故可按实验顺序分成两组，并建立两组相应的观测方程(取 $k=(N+1)/2=4$)，然后分别相加：

$$\begin{aligned}76.30\Omega &= b_0+(19.1℃)b\\77.80\Omega &= b_0+(25.0℃)b\\79.75\Omega &= b_0+(30.1℃)b\\80.80\Omega &= b_0+(36.0℃)b\\\hline 314.65\Omega &= 4b_0+(110.2℃)b\end{aligned}\qquad\begin{aligned}82.35\Omega &= b_0+(40.0℃)b\\83.90\Omega &= b_0+(46.5℃)b\\85.10\Omega &= b_0+(50.0℃)b\\\hline 251.35\Omega &= 3b_0+(136.5℃)b\end{aligned}$$

解方程组

$$\left.\begin{aligned}314.65\Omega &= 4b_0+(110.2℃)b\\251.35\Omega &= 3b_0+(136.5℃)b\end{aligned}\right\}$$

得

$$b_0 = 70.80\Omega$$
$$b = 0.2853\Omega/℃$$

故所求的回归方程为

$$\hat{y} = 70.80\Omega+(0.2853\Omega/℃)x$$

这与用最小二乘法求得的回归方程式（6-15）比较接近。

此法简单明了，拟合的直线就是通过第一组重心和第二组重心的一条直线，这是工程实践中常用的一种简单方法。

（二）图解法（紧绳法）

把 N 对观测数据画出散点图于坐标纸上，假如画出的点群形成一直线带，就在点群中画一条直线，使得多数点位于直线上或接近此线，并均匀地分布在直线的两边。这条直线可以近似地作为回归直线，回归系数可以直接由图中求得。利用此直线也可在坐标纸上直接进行预报。

例 6-5 用 X 射线机检查镁合金焊接件及铸件内部缺陷时，为达到最佳灵敏度，透照电压 y 应随被透照件厚度 x 而改变。经实验得如下一组数据：

x/mm	12	13	15	16	18	20	22	24	25	26
y/kV	53	55	60	65	70	75	80	85	88	90

把这组数据点在坐标纸上，然后通过点群作一直线（见图 6-3）。在接近直线的两端各取一点，如（12，53）和（25，88），回归系数 $b=(53-88)\text{kV}/(12-25)\text{mm}=2.7\text{kV/mm}$。将回归直线上任一点代入回归方程可求出 b_0，如 $53\text{kV}=b_0+(2.7\text{kV/mm})\times12\text{mm}$，$b_0=20.6\text{kV}$，故所求回归方程为

$$\hat{y} = 20.6\text{kV}+(2.7\text{kV/mm})x$$

图解法由于作图时完全凭经验画直线，故主观性较大，精度较低，但此法非常简单，精度要求不高时可采用。

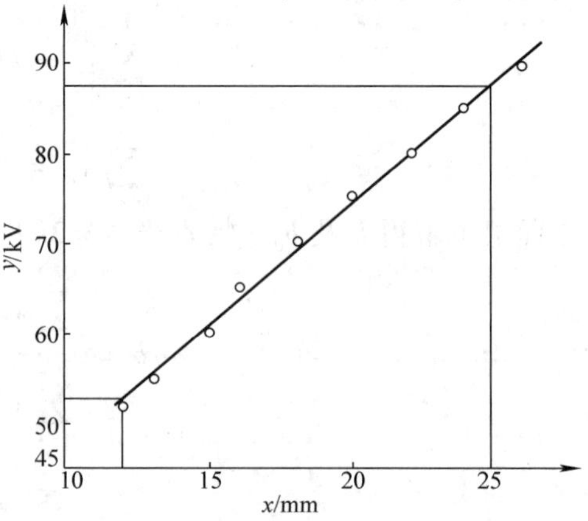

图 6-3

第三节　两个变量都具有误差时线性回归方程的确定

一、概述

上面用最小二乘法求得的回归方程一般认为是最佳的，但它是假设 x 没有误差或误差是可以忽略的，其所有误差都归结在 y 方向。然而，x 的测量也可能是不精确的，存在实验误差。现在考察另一种极端情况，即 y 没有误差，而所有误差都归结于 x。在这种情况下，一元线性回归方程的数学模型是

$$x_t = \alpha_0 + \alpha y_t + \varepsilon_t', \quad t = 1,2,\cdots,N \tag{6-45}$$

式中，α_0、α 为特定参数；ε_t'为误差项。

此时应该求 x 对 y 的回归方程

$$\hat{x} = a_0 + ay \tag{6-46}$$

式中，a_0、a 为 α_0、α 的最小二乘估计。

应用最小二乘原理，使 $\sum\limits_{t=1}^{N}(x_t - \hat{x}_t)^2$ 为最小，求得

$$a = \frac{l_{xy}}{l_{yy}} \tag{6-47}$$

$$a_0 = \bar{x} - a\bar{y} \tag{6-48}$$

式中，$\bar{x}$、$\bar{y}$、l_{xy}、l_{yy}分别由式（6-9）、式（6-10）、式（6-12）、式（6-13）确定。

为便于与式（6-2）比较，将式（6-46）改写为

$$y = b_0' + b'\hat{x} \tag{6-49}$$

式中

$$b' = \frac{1}{a} = \frac{l_{yy}}{l_{xy}} \tag{6-50}$$

$$b_0' = \bar{y} - b'\bar{x} \tag{6-51}$$

一般情况下，$b_0' \neq b_0$，$b' \neq b$。

例 6-6　若例 6-1 中电阻值 y 是可以精确测定的，而把所有误差都归结于温度 x，则根据 $\sum\limits_{t=1}^{N}(x_t - \hat{x}_t)^2$ 为最小的原则，由式（6-50）和式（6-51）得另一回归方程

$$y = 70.86\Omega + 0.2836\hat{x} \tag{6-52}$$

将其与式（6-15）比较，两个方程的回归系数是不一样的。

在这里我们发现，通过一批点能够作两条最佳直线，原因是，假定有一批试验点是均匀分布在一个椭圆域内。如果假定误差是在 y 方向，我们作一系列细的垂直线，找出每一条细的垂直线的中点，并作一条线通过各点（见图 6-4）。如果假定误差是在 x 方向，则作一系列水平线，找出各水平线的中点，并作一条

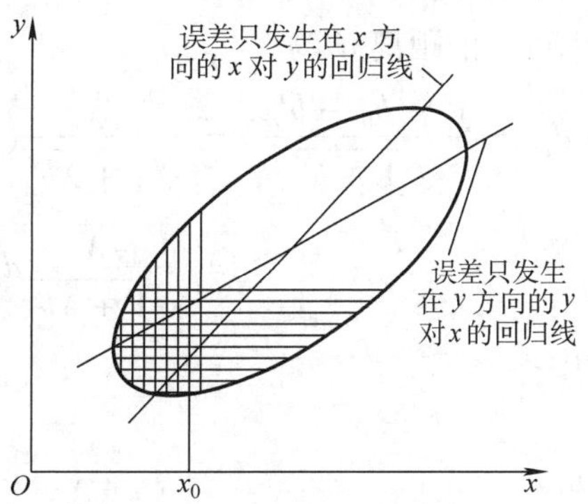

图　6-4

线通过各点。用这个方法得到两条直线，一条通过椭圆水平方向极值点，另一条通过垂直方向极值点。前者就是 y 对 x 的回归直线，回归值 $\hat{y}$ 表示当任取 $x=x_0$ 时 y 的平均数；后者即是 x 对 y 的回归直线，其回归值 $\hat{x}$ 表示当任取 $y=y_0$ 时 y 的平均数。

两个最小二乘解的存在，提出了在实验中需要判断的问题，并可能有下列三种情况：

1）如果两变量中一个变量的误差可以忽略，则应采用另一变量对该变量的回归线。

2）如果两变量的误差大体相当，则采用图 6-4 所示两条回归线的平均线。

3）如果两个变量中的一个变量误差比另一个大，则所采用的中间线应偏向于误差大的变量对另一变量的回归线。

在实践中，以上三种情况都是可能存在的，求回归直线时应加以区别。随着两个变量之间线性关系的加强，即相关系数越接近于 1，两条最小二乘直线越接近。当相关系数为 1 时，这两条直线将重合。本例中两个回归方程差别不大，是线性相关强之故。

二、回归方程的求法

两个变量都具有误差时，比较精确的计算回归系数的方法是戴明（Deming）解法。

若 x_t、y_t 分别具有误差 $\delta_t \sim N\ (0,\ \sigma_x)$，$\varepsilon_t \sim N\ (0,\ \sigma_y)$，$t=1,\ 2,\ \cdots,\ N$，假定 x、y 之间为线性关系，则其数学模型为

$$y_t = \beta_0 + \beta(x_t - \delta_t) + \varepsilon_t, \quad t = 1,2,\cdots,N \tag{6-53}$$

所求的回归方程为

$$\hat{y} = b_0 + b\hat{x} \tag{6-54}$$

式中，$\hat{x}$、$\hat{y}$、b_0、b 分别为 x、y、β_0、β 的估计值。

为使 x、y 的误差在求回归方程时具有等价性，令 $\sigma_x^2/\sigma_y^2 = \lambda$，$y' = \sqrt{\lambda}y$，则式（6-54）可写成

$$\hat{y}' = b_0' + b'\hat{x} \tag{6-55}$$

式中，$\hat{y}' = \sqrt{\lambda}\hat{y}$；$b_0' = \sqrt{\lambda}b_0$；$b' = \sqrt{\lambda}b$。

根据戴明推广的最小二乘原理，点（x_t，y_t'）到回归直线的垂直距离 d_t'（见图 6-5）的平方和 $\sum_{t=1}^{N} d_t'^2$ 为最小条件下所求得的回归系数 b_0、b 是最佳估计值。

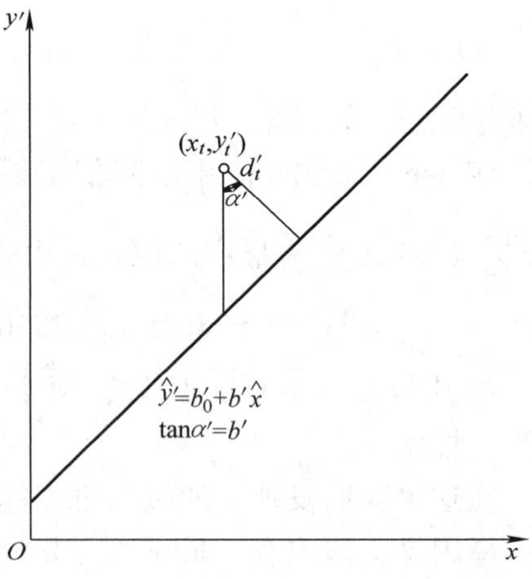

图 6-5

由解析几何可知，点（x_t，y_t'）到回归直线式（6-55）的距离 d_t' 为

$$d_t' = \frac{y_t' - b_0' - b'x_t}{\sqrt{1 + b'^2}} = \frac{\sqrt{\lambda}}{\sqrt{1+\lambda b^2}}(y_t - b_0 - bx_t) = \frac{\sqrt{\lambda}}{\sqrt{1+\lambda b^2}}d_t \tag{6-56}$$

式中

$$d_t = y_t - b_0 - bx_t \tag{6-57}$$

根据最小二乘原理，为使 $\sum_{t=1}^{N} d_t'^2$ 为最小，即求解

$$\left.\begin{aligned}\frac{\partial\left(\sum_{t=1}^{N} d_t'^2\right)}{\partial b_0} &= 0\\ \frac{\partial\left(\sum_{t=1}^{N} d_t'^2\right)}{\partial b} &= 0\end{aligned}\right\} \tag{6-58}$$

得

$$\left.\begin{aligned}b &= \frac{\lambda l_{yy} - l_{xx} + \sqrt{(\lambda l_{yy} - l_{xx})^2 + 4\lambda l_{xy}^2}}{2\lambda l_{xy}}\\ b_0 &= \bar{y} - b\bar{x}\end{aligned}\right\} \tag{6-59}$$

式中，$\bar{x}$、$\bar{y}$、l_{xx}、l_{xy}、l_{yy}含义同前［见式（6-9）~式（6-13）］。

变量 x、y 的方差可用下式估计：

$$\left.\begin{aligned}\sigma_x^2 &= \frac{1}{N-2}\ \frac{\lambda}{1+\lambda b^2}\sum_{t=1}^{N} d_t^2\\ \sigma_y^2 &= \frac{1}{N-2}\ \frac{1}{1+\lambda b^2}\sum_{t=1}^{N} d_t^2 = \frac{\sigma_x^2}{\lambda}\end{aligned}\right\} \tag{6-60}$$

$\sum_{t=1}^{N} d_t^2$ 可以通过式（6-57）来计算，或者利用计算回归系数时的中间结果，即

$$\sum_{t=1}^{N} d_t^2 = l_{yy} - 2bl_{xy} + b^2 l_{xx} \tag{6-61}$$

下面讨论两种特殊情况：

1）当 x 无误差时，$\lambda=0$，$b=l_{xy}/l_{xx}$，$\sigma_y^2=(l_{yy}-bl_{xy})/(N-2)$，这就是我们在第二节中所讨论的一般回归问题的情况。

2）当 y 无误差时，$\lambda=\infty$，$b=l_{yy}/l_{xy}=1/a$，$\sigma_x^2=(l_{xx}-l_{xy}/b)/(N-2)$，这就是本节概述中提到的另一种情况。

例 6-7 通过实验测量某量 x、y 的结果如下：

x	2.560	2.319	2.058	1.911	1.598	0.548
y	2.646	2.395	2.140	2.000	1.678	0.711

由重复测量已估计出 $\sigma_x=\sigma_y$，即 $\lambda=1$，试求 y 对 x 的回归直线方程。

根据有关公式，计算结果见表 6-9。所求回归方程为

$$\hat{y}=0.1350+0.9747\hat{x}$$

表 6-9

$\bar{x}=1.8398$ $l_{xx}=2.4495468$ $b=0.9747$	$l_{yy}=2.3273297$ $\sum_{t=1}^{N} d_t^2=3.1382\times10^{-4}$ $\sigma_x^2=\sigma_y^2=4.023\times10^{-5}$ $\sigma_x=\sigma_y=0.0063$	$\bar{y}=1.9283$ $l_{xy}=2.3874952$ $b_0=0.1350$

一般情况下，亦可用第二节、四中的分组法作近似计算。

第四节　一元非线性回归

在实际问题中，有时两个变量之间的内在关系并不是线性关系，而是某种曲线关系，这时若求所需的回归曲线，一般地说，可以分两步进行：

1）确定函数类型。

2）求解相关函数中的未知参数。用最小二乘法直接求解非线性回归方程是非常复杂的，通常是通过变量代换把回归曲线转换成回归直线，继而用前面给出的方法求解；或者把回归曲线展成回归多项式，直接用回归多项式来描述两个变量之间的关系，这样就把解曲线回归问题转化为解多项式回归的问题。

一、回归曲线函数类型的选取和检验

（一）直接判断法

根据专业知识，从理论上推导或者根据以往的经验，可以确定两个变量之间的函数类型，如化学反应物质的浓度 y 一般与时间 x 有指数关系，即 $y=y_0e^{kx}$，其中 y_0 及 k 为待定系数和指数。

（二）观察法

将观测数据作图，将其与典型曲线（见图 6-6）比较，确定其属于何种类型。所选择的曲线类型是否合适，可用如下的方法来检验。

（三）直线检验法

当函数类型中所含参数不多，例如只有一个或两个时，用此法检验较好。其步骤如下：

1）将预选的回归曲线 $f(x, y, a, b)=0$ 写成

$$Z_1=A+BZ_2 \tag{6-62}$$

式中的 Z_1 和 Z_2 是只含一个变量（x 或 y）的函数，A 和 B 是 a 和 b 的函数。

2）求出几对与 x、y 相对应的 Z_1 和 Z_2 的值，这几对值以选择与 x、y 值相距较远为好。

3）以 Z_1 和 Z_2 为变量画图，若所得图形为一直线，则证明原先所选定的回归曲线类型是合适的。

例 6-8　用此法说明下列一组数据是否可用 $y=ae^{bx}$ 表示。

x	1	2	3	4	5	6	7	8	9
y	1.78	2.24	2.74	3.74	4.45	5.31	6.92	8.85	10.97
$\log y$	0.250	0.350	0.438	0.573	0.648	0.725	0.840	0.947	1.040

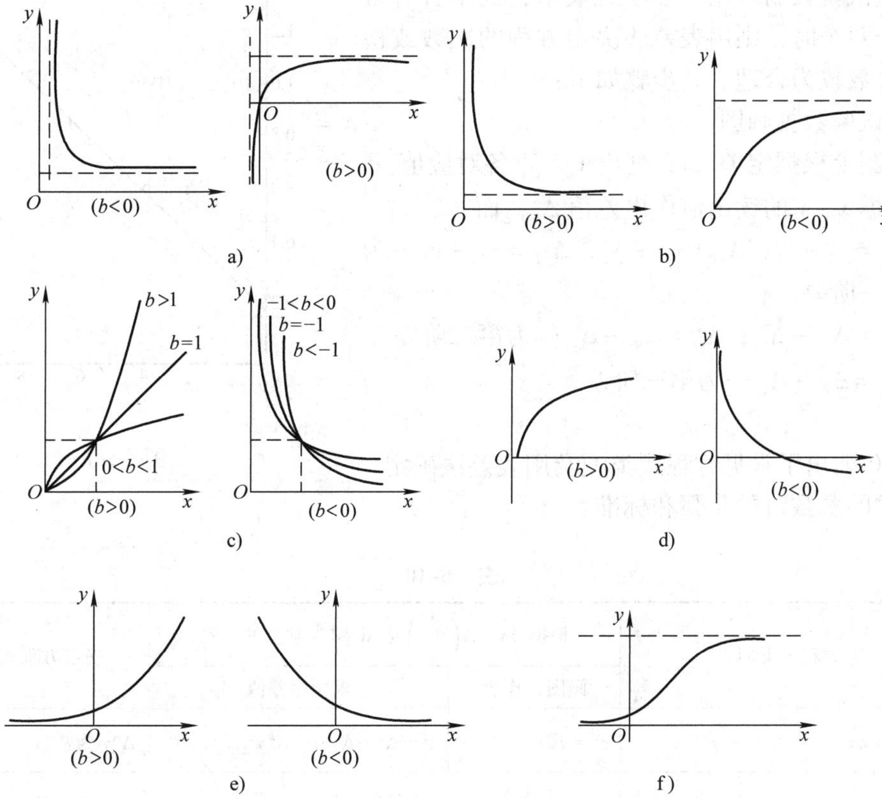

图 6-6

a）双曲线$\frac{1}{y}=a+\frac{b}{x}$ b）指数曲线 $y=ae^{b/x}$ c）幂函数 $y=ax^b$ 的曲线

d）对数曲线 $y=a+b\log x$ e）指数曲线 $y=ae^{bx}$ f）S 形曲线 $y=\frac{1}{a+be^{-x}}$

将 $y=ae^{bx}$写成式（6-62）形式，即

$$\log y = \log a + (b\log e)x$$

式中，$\log y$ 相当于 Z_1；x 相当于 Z_2；$\log a$ 相当于 A；$b\log e$ 相当于 B。

以 $\log y$ 与 x 画图（取 x 为 1、4、6、8 四点），所得图形为一直线（见图 6-7），故选用的函数类型 $y=ae^{bx}$是合适的。

下列几种类型的曲线方程式可用直线检验法

$$y = a + b\log x$$

$$y = ab^x$$

$$y = ae^{bx}$$

$$y = e^{(a+bx)}$$

$$y = ax^b$$

$$y = \frac{x}{a+bx}$$

（四）表差法

若一组试验数据可用一多项式表示，式中含有常数的项多于两个时，则用表差法决定方程的次数或检验方程的次数较为合理。其步骤如下：

1）用试验数据画图。

2）自图上根据定差 Δx，列出 x_i、y_i 各对应值。

3）根据 x、y 的读出值作出差值 Δ_y^k，而

$\Delta_{y_1}=y_2-y_1$，$\Delta_{y_2}=y_3-y_2$，$\Delta_{y_3}=y_4-y_3\cdots$为第一阶差

$\Delta_{y_1}^2=\Delta_{y_2}-\Delta_{y_1}$，$\Delta_{y_2}^2=\Delta_{y_3}-\Delta_{y_2}\cdots$为第二阶差

$\Delta_{y_1}^3=\Delta_{y_2}^2-\Delta_{y_1}^2\cdots$为第三阶差

⋮

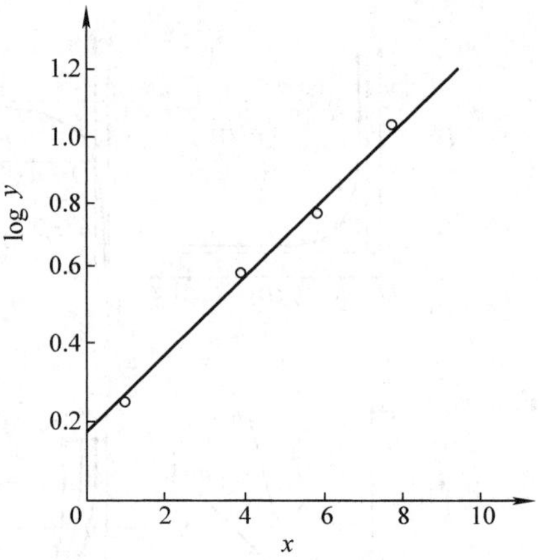

图 6-7

表 6-10 列出了常见方程式类型及用表差法确定这些方程式的次数时的步骤和标准。

表 6-10

序号	方程式类型	根据 Δx、$\Delta\left(\frac{1}{x}\right)$或 $\Delta\log x$ 为常数的步骤		确定方程式的标准
		画图，作表	求顺序差值	
1	$y=a+bx+cx^2+\cdots+qx^n$	$y=f(x)$	$\Delta y;\Delta^2y;\Delta^3y;\cdots\Delta^ny$	Δ^ny 为常数
2	$y=a+\frac{b}{x}+\frac{c}{x^2}+\cdots+\frac{q}{x^n}$	$y=f\left(\frac{1}{x}\right)$	$\Delta y;\Delta^2y;\Delta^3y;\cdots\Delta^ny$	Δ^ny 为常数
3	$y^2=a+bx+cx^2+\cdots+qx^n$	$y^2=f(x)$	$\Delta y^2;\Delta^2y^2;\Delta^3y^2;\cdots\Delta^ny^2$	Δ^ny^2 为常数
4	$\log y=a+bx+cx^2+\cdots+qx^n$	$\log y=f(x)$	$\Delta(\log y);\Delta^2(\log y);\Delta^n(\log y)$	$\Delta^n(\log y)$ 为常数
5	$y=a+b(\log x)+c(\log x)^2$	$y=f(\log a)$	$\Delta y;\Delta^2y$	Δ^2y 为常数
6	$y=ab^x=ae^{b'x}$	$\log y=f(x)$	$\Delta(\log y)$	$\Delta(\log y)$ 为常数
7	$y=a+bc^x=a+be^{c'x}$	$y=f(x)$	$\Delta y;\log\Delta y;\Delta(\log\Delta y)$	$\Delta(\log\Delta y)$ 为常数
8	$y=a+bx+cd^x=a+bx+ce^{d'x}$	$y=f(x)$	$\Delta y;\Delta^2y;\log\Delta^2y;\Delta(\log\Delta^2y)$	$\Delta(\log\Delta^2y)$ 为常数
9	$y=ax^b$	$\log y=f(\log x)$	$\Delta(\log y)$	$\Delta(\log y)$ 为常数
10	$y=a+bx^c$	$y=f(\log x)$	$\Delta y;\log\Delta y;\Delta(\log\Delta y)$	$\Delta(\log\Delta y)$ 为常数
11	$y=axe^{bx}$	$\ln y=f(x)$	$\Delta\ln y;\Delta\ln x$	$(\Delta\ln y-\Delta\ln x)$ 为常数

例 6-9 检验表 6-11 所示观测数据可用 $y=a+be^x$ 表示。

具体检验方法如下：第一步，将观测值 x 与 y 画图，得曲线如图 6-8 所示；第二步，自曲线上按 Δx 为恒定值（此处 $\Delta x=1$），依次读取 x、y 对应值，列入表中；然后再依次求出

Δy、$\log\Delta y$ 以及 $\Delta(\log\Delta y)$。因表中 $\Delta(\log\Delta y)$ 极接近常数，故此组观测数据可用上式表示。

表 6-11

观测值		自图上读数值		顺序差值		
x	y	x	y	Δy	$\log\Delta y$	$\Delta(\log\Delta y)$
0.50	17.3	0	16.6			
				1.3	0.114	
1.75	19.0	1	17.9			0.090
				1.6	0.204	
2.75	21.0	2	19.5			0.097
				2.0	0.301	
3.50	22.5	3	21.5			0.079
				2.4	0.380	
4.50	25.1	4	23.9			0.097
				3.0	0.477	
5.25	28.0	5	26.9			0.091
				3.7	0.568	
6.00	30.3	6	30.6			0.085
				4.5	0.653	
6.50	33.0	7	35.1			0.103
				5.7	0.756	
7.50	38.0	8	40.8			

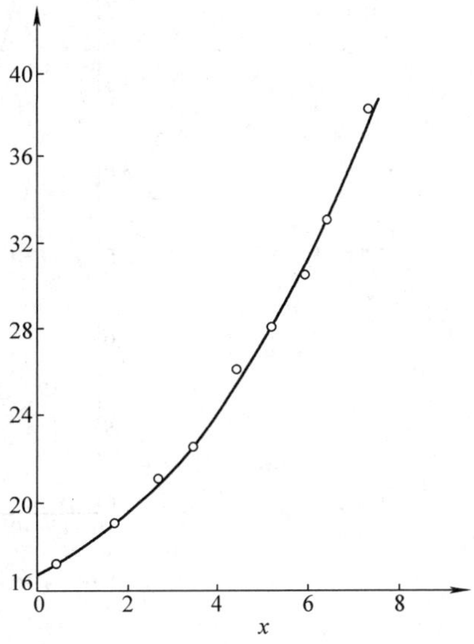

图 6-8

二、化曲线回归为直线回归问题

可用直线检验法或一阶表差法检验的曲线回归方程都可以通过变量代换转为直线回归方程。

例 6-10 为了测定椭圆齿轮流量计在介质黏度变化时的误差，先测定 10 号变压器油的黏度 y 与温度 x 的变化曲线，以便试验时测出油温就可以知道黏度。通过试验获得如下一组数据：

x/℃	10	15	20	25	30	35	40	45	50	55	60	65	70	75	80
y/°E①	4.24	3.51	2.92	2.52	2.20	2.00	1.81	1.70	1.60	1.50	1.43	1.37	1.32	1.29	1.25

① °E 是恩氏黏度，而我国主要采用运动黏度 ν。它们之间的近似换算关系为 $\nu=\left(7.31°\mathrm{E}-\dfrac{6.31}{°\mathrm{E}}\right)\times10^{-6}$，$\nu$ 的单位为 $\mathrm{m^2/s}$。

试求出黏度（恩氏黏度）与温度（单位为℃）之间的经验公式。

首先把观测数据点在坐标纸上并用一条曲线拟合（见图 6-9），将该曲线与图 6-6 中的典型曲线比较，看来很像幂函数 $y=ax^b$，因此，我们取函数类型为

$$y=ax^b \tag{6-63}$$

对等式两边取对数

$$\ln y=\ln a+b\ln x \tag{6-64}$$

令

$$y'=\ln(y/°\mathrm{E}),\ x'=\ln(x/℃),\ b_0=\ln a$$

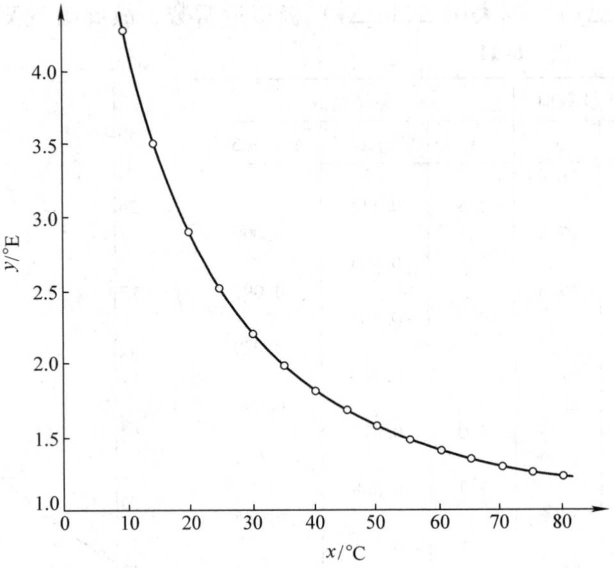

图 6-9

则式（6-64）即为

$$y' = b_0 + bx' \tag{6-65}$$

式（6-65）即为普通的直线方程，仍用列表法解此方程（见表 6-12、表 6-13）。

表 6-12

序号	x/℃	y/°E	x' = ln（x/℃）	y' = ln（y/°E）	x'^2	y'^2	$x'y'$
1	10	4. 24	2. 3026	1. 4446	5. 30190	2. 08676	3. 32623
2	15	3. 51	2. 7081	1. 2556	7. 33354	1. 67657	3. 40027
3	20	2. 92	2. 9957	1. 0716	8. 97441	1. 14829	3. 21018
4	25	2. 52	3. 2189	0. 9243	10. 36116	0. 85425	2. 97507
5	30	2. 20	3. 4012	0. 7885	11. 56814	0. 62166	2. 68170
6	35	2. 00	3. 5553	0. 6931	12. 64050	0. 48045	2. 46438
7	40	1. 81	3. 6889	0. 5933	13. 60783	0. 35204	2. 18871
8	45	1. 70	3. 8067	0. 5306	14. 49068	0. 28157	2. 01992
9	50	1. 60	3. 9120	0. 4700	15. 30392	0. 22090	1. 83867
10	55	1. 50	4. 0073	0. 4055	16. 05872	0. 16440	1. 62483
11	60	1. 43	4. 0943	0. 3577	16. 76366	0. 12793	1. 46444
12	65	1. 37	4. 1744	0. 3148	17. 42551	0. 09910	1. 31414
13	70	1. 32	4. 2485	0. 2776	18. 04971	0. 07708	1. 17952
14	75	1. 29	4. 3175	0. 2546	18. 64070	0. 06484	1. 09941
15	80	1. 25	4. 3820	0. 2231	19. 20216	0. 04979	0. 97782
Σ	675	30. 66	54. 8134	9. 6049	205. 72254	8. 20563	31. 76529

表 6-13

$\sum x'=54.8134$ $\bar{x}'=3.6542$ $\sum x'^2=205.72254$ $(\sum x')^2/N=200.30080$ $l_{x'x'}=5.42174$	$\sum y'=9.6049$ $\bar{y}'=0.6403$ $\sum y'^2=8.20563$ $(\sum y')^2/N=6.15034$ $l_{y'y'}=2.05529$	$N=15$ $\sum x'y'=31.76529$ $(\sum x')(\sum y')/N=35.09869$ $l_{x'y'}=-3.33340$
	$b=\dfrac{l_{x'y'}}{l_{x'x'}}=\dfrac{-3.33340}{5.42174}=-0.6147$ $b_0=\bar{y}'-b\bar{x}'=0.6403+0.6147\times3.6542=2.8865$ $\ln(\hat{y}/°\mathrm{E})=2.8865-0.6147\ln(x/℃)$ $\hat{y}=17.93(x/℃)^{-0.6147}\,°\mathrm{E}$	

三、回归曲线方程的效果与精度

求曲线回归方程的目的是要使所配曲线与观测数据拟合得较好。因此，在计算回归曲线的残余平方和 Q 时，不能用 y_t' 和 $\hat{y}_t'$ 以及式（6-28），而是要按照定义用 y_t 和 $\hat{y}_t$ 及式（6-26）计算。这里可用相关指数 R^2 作为衡量配后曲线效果好坏的指标，即

$$R^2=1-\frac{\sum_{t=1}^{N}(y_t-\hat{y}_t)^2}{\sum_{t=1}^{N}(y_t-\bar{y})^2} \tag{6-66}$$

R 也称相关系数，但要记住，它与经过变量变换后的 x'、y' 的线性相关系数不是一回事。R^2（或 R）越大，越接近于 1，则表明所配曲线的效果越好。

与线性回归一样，量 $\sigma=\sqrt{Q/(N-2)}$ 称为残余标准差，它可以作为根据回归方程预报 y 值的精度指标。

例 6-11 对例 6-10 计算残余平方和 Q、残余标准差 σ 和相关指数 R^2。

计算可按表 6-14 进行。

表 6-14

序号	$y/°\mathrm{E}$	$y^2/°\mathrm{E}^2$	$\hat{y}/°\mathrm{E}$	$(y-\hat{y})/°\mathrm{E}$	$(y-\hat{y})^2/°\mathrm{E}^2$
1	4.24	17.9776	4.355	−0.115	0.013225
2	3.51	12.3201	3.394	0.116	0.013456
3	2.92	8.5264	2.844	0.076	0.005776
4	2.52	6.3504	2.479	0.041	0.001681
5	2.20	4.8400	2.216	−0.016	0.000256
6	2.00	4.0000	2.016	−0.016	0.000256
7	1.81	3.2761	1.857	−0.047	0.002209
8	1.70	2.8900	1.727	−0.027	0.000729
9	1.60	2.5600	1.619	−0.019	0.000361
10	1.50	2.2500	1.527	−0.027	0.000729

（续）

序　　号	y/°E	y^2/°E^2	$\hat{y}$/°E	($y-\hat{y}$) /°E	$(y-\hat{y})^2$/°E^2
11	1.43	2.0449	1.447	-0.017	0.000289
12	1.37	1.8769	1.378	-0.008	0.000064
13	1.32	1.7427	1.316	0.004	0.000016
14	1.29	1.6641	1.262	0.028	0.000784
15	1.25	1.5625	1.213	0.037	0.001369
Σ	30.66	73.8814	—	0.010	0.041200

$$Q = \sum_{t=1}^{N}(y_t - \hat{y}_t)^2 = 0.0412°\text{E}^2$$

$$\sigma = \sqrt{\frac{Q}{N-2}} = 0.056°\text{E}$$

$$\sum_{t=1}^{t}(y_t - \bar{y})^2 = \sum_{t=1}^{N} y_t^2 - \left(\sum_{t=1}^{N} y_t\right)^2 \Big/ N = 11.212°\text{E}$$

$$R^2 = 1 - \frac{Q}{\sum_{t=1}^{N}(y_t - \bar{y})^2} = 0.9963$$

这说明该曲线拟合得较好。

需要指出的是，在化曲线为直线的回归计算中，通常 y 也作了变换，如幂函数曲线方程式（6-63），经变换后，按最小二乘法是使 $\sum_{t=1}^{N}(\ln y - \ln\hat{y})^2$ 达到最小值，所以实际上所求的回归线不能说用最小二乘法所配的曲线为最佳的拟合曲线。因此，必要时可用不同类型函数计算后进行比较，择其最优者。比较时，可比较 Q、σ、R^2 这三个量中任一个，Q、σ 小者为优，而 R^2 大者为优。

对变量代换后的直线方程与一般直线方程一样也可作显著性检验。它可反映变量代换后的直线拟合情况。一般地说，它可作为曲线拟合好坏的参考，但它并不能确切地表明原始变量 x 和 y 之间的拟合情况。

第五节　多元线性回归

前面讨论了两个变量之间试验结果的数学表示——一元回归问题，但在很多工程技术和科学实验的实际问题中，常常需要讨论多个变量之间试验结果的数学表示，这就是多元回归分析问题。

一、多元线性回归方程

假如因变量 y 与另外 M 个自变量 x_1，x_2，…，x_M 的内在联系是线性的，通过试验得到 N 组观测数据：

$$(x_{t1},\ x_{t2},\ \cdots,\ x_{tM};\ y_t) \quad t=1,\ 2,\ \cdots,\ N \tag{6-67}$$

那么这批数据可以有如下的结构形式：

$$\left.\begin{array}{l} y_1 = \beta_0 + \beta_1 x_{11} + \beta_2 x_{12} + \cdots + \beta_M x_{1M} + \varepsilon_1 \\ y_2 = \beta_0 + \beta_1 x_{21} + \beta_2 x_{22} + \cdots + \beta_M x_{2M} + \varepsilon_2 \\ \qquad\vdots \\ y_N = \beta_0 + \beta_1 x_{N1} + \beta_2 x_{N2} + \cdots + \beta_M x_{NM} + \varepsilon_N \end{array}\right\} \tag{6-68}$$

式中，β_0，β_1，β_2，…，β_M 是 $M+1$ 个待估计参数；x_1，x_2，…，x_M 是 M 个可以精确测量或控制的一般变量；ε_1，ε_2，…，ε_N 是 N 个相互独立且服从同一正态分布 $N(0, \sigma)$ 的随机变量。这就是多元回归的数学模型。

用矩阵来研究多元线性回归是方便的。

令

$$\left.\begin{array}{l} \boldsymbol{Y} = \begin{pmatrix} y_1 \\ y_2 \\ \vdots \\ y_N \end{pmatrix} \quad \boldsymbol{X} = \begin{pmatrix} 1 & x_{11} & x_{12} & \cdots & x_{1M} \\ 1 & x_{21} & x_{22} & \cdots & x_{2M} \\ \vdots & \vdots & \vdots & \vdots & \vdots \\ 1 & x_{N1} & x_{N2} & \cdots & x_{NM} \end{pmatrix} \\ \boldsymbol{\beta} = \begin{pmatrix} \beta_0 \\ \beta_1 \\ \vdots \\ \beta_M \end{pmatrix} \quad \boldsymbol{\varepsilon} = \begin{pmatrix} \varepsilon_1 \\ \varepsilon_2 \\ \vdots \\ \varepsilon_N \end{pmatrix} \end{array}\right\} \tag{6-69}$$

其多元线性回归的数学模型式（6-68）可以写成矩阵形式

$$\boldsymbol{Y} = \boldsymbol{X\beta} + \boldsymbol{\varepsilon} \tag{6-70}$$

式中，$\boldsymbol{\varepsilon}$ 为 N 维随机向量，它的分量是相互独立的。

我们仍用最小二乘法估计参数 $\boldsymbol{\beta}$。设 b_0，b_1，…，b_M 分别是参数 β_0，β_1，…，β_M 的最小二乘估计，则回归方程为

$$\hat{y} = b_0 + b_1 x_1 + \cdots + b_M x_M \tag{6-71}$$

由最小二乘法知道，b_0，b_1，…，b_M 应使得全部观测值 y_t 与回归值 $\hat{y}_t$ 的残差平方和达到最小，即

$$Q = \sum_{t=1}^{N} (y_t - \hat{y}_t)^2 = \sum_{t=1}^{N} (y_t - b_0 - b_1 x_{t1} - \cdots - b_M x_{tM})^2 = 最小$$

对于给定的数据式（6-67），Q 是 b_0，b_1，…，b_M 的非负二次式，所以最小值一定存在。根据微分学中的极值定理，b_0，b_1，…，b_M 应是下列方程组的解：

$$\left.\begin{array}{l} \dfrac{\partial Q}{\partial b_0} = -2\sum\limits_{t=1}^{N} (y_t - b_0 - b_1 x_{t1} - \cdots - b_M x_{tM}) = 0 \\ \dfrac{\partial Q}{\partial b_j} = -2\sum\limits_{t=1}^{N} (y_t - b_0 - b_1 x_{t1} - \cdots - b_M x_{tM}) x_{tj} = 0 \\ \qquad j = 1, 2, \cdots, M \end{array}\right\} \tag{6-72}$$

此方程组称为正规方程组，它可以进一步化为

$$\left.\begin{aligned}
&Nb_0 + \left(\sum_{t=1}^{N} x_{t1}\right)b_1 + \left(\sum_{t=1}^{N} x_{t2}\right)b_2 + \cdots + \left(\sum_{t=1}^{N} x_{tM}\right)b_M = \sum_{t=1}^{N} y_t \\
&\left(\sum_{t=1}^{N} x_{t1}\right)b_0 + \left(\sum_{t=1}^{N} x_{t1}^2\right)b_1 + \left(\sum_{t=1}^{N} x_{t1}x_{t2}\right)b_2 + \cdots + \left(\sum_{t=1}^{N} x_{t1}x_{tM}\right)b_M = \sum_{t=1}^{N} x_{t1}y_t \\
&\left(\sum_{t=1}^{N} x_{t2}\right)b_0 + \left(\sum_{t=1}^{N} x_{t2}x_{t1}\right)b_1 + \left(\sum_{t=1}^{N} x_{t2}^2\right)b_2 + \cdots + \left(\sum_{t=1}^{N} x_{t2}x_{tM}\right)b_M = \sum_{t=1}^{N} x_{t2}y_t \\
&\qquad\vdots \\
&\left(\sum_{t=1}^{N} x_{tM}\right)b_0 + \left(\sum_{t=1}^{N} x_{tM}x_{t1}\right)b_1 + \left(\sum_{t=1}^{N} x_{tM}x_{t2}\right)b_2 + \cdots + \left(\sum_{t=1}^{N} x_{tM}^2\right)b_M = \sum_{t=1}^{N} x_{tM}y_t
\end{aligned}\right\} \quad (6\text{-}73)$$

显然，正规方程组的系数矩阵是对称矩阵。若用 $\boldsymbol{A}$ 表示它，则 $\boldsymbol{A}=\boldsymbol{X}^{\mathrm{T}}\boldsymbol{X}$。因为

$$\boldsymbol{A} = \begin{pmatrix}
N & \sum_{t=1}^{N} x_{t1} & \sum_{t=1}^{N} x_{t2} & \cdots & \sum_{t=1}^{N} x_{tM} \\
\sum_{t=1}^{N} x_{t1} & \sum_{t=1}^{N} x_{t1}^2 & \sum_{t=1}^{N} x_{t1}x_{t2} & \cdots & \sum_{t=1}^{N} x_{t1}x_{tM} \\
\sum_{t=1}^{N} x_{t2} & \sum_{t=1}^{N} x_{t2}x_{t1} & \sum_{t=1}^{N} x_{t2}^2 & \cdots & \sum_{t=1}^{N} x_{t2}x_{tM} \\
\vdots & \vdots & \vdots & \vdots & \vdots \\
\sum_{t=1}^{N} x_{tM} & \sum_{t=1}^{N} x_{tM}x_{t1} & \sum_{t=1}^{N} x_{tM}x_{t2} & \cdots & \sum_{t=1}^{N} x_{tM}^2
\end{pmatrix}$$

$$= \begin{pmatrix}
1 & 1 & 1 & \cdots & 1 \\
x_{11} & x_{21} & x_{31} & \cdots & x_{N1} \\
x_{12} & x_{22} & x_{32} & \cdots & x_{N2} \\
\vdots & \vdots & \vdots & \vdots & \vdots \\
x_{1N} & x_{2N} & x_{3N} & \cdots & x_{NM}
\end{pmatrix}
\begin{pmatrix}
1 & x_{11} & x_{12} & \cdots & x_{1M} \\
1 & x_{21} & x_{22} & \cdots & x_{2M} \\
1 & x_{31} & x_{32} & \cdots & x_{3M} \\
\vdots & \vdots & \vdots & \vdots & \vdots \\
1 & x_{N1} & x_{N2} & \cdots & x_{NM}
\end{pmatrix}$$

$$= \boldsymbol{X}^{\mathrm{T}}\boldsymbol{X}$$

正规方程组（6-73）右端常数项矩阵 $\boldsymbol{B}$ 亦可用矩阵 $\boldsymbol{X}$ 和 $\boldsymbol{Y}$ 表示：

$$\boldsymbol{B} = \begin{pmatrix}
\sum_{t=1}^{N} y_t \\
\sum_{t=1}^{N} x_{t1}y_t \\
\sum_{t=1}^{N} x_{t2}y_t \\
\vdots \\
\sum_{t=1}^{N} x_{tM}y_t
\end{pmatrix} = \begin{pmatrix}
1 & 1 & 1 & \cdots & 1 \\
x_{11} & x_{21} & x_{31} & \cdots & x_{N1} \\
x_{12} & x_{22} & x_{32} & \cdots & x_{N2} \\
\vdots & \vdots & \vdots & \cdots & \vdots \\
x_{1M} & x_{2M} & x_{3M} & \cdots & x_{NM}
\end{pmatrix}\begin{pmatrix}
y_1 \\ y_2 \\ y_3 \\ \vdots \\ y_N
\end{pmatrix} = \boldsymbol{X}^{\mathrm{T}}\boldsymbol{Y}$$

这样一来，正规方程组（6-73）的矩阵形式是

$$(\boldsymbol{X}^{\mathrm{T}}\boldsymbol{X})\boldsymbol{b} = \boldsymbol{X}^{\mathrm{T}}\boldsymbol{Y} \tag{6-74}$$

或

$$\boldsymbol{A}\boldsymbol{b} = \boldsymbol{B} \tag{6-75}$$

设 $\boldsymbol{C}=\boldsymbol{A}^{-1}$ 为 $\boldsymbol{A}$ 的逆矩阵，在一般情况下（系数矩阵 A 满秩）它是存在的，于是正规方程组（6-73）的矩阵解为

$$\boldsymbol{b} = \boldsymbol{C}\boldsymbol{B} = \boldsymbol{A}^{-1}\boldsymbol{B} = (\boldsymbol{X}^{\mathrm{T}}\boldsymbol{X})^{-1}\boldsymbol{X}^{\mathrm{T}}\boldsymbol{Y} \tag{6-76}$$

即

$$\begin{pmatrix} b_0 \\ b_1 \\ b_2 \\ \vdots \\ b_M \end{pmatrix} = \begin{pmatrix} c_{00} & c_{01} & c_{02} & \cdots & c_{0M} \\ c_{10} & c_{11} & c_{12} & \cdots & c_{1M} \\ c_{20} & c_{21} & c_{22} & \cdots & c_{2M} \\ \vdots & \vdots & \vdots & \vdots & \vdots \\ c_{M0} & c_{M1} & c_{M2} & \cdots & c_{MM} \end{pmatrix} \begin{pmatrix} B_0 \\ B_1 \\ B_2 \\ \vdots \\ B_M \end{pmatrix}$$

或

$$b_k = c_{k0}B_0 + c_{k1}B_1 + \cdots + c_{kM}B_M,\ k=0,\ 1,\ 2,\ \cdots,\ M \tag{6-77}$$

式中，b_0，b_1，…，b_M 为所求回归方程式（6-71）的回归系数。

系数矩阵 $\boldsymbol{A}$ 的逆矩阵 $\boldsymbol{A}^{-1}$ 可用行列式法或初等变换法求解。解线性方程组的方法很多，并不一定要求通过求逆矩阵的方法来解，但在进一步的统计分析中，我们要用到逆矩阵 $\boldsymbol{A}^{-1}$ 中的元素，这样就使逆矩阵 $\boldsymbol{A}^{-1}$ 成为必要了，另外应用电子计算机求逆矩阵很方便。

这样，在处理多元线性回归问题时，主要是计算下列 4 个矩阵：

$$\boldsymbol{X},\ \boldsymbol{A},\ \boldsymbol{C},\ \boldsymbol{B}$$

式中，$\boldsymbol{X}$ 为多元线性回归模型中数据 y_t 的结构矩阵，它构成 N 次试验；$\boldsymbol{A}$ 为正规方程组的系数矩阵（亦称信息矩阵），$\boldsymbol{A}=\boldsymbol{X}^{\mathrm{T}}\boldsymbol{X}$；$\boldsymbol{C}$ 是系数矩阵 $\boldsymbol{A}$ 的逆矩阵，亦称相关矩阵；$\boldsymbol{B}$ 为正规方程组的常数项矩阵，它实际上是个列向量。

在多元线性回归模型中，常用另一种数据结构式

$$y_t = \mu + \beta_1(x_{t1}-\bar{x}_1) + \beta_2(x_{t2}-\bar{x}_2) + \cdots + \beta_M(x_{tM}-\bar{x}_M) + \varepsilon_t$$
$$t=1,\ 2,\ \cdots,\ N \tag{6-78}$$

相应的回归方程为

$$\hat{y} = \mu_0 + b_1(x_1-\bar{x}_1) + b_2(x_2-\bar{x}_2) + \cdots + b_M(x_M-\bar{x}_M) \tag{6-79}$$

式中，$\bar{x}_j = \dfrac{1}{N}\left(\sum\limits_{t=1}^{N} x_{tj}\right)$，$j=1,\ 2,\ \cdots,\ M$，它的结构矩阵 $\boldsymbol{X}$、常数项矩阵 $\boldsymbol{B}$ 和系数矩阵 $\boldsymbol{A}$ 分别为

$$\boldsymbol{X} = \begin{pmatrix} 1 & x_{11}-\bar{x}_1 & x_{12}-\bar{x}_2 & \cdots & x_{1M}-\bar{x}_M \\ 1 & x_{21}-\bar{x}_1 & x_{22}-\bar{x}_2 & \cdots & x_{2M}-\bar{x}_M \\ \vdots & \vdots & \vdots & \vdots & \vdots \\ 1 & x_{N1}-\bar{x}_1 & x_{N2}-\bar{x}_2 & \cdots & x_{NM}-\bar{x}_M \end{pmatrix}$$

$$
\boldsymbol{B}=\begin{pmatrix} \sum_{t=1}^{N} y_t \\ \sum_{t=1}^{N}(x_{t1}-\bar{x}_1)y_t \\ \vdots \\ \sum_{t=1}^{N}(x_{tM}-\bar{x}_M)y_t \end{pmatrix}
$$

$$
\boldsymbol{A}=\boldsymbol{X}^{\mathrm{T}}\boldsymbol{X}=\begin{pmatrix} N & 0 & 0 & & 0 \\ 0 & \sum_{t=1}^{N}(x_{t1}-\bar{x}_1)^2 & \sum_{t=1}^{N}(x_{t1}-\bar{x}_1)(x_{t2}-\bar{x}_2) & \cdots & \sum_{t=1}^{N}(x_{t1}-\bar{x}_1)(x_{tM}-\bar{x}_M) \\ \vdots & \vdots & \vdots & \vdots & \vdots \\ 0 & \sum_{t=1}^{N}(x_{tM}-\bar{x}_M)(x_{t1}-\bar{x}_1) & \sum_{t=1}^{N}(x_{tM}-\bar{x}_M)(x_{t2}-\bar{x}_2) & \cdots & \sum_{t=1}^{N}(x_{tM}-\bar{x}_M)^2 \end{pmatrix}
$$

令

$$
\left.\begin{aligned} l_{ij} &= \sum_{t=1}^{N}(x_{ti}-\bar{x}_i)(x_{tj}-\bar{x}_j)=\sum_{t=1}^{N}x_{ti}x_{tj}-\frac{1}{N}\left(\sum_{t=1}^{N}x_{ti}\right)\left(\sum_{t=1}^{N}x_{tj}\right) \quad i,j=1,2,\cdots,M \\ l_{jy} &= \sum_{t=1}^{N}(x_{tj}-\bar{x}_j)y_t=\sum_{t=1}^{N}x_{tj}y_t-\frac{1}{N}\left(\sum_{t=1}^{N}x_{tj}\right)\left(\sum_{t=1}^{N}y_t\right) \quad j=1,2,\cdots,M \end{aligned}\right\} \tag{6-80}
$$

于是

$$
\boldsymbol{A}=\begin{pmatrix} N & 0 & 0 & \cdots & 0 \\ 0 & l_{11} & l_{12} & \cdots & l_{1M} \\ \vdots & \vdots & \vdots & \vdots & \vdots \\ 0 & l_{M1} & l_{M2} & \cdots & l_{MM} \end{pmatrix}=\begin{pmatrix} N & 0 \\ 0 & L \end{pmatrix}
$$

$$
\boldsymbol{B}=\begin{pmatrix} \sum_{t=1}^{N} y_t \\ l_{1y} \\ \vdots \\ l_{My} \end{pmatrix}
$$

模型式（6-78）的矩阵 $\boldsymbol{A}$ 和 $\boldsymbol{B}$ 与一般模型式（6-68）的矩阵 $\boldsymbol{A}$ 和 $\boldsymbol{B}$ 是有区别的，这在今后的计算中要特别注意。

这里矩阵 $\boldsymbol{A}$ 的逆矩阵 $\boldsymbol{C}$ 具有如下形式：

$$
C=\begin{pmatrix} 1/N & 0 \\ 0 & \boldsymbol{L}^{-1} \end{pmatrix}
$$

于是，模型式（6-78）的回归系数

$$b = CB$$

$$\boldsymbol{b} = \begin{pmatrix} \mu_0 \\ b_1 \\ \vdots \\ b_M \end{pmatrix} = \begin{pmatrix} 1/N & 0 \\ 0 & \boldsymbol{L}^{-1} \end{pmatrix} \begin{pmatrix} \sum_{t=1}^{N} y_t \\ l_{1y} \\ \vdots \\ l_{My} \end{pmatrix}$$

即

$$\left.\begin{aligned} \mu_0 &= \frac{1}{N}\sum_{t=1}^{N} y_t = \bar{y} \\ \begin{pmatrix} b_1 \\ b_2 \\ \vdots \\ b_M \end{pmatrix} &= \boldsymbol{L}^{-1}\begin{pmatrix} l_{1y} \\ l_{2y} \\ \vdots \\ l_{My} \end{pmatrix} \end{aligned}\right\} \qquad (6\text{-}81)$$

可见，模型式（6-78）的优点不仅在于使得常数项回归系数 μ_0 与 b_1，b_2，…，b_M 无关，而且使求逆矩阵的运算降低一阶，减少了计算。

这类问题的一般计算过程是，先求出

$$\sum_{t=1}^{N} y_t$$

$$\sum_{t=1}^{N} x_{tj}, j = 1,2,\cdots,M$$

$$\sum_{t=1}^{N} x_{ti}x_{tj}, i \leqslant j, i,j = 1,2,\cdots,M$$

$$\sum_{t=1}^{N} x_{tj}y_t, j = 1,2,\cdots,M$$

然后按式（6-80）求出 l_{ij}和 l_{jy}，最后求出逆矩阵 $\boldsymbol{L}^{-1}$按式（6-81）求出回归系数 μ_0，b_j，$j=1$，2，…，M。

例 6-12 根据经验知道某变量 y 受变量 x_1、x_2 影响，通过试验获得表 6-15 中的一批数据，试建立 y 对 x_1、x_2 的线性回归方程。

表 6-15

序号	x_1	x_2	y	序号	x_1	x_2	y
1	15.58	1.95	1.34	5	13.22	1.85	1.40
2	10.68	1.37	1.27	6	16.44	1.32	1.82
3	15.62	2.39	1.56	7	11.40	2.05	0.85
4	15.78	1.14	1.48	8	16.17	1.11	1.40

（续）

序号	x_1	x_2	y	序号	x_1	x_2	y
9	14.03	1.47	1.15	20	16.38	1.78	2.44
10	15.67	1.38	1.89	21	10.81	1.32	1.35
11	12.74	1.35	0.87	22	17.26	1.31	1.57
12	11.73	1.33	1.53	23	14.92	1.42	1.64
13	14.84	1.09	1.25	24	18.14	2.13	1.64
14	13.73	1.27	2.47	25	18.15	1.20	2.34
15	15.12	1.78	1.83	26	10.31	0.98	0.65
16	17.88	2.52	2.41	27	11.40	1.27	1.19
17	13.38	1.43	1.69	28	12.57	0.87	2.06
18	14.21	2.27	1.59	29	17.61	1.21	1.57
19	16.80	1.41	1.19				

设欲求的回归方程的形式为

$$\hat{y} = \mu_0 + b_1(x_1 - \bar{x}_1) + b_2(x_2 - \bar{x}_2)$$

l_{ij}及l_{jy}的计算可按表6-16及表6-17进行，其中l_{yy}供作进一步分析用。

表 6-16

序号	x_1	x_2	y	x_1^2	x_1x_2	x_2^2	x_1y	x_2y	y^2
1	15.58	1.95	1.34	243.7364	30.3810	3.8025	20.8772	2.6130	1.7956
2	10.68	1.37	1.27	114.0624	14.6316	1.8769	13.5630	1.7399	1.6129
3	15.62	2.39	1.65	243.9844	37.3318	5.7121	24.3672	3.7284	2.4336
⋮	⋮	⋮	⋮	⋮	⋮	⋮	⋮	⋮	⋮
28	12.57	0.87	2.06	158.0049	10.9359	0.7569	25.8942	1.7922	4.2436
29	17.61	1.21	1.57	310.1121	21.3081	1.4641	27.6477	1.8997	2.4649
Σ	422.57	43.79	45.44	6317.3183	647.9873	71.8675	678.2800	69.7515	77.2434

表 6-17

$N = 29$		
$\sum_{t=1}^{N} x_{t1} = 422.57$	$\sum_{t=1}^{N} x_{t2} = 43.97$	$\sum_{t=1}^{N} y_t = 45.44$
$\bar{x}_1 = 14.571$	$\bar{x}_2 = 1.516$	$\bar{y} = 1.567$
$\sum_{t=1}^{N} x_{t1}^2 = 6317.3183$	$l_{11} = \sum_{t=1}^{N} x_{t1}^2 - \frac{1}{N}\left(\sum_{t=1}^{N} x_{t1}\right)^2 = 159.8906$	
$\sum_{t=1}^{N} x_{t1}x_{t2} = 647.9873$	$l_{12} = \sum_{t=1}^{N} x_{t1}x_{t2} - \frac{1}{N}\left(\sum_{t=1}^{N} x_{t1}\right)\left(\sum_{t=1}^{N} x_{t2}\right) = 7.2838$	
$\sum_{t=1}^{N} x_{t2}^2 = 71.8675$	$l_{22} = \sum_{t=1}^{N} x_{t2}^2 - \frac{1}{N}\left(\sum_{t=1}^{N} x_{t2}\right)^2 = 5.1999$	

（续）

$\sum_{t=1}^{N} x_{t1} y_t = 678.2800$	$l_{1y} = \sum_{t=1}^{N} x_{t1} y_t - \frac{1}{N}\left(\sum_{t=1}^{N} x_{t1}\right)\left(\sum_{t=1}^{N} y_t\right) = 16.1565$	
$\sum_{t=1}^{N} x_{t2} y_t = 69.7515$	$l_{2y} = \sum_{t=1}^{N} x_{t2} y_t - \frac{1}{N}\left(\sum_{t=1}^{N} x_{t2}\right)\left(\sum_{t=1}^{N} y_t\right) = 0.8551$	
$\sum_{t=1}^{N} y_t^2 = 77.2434$	$l_{yy} = \sum_{t=1}^{N} y_t^2 - \frac{1}{N}\left(\sum_{t=1}^{N} y_t\right)^2 = 6.0436$	

其矩阵 $\boldsymbol{L}$ 为

$$\boldsymbol{L} = \begin{pmatrix} l_{11} & l_{12} \\ l_{21} & l_{22} \end{pmatrix} = \begin{pmatrix} 159.8906 & 7.2838 \\ 7.2838 & 5.1999 \end{pmatrix}$$

其逆矩阵 $\boldsymbol{L}^{-1}$ 为

$$\boldsymbol{L}^{-1} = \frac{1}{l_{11}l_{22} - l_{12}^2}\begin{pmatrix} l_{22} & -l_{12} \\ -l_{21} & l_{11} \end{pmatrix} = \begin{pmatrix} 0.006681 & -0.009358 \\ -0.009358 & 0.205419 \end{pmatrix} \tag{6-82}$$

按式（6-81）得

$$\mu_0 = \bar{y} = 1.567$$

$$\begin{pmatrix} b_1 \\ b_2 \end{pmatrix} = \begin{pmatrix} 0.006681 & -0.009358 \\ -0.009358 & 0.205419 \end{pmatrix}\begin{pmatrix} 16.1565 \\ 0.8551 \end{pmatrix}$$

即

$$b_1 = 0.006681 \times 16.1565 - 0.009358 \times 0.8551 = 0.0999$$

$$b_2 = -0.009358 \times 16.1565 + 0.205419 \times 0.8551 = 0.0245$$

所求的回归方程为

$$\hat{y} = 1.567 + 0.0999(x_1 - 14.571) + 0.0245(x_2 - 1.516) \tag{6-83}$$

或

$$\hat{y} = 0.074 + 0.0999x_1 + 0.0245x_2 \tag{6-84}$$

例 6-13 今测得一组小学生的身高 x_1、年龄 x_2 和体重 y 的数据见表 6-18，试求体重、身高与年龄的回归关系并进行检验。

表 6-18 小学生身高 x_1、年龄 x_2 和体重 y 的测量数据

x_1/cm	147	149	139	152	141	140	145	138	142	132	151	147
x_2/岁	9	11	7	12	9	8	11	10	11	7	13	10
y/kg	34	41	23	37	25	28	47	27	26	21	46	38

设欲求的回归方程形式为

$$\hat{y} = \mu_0 + b_1(x_1 - \bar{x}_1) + b_2(x_2 - \bar{x}_2)$$

l_{ij} 及 l_{jy} 的计算可按表 6-19 及表 6-20 进行，其中 l_{yy} 供作进一步分析用。

表 6-19

序号	x_1	x_2	y	x_1^2	x_2^2	y^2	x_1x_2	x_1y	x_2y
1	147	9	34	21609	81	1156	1323	4998	306
2	149	11	41	22201	121	1681	1639	6109	451

（续）

序号	x_1	x_2	y	x_1^2	x_2^2	y^2	x_1x_2	x_1y	x_2y
3	139	7	23	19321	49	529	973	3197	161
4	152	12	37	23104	144	1369	1824	5624	444
5	141	9	25	19881	81	625	1269	3525	225
6	140	8	28	19600	64	784	1120	3920	224
7	145	11	47	21025	121	2209	1595	6815	517
8	138	10	27	19044	100	729	1380	3726	270
9	142	11	26	20164	121	676	1562	3692	286
10	132	7	21	17424	49	441	924	2772	147
11	151	13	46	22801	169	2116	1963	6946	598
12	147	10	38	21609	100	1444	1470	5586	380
Σ	1723	118	393	247783	1200	13759	17042	56910	4009

表 6-20

$N=12$		
$\sum_{t=1}^{N} x_{t1} = 1723$	$\sum_{t=1}^{N} x_{t2} = 118$	$\sum_{t=1}^{N} y_t = 393$
$\bar{x}_1 = 143.5833 \approx 143.58$	$\bar{x}_2 = 9.8333 \approx 9.83$	$\bar{y} = 32.75$
$\sum_{t=1}^{N} x_{t1}^2 = 247783$	$l_{11} = \sum_{t=1}^{N} x_{t1}^2 - \frac{1}{N}\left(\sum_{t=1}^{N} x_{t1}\right)^2 = 388.92$	
$\sum_{t=1}^{N} x_{t2}^2 = 1200$	$l_{22} = \sum_{t=1}^{N} x_{t2}^2 - \frac{1}{N}\left(\sum_{t=1}^{N} x_{t2}\right)^2 = 39.67$	
$\sum_{t=1}^{N} x_{t1}x_{t2} = 17042$	$l_{12} = \sum_{t=1}^{N} x_{t1}x_{t2} - \frac{1}{N}\left(\sum_{t=1}^{N} x_{t1}\right)\left(\sum_{t=1}^{N} x_{t2}\right) = 99.17$	
$\sum_{t=1}^{N} y_t^2 = 13759$	$l_{yy} = \sum_{t=1}^{N} y_t^2 - \frac{1}{N}\left(\sum_{t=1}^{N} y_t\right)^2 = 888.25$	
$\sum_{t=1}^{N} x_{t1}y_t = 56910$	$l_{1y} = \sum_{t=1}^{N} x_{t1}y_t - \frac{1}{N}\left(\sum_{t=1}^{N} x_{t1}\right)\left(\sum_{t=1}^{N} y_t\right) = 481.75$	
$\sum_{t=1}^{N} x_{t2}y_t = 4009$	$l_{2y} = \sum_{t=1}^{N} x_{t2}y_t - \frac{1}{N}\left(\sum_{t=1}^{N} x_{t2}\right)\left(\sum_{t=1}^{N} y_t\right) = 144.5$	

其矩阵 $\boldsymbol{L}$ 为

$$\boldsymbol{L} = \begin{pmatrix} l_{11} & l_{12} \\ l_{21} & l_{22} \end{pmatrix} = \begin{pmatrix} 388.92 & 99.17 \\ 99.17 & 39.67 \end{pmatrix}$$

其逆矩阵 $\boldsymbol{L}^{-1}$ 为

$$\boldsymbol{L}^{-1} = \frac{1}{l_{11}l_{22} - l_{12}^2}\begin{pmatrix} l_{22} & -l_{21} \\ -l_{12} & l_{11} \end{pmatrix} = \begin{pmatrix} 0.0071 & -0.0177 \\ -0.0177 & 0.0695 \end{pmatrix} \tag{6-85}$$

按式（6-81）得

$$\mu_0 = \bar{y} = 32.75$$

$$\begin{pmatrix} b_1 \\ b_2 \end{pmatrix} = L^{-1}\begin{pmatrix} l_{1y} \\ l_{2y} \end{pmatrix} = \begin{pmatrix} 0.0071 & -0.0177 \\ -0.0177 & 0.0695 \end{pmatrix}\begin{pmatrix} 481.75 \\ 144.5 \end{pmatrix}$$

即

$$b_1 = 0.0071 \times 481.75 - 0.0177 \times 144.5 = 0.8546 \approx 0.85$$

$$b_2 = -0.0177 \times 481.75 + 0.0695 \times 144.5 = 1.5065 \approx 1.51$$

所求回归方程为

$$\hat{y} = 32.75 + 0.85(x_1 - 143.58) + 1.51(x_2 - 9.83) \tag{6-86}$$

或

$$\hat{y} = 0.85x_1 + 1.51x_2 - 104.14 \tag{6-87}$$

二、回归方程的显著性和精度

一个回归方程是否反映客观规律，效果如何，主要靠实践来检验。从数学角度看，和一元回归类似，也可以用数理统计检验的方法来检验。为此，要对多元线性回归进行方差分析。y 的总离差平方和 S，回归平方和 U 和残余平方和 Q 的计算及其相应的自由度见表 6-21。此处，回归平方和表示在 y 的总离差平方和中，变量 x_1，x_2，…，x_M 与 y 的线性关系而引起 y 变化的部分，它的相应的自由度数为自变量的个数 M。

表 6-21

来源	平方和	自由度	方差	F	显著性
回归	$U = \sum_t (\hat{y}_t - \bar{y})^2 = \sum_{j=1}^{M} b_j l_{jy}$	M	$\frac{U}{M}$	$\frac{U/M}{\sigma^2}$	
残余	$Q = \sum_t (y_t - \hat{y}_t)^2 = l_{yy} - U$	$N - M - 1$	$\sigma^2 = \frac{Q}{N-M-1}$		
总计	$S = \sum_t (y_t - \bar{y})^2 = l_{yy}$	$N - 1$			

回归方程显著性的检验可使用残余平方和对回归平方和的 F 检验进行，表 6-18 中的 F 为 F 检验的数学统计量：

$$F = \frac{U/M}{Q/(N-M-1)} = \frac{U}{M\sigma^2} \tag{6-88}$$

和一元回归一样，当 $F \geqslant F_a$（M，$N-M-1$）时，则认为回归方程在 a 水平上显著。

多元回归方程的预报精度由残余标准差

$$\sigma = \sqrt{\frac{Q}{N-M-1}} \tag{6-89}$$

来估计。

例 6-14 对例 6-12 中的回归进行方差分析（见表 6-22）。

表 6-22

来源	平方和	自由度	方差	F	显著性
回归	1.6350	2	0.8175	4.82	$\alpha = 0.05$
残余	4.4086	26	0.1696		
总计	6.0436	28	—	—	—

总的离差平方和 $S = l_{yy} = 6.0436$，自由度 $\nu_S = 29 - 1 = 28$；

回归平方和 $U=b_1l_{1y}+b_2l_{2y}=1.6350$，自由度 $\nu_U=2$；

残余平方和 $Q=S-U=4.4086$，自由度 $\nu_Q=28-2=26$。

由于 $F=4.82>F_{0.05}$（2，26）$=3.37$，因此回归方程（6-84）是在 $\alpha=0.05$ 水平上显著。

残余标准差 $\sigma=0.41$，于是 $2\sigma=0.82$，用该回归方程进行预报，95% 的误差不会超过 0.82。

例 6-15 对例 6-13 中的回归进行方差分析（见表 6-23）。

表 6-23

来源	平方和	自由度	方差	F	显著性
回归	627.6825	2	313.8413	10.84	$F_{0.01}=8.02$
残余	260.5675	9	28.9519	—	—
总计	$S=l_{yy}=888.25$	11	—	—	—

总的离差平方和 $S=l_{yy}=888.25$，自由度 $\nu=12-1=11$；

回归平方和 $U=b_1l_{1y}+b_2l_{2y}=627.6825$，自由度 $\nu_U=2$；

残余平方和 $Q=l_{yy}-U=260.5675$，自由度 $\nu_Q=11-2=9$。

由于 $F=10.84>F_{0.01}$（2，9）$=8.02$，因此回归方程（6-87）是在 $\alpha=0.01$ 水平上高度显著。

残余标准差 $\sigma=5.38$kg，于是 $2\sigma=10.76$kg，用该回归方程进行预报，99% 的误差不会超过 10.76kg。

三、每个自变量在多元回归中所起的作用

一个多元线性回归方程是显著的，并不意味着每个自变量 x_1，x_2，…，x_M 对因变量 y 的影响都是重要的。在实际应用中，人们希望能考察诸因素中哪些是影响 y 的主要因素，哪些是次要因素，且总想从回归方程中剔除那些次要的、可有可无的变量，重新建立更为简单的线性回归方程，以利于我们更好地对 y 进行预报与控制。

那么，如何来考察每个特定因素在总回归中所起的作用呢？大家知道，回归平方和是所有自变量对 y 变差的总影响。所考察的自变量愈多，回归平方和就愈大（当然增加那些与 y 关系很小的因素只会使平方和有很小的增加）。因此，若在所考察的因素中去掉一个因素，回归平方和只会减少，不会增加。减少的数值愈大，说明该因素在回归中起的作用愈大，也就是说该因素愈重要。我们把取消一个自变量 x_i 后回归平方和减少的数值称为 y 对这个自变量 x_i 的偏回归平方和，记作 P_i，即

$$P_i = U - U' \tag{6-90}$$

式中，U 为 M 个变量 x_1，x_2，…，x_M 所引起的回归平方和；U' 为去除 x_i 后的 $M-1$ 个变量 x_1，…，x_{j-1}，x_{i+1}，…，x_M 所引起的平方和。

因此，利用偏回归平方和 P_i 可以衡量每个自变量 x_i 在回归中所起作用的大小。

直接按式（6-90）计算 P_i 是非常繁杂的，可以证明偏回归平方和 P_i 可按下式计算：

$$P_i = \frac{b_i^2}{c_{ii}} \tag{6-91}$$

式中，c_{ii} 为原 M 元回归的正规方程系数矩阵 $\boldsymbol{A}$ 或 $\boldsymbol{L}$ 的逆矩阵 $\boldsymbol{C}$ 或 $\boldsymbol{L}^{-1}$ 中的元素；b_i 为回归

方程的回归系数。

一般地说，由于各自变量之间可能有密切的相关关系，所以一般地不能按偏回归平方和的大小，把一个回归中的所有自变量对因变量 y 的重要性大小进行逐个排列。通常在计算偏回归平方和以后，对各因素的分析可按如下步骤进行：

1）凡是偏回归平方和大的变量，一定是对 y 有重要影响的因素。至于偏回归平方和 P_i 大到什么程度才算作显著，可用残余平方和 Q 对它进行 F 检验。为此要计算统计量

$$F_i = \frac{P_i/1}{Q/(N-M-1)} = \frac{P_i}{\sigma^2} \tag{6-92}$$

当 $F_i \geqslant F_\alpha(1,\ N-M-1)$ 时，则认为变量 x_i 对 y 的影响在 a 水平上显著。此检验亦称回归系数显著性检验。

2）凡是偏回归平方和小的变量，却并不一定不显著。但可以肯定，偏回归平方和最小的那个变量，必是所有变量中对 y 作用最小的一个，假如此时变量检验结果又不显著，那就可以将该变量剔除。剔除一个变量后，得重新建立 $M-1$ 元的新的回归方程，计算回归系数及偏回归平方和，它们的大小一般都有所改变。

由于建立新的回归方程，得重新进行大量计算，于是促使人们进一步去寻求新老回归系数间的关系，以简化计算。可以证明，在 y 对 x_1，x_2，…，x_i，…，x_M 的多元回归中，当取消一个变量 x_i 后，$M-1$ 个变量的新的回归系数 b_j'（$j \neq i$），与原来的回归系数 b_j 之间有如下关系：

$$\left.\begin{aligned} b_j' &= b_j - \frac{c_{ij}}{c_{ii}} b_i \quad j \neq i \\ \mu_0' &= \mu_0 \\ b_0' &= \bar{y} - \sum_{\substack{j=1 \\ j \neq i}}^{M} b_j' \bar{x}_j \end{aligned}\right\} \tag{6-93}$$

式中，c_{ii}，c_{ij}为原 M 元回归中相关矩阵 $\boldsymbol{C} = (c_{ij})$ 的元素。

当采用模型式（6-78）时，$\mu_0' = \mu_0 = \bar{y}$ 是不变的。

例 6-16 分析例 6-14 两个自变量在回归中所起的作用。

按式（6-91）、式（6-92）计算：

$$P_1 = b_1^2/c_{11} = 0.0999^2/0.006681 = 1.4938$$

$$P_2 = b_2^2/c_{22} = 0.0245^2/0.205419 = 0.0029$$

$$F_1 = P_1/\sigma^2 = 1.4938/0.1696 = 8.81$$

$$F_2 = P_2/\sigma^2 = 0.0029/0.1696 = 0.017$$

查附表 4 F 分布表，得 $F_{0.1}(1,\ 26) = 2.91$，$F_{0.01}(1,\ 26) = 7.72$。因 $F_1 > F_{0.01}(1,\ 26)$，故 P_1 在 $\alpha = 0.01$ 水平上显著。而 $F_2 < F_{0.1}(1,\ 26)$，故 P_2 不显著。这说明 x_1 是影响 y 的一个主要因素，而 x_2 则影响很小。

这样，就可以在回归方程式（6-83）中把自变量 x_2 剔除，此时，y 对 x_1 的回归系数 b_1' 可按式（6-93）求得

$$b_1' = b_1 - \frac{c_{21}}{c_{22}} b_2 = 0.0999 - \frac{-0.009358}{0.205419} \times 0.0245 = 0.1010$$

从而得新的回归方程

$$\hat{y} = 1.567 + 0.1010(x_1 - 14.571)$$

或

$$\hat{y} = 0.095 + 0.1010x_1$$

读者可以按照上述方法分析例6-15中两个变量在回归中所起的作用。

再例如，我们可以用多元线性回归分析的方法研究齿轮各种综合误差与有关单项误差之间的内在关系。比如说，考察小模数齿轮每一转度量中心距的变动 $\Delta_z a$ 与齿圈的径向跳动 Δ_{ej}，每一齿度量中心距的变动 $\Delta_c a$ 及齿形误差 ΔJ 之间的关系。通过对320个试件的这四种误差进行实测，将这320组数据按照上述方法求出回归方程为

$$\hat{\Delta}_z a = 5.63 + 0.54\Delta_{ej} + 0.96\Delta_c a - 0.048\Delta J$$

统计量 F 分别为：$F=244$，$F_{ej}=177$，$F_c a=451$，$F_J=0.55$。检验结果表明，总的回归平方和及 Δ_{ej}、$\Delta_c a$ 的偏回归平方和都是高度显著的，而 ΔJ 的偏回归平方和的 F 检验不显著。因此，将 ΔJ 由回归方程中剔除，并根据新老系数之间的关系求得新的回归方程

$$\hat{\Delta}_z a = 5.16 + 0.54\Delta_{ej} + 0.95\Delta_c a$$

如果进行更大量更广泛的测试，就可以得到较客观地反映这些误差之间关系的回归方程。它们可以作为制定齿轮公差标准的依据。

以上介绍的内容是多元线性回归的基本方法，但多元回归不只是解决多元线性回归关系问题，还可以解决许多一元非线性和多元非线性关系问题。解决非线性关系的最一般方法是直接通过变量代换或者将非线性关系表示为（或展成）幂级数（多项式），再通过变量代换转化为多元线性回归问题，这样就可以用多元线性回归方法来解决非线性回归问题。所以，多元线性回归是一种很有用的数据处理方法。但是，它有两个基本缺点：其一是计算比较复杂，其复杂程度随着自变量个数的增加而迅速增加；其二是回归系数间存在相关性，以至剔除一个自变量后，还必须重新计算。为避免这些缺点，对一般多元线性回归可采用回归的正交设计方法，对多项式回归可以利用正交多项式来配多项式回归的方法。还有一种直接获得“最优”回归方程的方法，这就是逐步回归分析方法。

逐步回归分析的基本思想是，在所考察的全部因素中，按对 y 作用的显著程度的大小，取最显著的变量，逐个引入回归方程，对 y 作用不显著的那些变量自始至终都未被引入。另一方面，已被引入回归方程的变量，在引入新变量后如发现其对 y 的作用变为不显著时，则随时从回归方程中剔除，直至没有新变量能引入方程，且已引入方程的所有变量均不需剔除为止。

习　题

6-1　材料的抗剪强度与材料承受的正应力有关。对某种材料试验的数据如下：

正应力 x/Pa	26.8	25.4	28.9	23.6	27.7	23.9	24.7	28.1	26.9	27.4	22.6	25.6
抗剪强度 y/Pa	26.5	27.3	24.2	27.1	23.6	25.9	26.3	22.5	21.7	21.4	25.8	24.9

假设正应力的数值是精确的，求①抗剪强度与正应力之间的线性回归方程；②当正应力为24.5Pa时，抗剪强度的估计值是多少？

6-2　下表给出在不同质量下弹簧长度的观测值（设质量的观测值无误差）：

质量/g	5	10	15	20	25	30
长度/cm	7.25	8.12	8.95	9.90	10.9	11.8

①作散点图，观察质量与长度之间是否呈线性关系；②求弹簧的刚性系数和自由状态下的长度。

6-3　某含锡合金的熔点温度与含锡量有关，实验获得如下数据：

含锡量 w_{Sn}（%）	20.3	28.1	35.5	42.0	50.7	58.6	65.9	74.9	80.3	86.4
熔点温度/℃	416	386	368	337	305	282	258	224	201	183

设锡含量的数据无误差，求：①熔点温度与含锡量之间的关系；②预测含锡量为60%时，合金的熔点温度（置信概率95%）；③如果要求熔点温度在310～325℃之间，合金的含锡量应控制在什么范围内（置信概率95%）？

6-4　在一元线性回归分析中，若规定回归方程必须过坐标系的原点，试建立这一类回归问题的数学模型并推导回归方程系数的计算公式。

6-5　在一元线性回归分析中，当观测数据的数字比较复杂时，对数据作适当变换可以简化计算。设变换关系式为

$$x' = d_1(x - c_1) \quad y' = d_2(y - c_2)$$

求证：

$$\bar{x} = c_1 + \frac{\bar{x}'}{d_1}; \quad \bar{y} = c_2 + \frac{\bar{y}'}{d_2}$$

$$l_{xx} = \frac{1}{d_1^2} l_{x'x'}; \quad l_{yy} = \frac{1}{d_2^2} l_{y'y'}$$

$$l_{xy} = \frac{1}{d_1 d_2} l_{x'y'}$$

6-6　在制订公差标准时，必须掌握加工的极限误差随工件尺寸变化的规律。例如，对用普通车床切削外圆进行了大量实验，得到加工极限误差 Δ 与工件直径 D 的统计资料如下：

D/mm	5	10	50	100	150	200	250	300	350	400
Δ/μm	8	11	19	23	27	29	32	33	35	37

求 Δ 与 D 之间关系的经验公式。

6-7　在4种不同温度下观测某化学反应生成物含量的百分数，每种在同一温度下重复观测3次，数据如下：

温度 x/℃	150			200			250			300		
生成物含量的百分数 y	77.4	76.7	78.2	84.1	84.5	83.7	88.9	89.2	89.7	94.8	94.7	95.9

求 y 对 x 的线性回归方程，并进行方差分析和显著性检验。

6-8　为了给一个测力弹簧定标，在不同质量下对弹簧的长度进行了重复测量，所得观测值如下：

质量/g		5	10	15	20	25	30
长度/cm	1	7.28	8.06	8.90	9.98	10.8	11.5
	2	7.23	8.08	8.97	9.91	10.7	11.8
	3	7.26	8.15	9.00	9.86	10.8	11.6
	4	7.25	8.15	8.94	9.84	11.5	11.9
	5	7.23	8.16	8.94	9.91	10.7	12.2

①求弹簧长度对质量的定标关系式；②长度与质量间的线性关系是否显著？③求弹簧的非线性误差及试验的重复误差。

6-9　用直线检验法验证下列数据可以用曲线 $y=ax^b$ 表示。

x	1.585	2.512	3.979	6.310	9.988	15.85
y	0.03162	0.02291	0.02089	0.01950	0.01862	0.01513

6-10　用直线检验法验证下列数据可以用曲线 $y=ab^x$ 表示。

x	30	35	40	45	50	55	60
y	-0.4786	-2.188	-11.22	-45.71	-208.9	-870.9	-3802

6-11　用表差法验证下列数据可以用曲线 $y=a+bx+cx^2$ 表示。

x	0.20	0.50	0.70	1.20	1.60	2.10	2.50	2.80	3.20	3.70
y	4.22	4.32	4.45	5.33	6.68	8.91	11.22	13.39	16.53	21.20

6-12　炼焦炉的焦化时间 y 与炉宽 x_1 及烟道管相对温度 x_2 的数据如下：

y/min	6.40	15.05	18.75	30.25	44.85	48.94	51.55	61.50	100.44	111.42
x_1/m	1.32	2.69	3.56	4.41	5.35	6.20	7.12	8.87	9.80	10.65
x_2	1.15	3.40	4.10	8.75	14.82	15.15	15.32	18.18	35.19	40.40

求回归方程 $\hat{y}=b_0+b_1x_1+b_2x_2$，检验显著性，并讨论 x_1、x_2 对 y 的影响。

6-13　在重复试验的回归分析问题中，设变量 x 取 N 个试验点，每个试验点处对变量 y 重复观测 m 次，求证：用全部 mN 个数据点求出的 y 对 x 回归方程与用 y 平均值的 N 个数据点求出的回归方程相同。

问：若在 x 的各个试验点处对 y 重复观测的次数不等，用上述两种方法求出回归方程是否相同？

第七章　动态测试数据处理的基本方法

前几章介绍了静态测量一个物理量时所得测量结果的随机特性及其数据处理方法。本章将进一步讨论动态测试结果的特性及其数据处理的基本方法，并在详细论述传统方法的基础上，对谱估计方法作简要介绍。为了可靠地给出动态测试数据处理结果的精度，本章还分析了动态测试误差及其评定。

动态测试中，被测物理量或所得的测量结果是随时间不断变化的。在学习时，应注意动态测试与静态测试的各种概念和计算的对比与联系。

第一节　动态测试基本概念

一、动态测试

在生产实际和科学研究中所遇到的精密测试对象是各种物理量。按照被测物理量是否随时间而变化，测试技术可分为静态测试和动态测试两大类。静态测试的被测量是静止不变的，仪器的输入量为常量。动态测试的被测量是随时间或空间或其他参数而变化的，仪器的输入量及测试结果（数据或信号）也是随时间而变化的。

随着科学技术的发展，在工程技术中，测量位移、振动、速度、加速度、应力应变、压力等参量，以及光学、声学、热力学、电学中测量各种参量时，越来越重视动态测试及其数据处理。因为动态测试数据中，包含着大量有关被测物理量和所用测量器具以及外界环境加入的干扰等方面的信息，正确分析和处理动态测试数据，就能得到很多反映客观事物规律的有用信息，所以动态测试数据处理在误差理论与数据处理这门学科中占有越来越重要的地位。学习和掌握动态测试数据处理的基本理论是十分必要的。

二、动态测试数据的分类

表示物理现象或过程的任何数据，都可以分为确定性的和随机性的两大类。

能够用明确的数学关系式描述的数据称为确定性数据。例如图7-1所示的单自由度无阻尼振动系统中，m 为刚体质量，k 为弹簧常数。假定用手拉刚体，使它偏离原来平衡位置的距离为 x_0，松手时刻为 $t_0=0$，则以后刚体的位移可用下列数学关系式来描述：

$$x(t)=x_0\cos\sqrt{\frac{k}{m}}t \qquad t\geqslant 0 \tag{7-1}$$

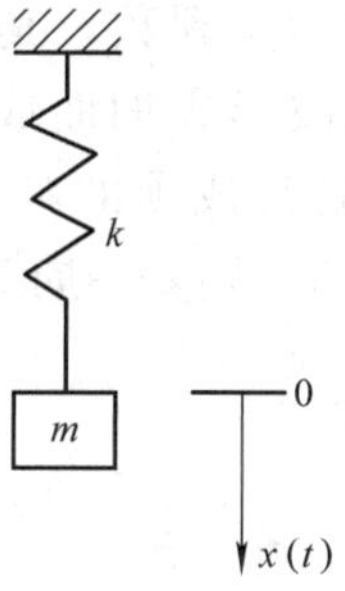

图　7-1

式（7-1）确定了刚体在以后任意瞬时的精确位置，因此表示刚体位移的数据是确定性数据。

但是在工程实践中还有许多动态测试数据是不能用明确的数学关系式来表达的，这种数据称为随机的或非确定性的数据。例如随机振动、环境噪声等。这些数据虽然可以检测出来，也可以得到随时间变化的记录数据，但是不能预测未来任何瞬时的精确值，而只能用概率统计的特征量来描述。

动态测试数据的特征可以用数据的幅值随时间变化的表达式、图形或数据表来表示，这就是数据的时域描述。时域描述比较简单直观（例如示波器上的波形图），但它不能反映数据的频率结构。为此，常对数据进行频谱分析，研究其频率成分及各频率成分的强度，这就是数据的频域描述。所谓“域”的不同，是指描述数据的坐标图横坐标的物理量不同，如时域的横坐标为时间 t，频域的横坐标为频率 f 或角频率 ω。随着研究的目的不同，可采用不同的域描述。

（一）确定性数据

确定性数据可以根据它的时间历程记录是否有规律地周期性重复出现，或根据它是否能展开为傅里叶级数而划分为周期数据和非周期数据两类。周期数据又可分为正弦周期数据和复合周期数据。非周期数据也有将其分为准周期数据和瞬态数据的，如图 7-2 所示。

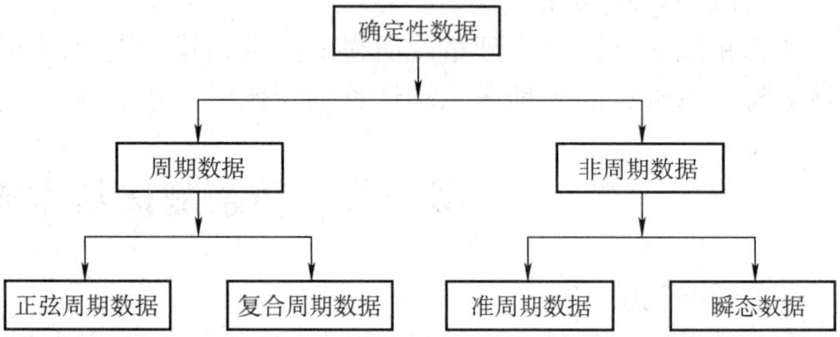

图 7-2

1. 周期数据

周期数据是经过一定时间间隔重复出现的数据。最常见的是正弦周期数据，其幅度随时间作正弦周期波动，其函数形式如下：

$$x(t)=A\sin(2\pi ft+\theta) \tag{7-2}$$

式中，A 为振幅；f 为频率，$f=1/T$，T 为周期；θ 为初相角。

正弦周期数据的时域描述图形见图 7-3a。由于正弦周期数据是由单一频率成分 f 所组成的，故其幅值—频率图（简称频谱）是单一离散谱线，如图 7-3b 所示，它是从频域上对正弦周期数据进行描述。

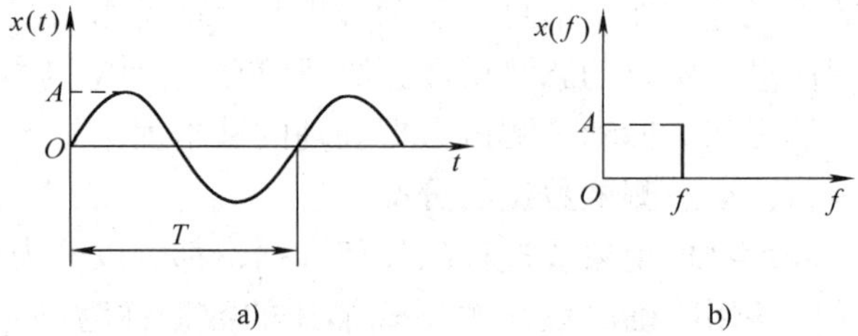

图 7-3

复合周期数据是由有限的不同频率的正弦周期数据叠加而成的，其频率比为有理数，其图形是由基波的整数倍波形叠加而成的。若基波频率为 f_1，各组成项的频率为 nf_1，$n=1,2,\cdots,N$，则复合周期数据可以展开为傅里叶级数：

$$x(t)=A_0+\sum_{n=1}^{N}(a_n\cos2\pi nf_1t+b_n\sin2\pi nf_1t) \tag{7-3}$$

式中 $f_1=\dfrac{1}{T}$；

$$A_0=\frac{1}{T}\int_0^T x(t)\mathrm{d}t;$$

$$a_n=\frac{2}{T}\int_0^T x(t)\cos2\pi nf_1t\mathrm{d}t;$$

$$b_n = \frac{2}{T}\int_0^T x(t)\sin 2\pi n f_1 t \mathrm{d}t;$$

$n=1,2,\cdots,N$。

式（7-3）还可以写成如下形式：

$$x(t) = A_0 + \sum_{n=1}^{N} A_n \cos(2\pi n f_1 t - \theta_n) \tag{7-4}$$

式中　$A_n = \sqrt{a_n^2 + b_n^2}$；

$\theta_n = \arctan(b_n/a_n)$。

可见，复合周期数据是由一个静态分量 A_0 和有限多个谐振分量（振幅为 A_n，相位为 θ_n）组成，谐振分量的频率都是 f_1 的整数倍。图7-4是从时域和频域上对复合周期数据的图形描述。

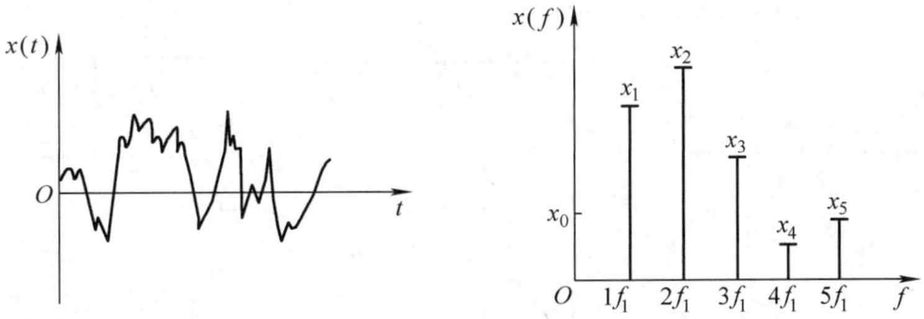

图　7-4

由图7-4可见，即使 $x(t)$ 可能包含无限多个频率分量，但频谱仍然是离散的。周期性方波、三角波及锯齿波都是复合周期性波形的例子。在几何量测量中，圆度误差数据通常也是复合周期数据，它是由偏心量、椭圆度及各种棱圆度等谐波分量叠加而成的。

2. 非周期数据

凡能用明确的数学关系式描述，但又不是周期性的数据，均称为非周期数据，它包括准周期数据和瞬态数据。

准周期数据是由彼此的频率比不全为有理数的两个以上正弦数据叠加而成的数据，例如

$$x_1(t) = A_1\sin(t+\theta_1) + A_2\sin(3t+\theta_2) + A_3\sin(7t+\theta_3)$$

$$x_2(t) = A_1\sin(t+\theta_1) + A_2\sin(3t+\theta_2) + A_2\sin(\sqrt{50}t+\theta_3)$$

式中的 $x_1(t)$ 的各谐振分量的频率比为1/3、1/7、3/7，均是有理数，故 $x_1(t)$ 为周期数据；而 $x_2(t)$ 的各谐振分量的频率比中，$1/\sqrt{50}$ 和 $3/\sqrt{50}$ 是无理数，故 $x_2(t)$ 是非周期数据，但它仍保持离散频谱的特点，故称准周期数据。准周期数据的表达式为

$$x(t) = \sum_{n=1}^{\infty} A_n \sin(2\pi n f_n t + \theta_n) \tag{7-5}$$

式中的任一频率成分 f_n 与另一频率成分 f_m 之比（f_n/f_m）不全为有理数。

在工程实践中，当两个或几个不相关的周期性物理现象混合作用时，常会产生准周期数据。例如几个电动机不同步振动造成的机床或仪表的振动，其动态测试结果即为准周期数据。准周期数据的频域描述如图7-5所示。

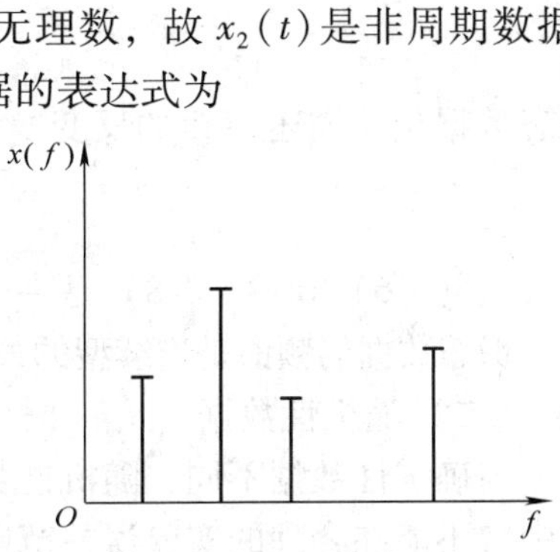

图　7-5

准周期数据以外的非周期数据均为瞬态数据。产生瞬态数据的物理现象很多，如图 7-6 所示。图 7-6a 为热源消除后物体温度变化及其频谱；图 7-6b 为激振力解除后的阻尼振荡系统的自由振动及其频谱；图 7-6c 为在 $t=C$ 时刻断裂的电缆的应力及其频谱。它们都是属于瞬态数据类型。

与周期数据及准周期数据不同，瞬态数据的特点是不能用离散频谱表示的。大多数情况下，瞬态数据可通过傅里叶变换得到其频域的描述为

$$x(f) = \int_{-\infty}^{+\infty} x(t)\,\mathrm{e}^{-\mathrm{j}2\pi ft}\mathrm{d}t \tag{7-6}$$

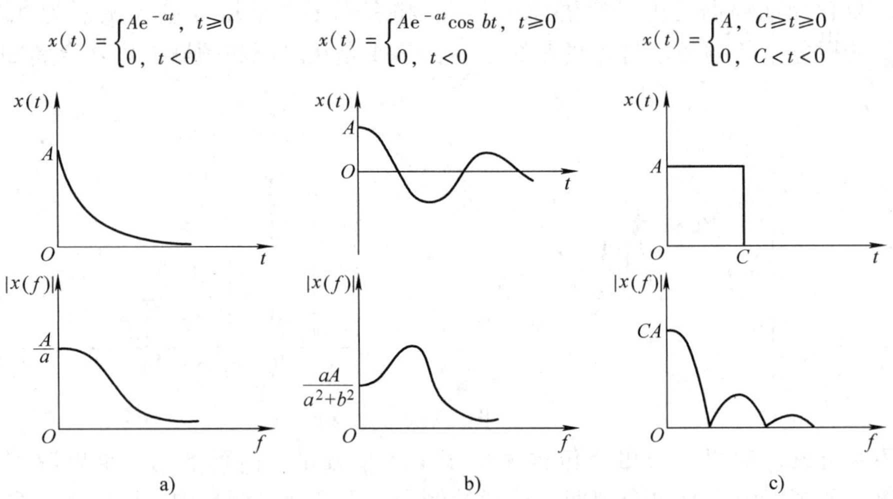

图 7-6

这是一个复函数，它既包括幅值数据，又包括相位数据，即

$$x(f) = |x(f)|\,\mathrm{e}^{-\mathrm{j}\varphi(f)} = A(f) - \mathrm{j}B(f) \tag{7-7}$$

式中，$|x(f)|$ 是模，表示幅值

$$|x(f)| = \sqrt{A^2(f) + B^2(f)}$$

$\varphi(f)$是辐角，表示相位

$$\varphi(f) = \arctan\left[\frac{B(f)}{A(f)}\right]$$

$$A(f) = |x(f)|\cos\varphi(f)$$

$$B(f) = |x(f)|\sin\varphi(f)$$

瞬态数据频域描述 $x(f)$ 的反变换为

$$x(t) = \int_{-\infty}^{\infty} x(f)\,\mathrm{e}^{\mathrm{j}2\pi ft}\mathrm{d}f \tag{7-8}$$

式（7-6）和式（7-8）是一个瞬态数据的时域和频域描述的互相变换。由式（7-6）可见，瞬态数据的频谱是连续型的，且频率范围无限，这与周期数据及准周期数据有明显区别。

（二）随机性数据

与确定性数据不同，随机性数据是不能用明确的数学表达式来描述的。若在一个动态实验中，不能在合理的实验误差范围内预计未来时刻的测试结果数据，则可认为此动态实验数据是随机性数据。随机性数据只能用概率分布及其统计的特征量来描述。

根据随机过程数据的概率分布及其统计特征量是否随时间变化，可把随机过程数据分为平稳过程和非平稳过程两大类。平稳过程又可进一步分为各态历经过程和非各态历经的。这些分类如图 7-7 所示。下一节将对随机过程及其特征作进一步介绍。

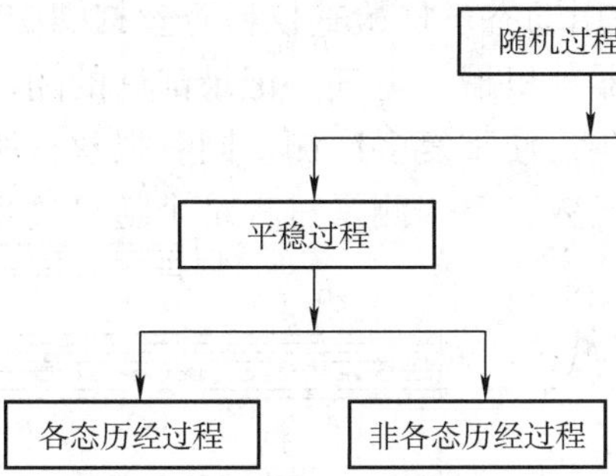

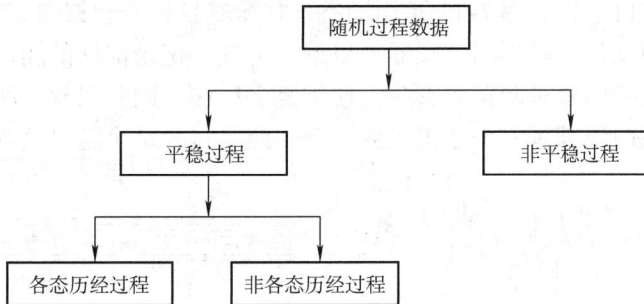

图　7-7

第二节　随机过程及其特征

一、研究随机过程理论的实际意义

重复测量一个不变的物理量，由于被测量、测量仪器或测量条件的随机因素，造成所测得的一系列测量结果包含随机误差，其中每次测量结果都是取得一个随机的但是唯一的测量值，因而测量结果是一个随机变量。对随机变量可以用前几章的理论分析计算，但随着自动化生产和科学研究的发展，越来越多地需要测量连续变化的过程，这时被测量可能是随时间而连续变化，或者是随空间而连续变化。因此测量过程和测量结果也是随时间而连续变化的。同样，由于被测对象、测量仪器和测量条件的随机误差，因而被测过程和测量结果都是一个随机的但是连续变化的函数，它有别于上述随机变量，我们称之为随机函数。对随机函数的分析计算，本质上类似于前几章的随机误差，但较复杂一些。随机过程理论就是研究随机性表现为一个过程的随机现象的学科，通常它是研究动态测量过程及其测量结果的理论根据。

在近代物理学、无线电技术、自动控制、空间技术等学科中，都大量应用随机过程理论。如图 7-8 所示，用地震仪器测量大地的震动时，输入被测震动和输出记录结果都是随时间变化的随机过程。图 7-9 为飞机通过大气紊流时，大气紊流的垂直风速 $x(t)$ 和它所引起的飞机重心处的垂直加速度 $y(t)$ 都是随机过程。

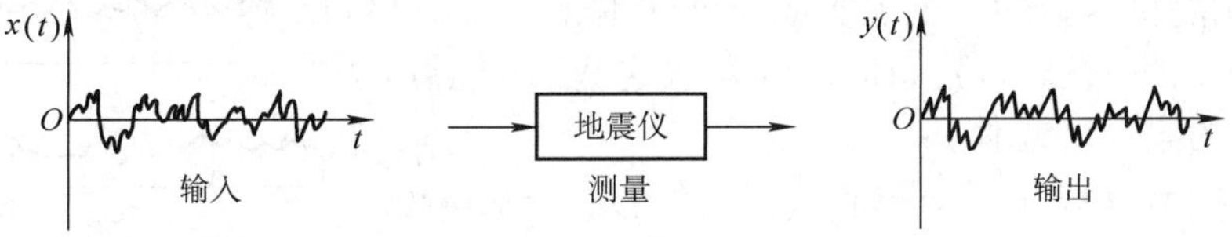

图　7-8

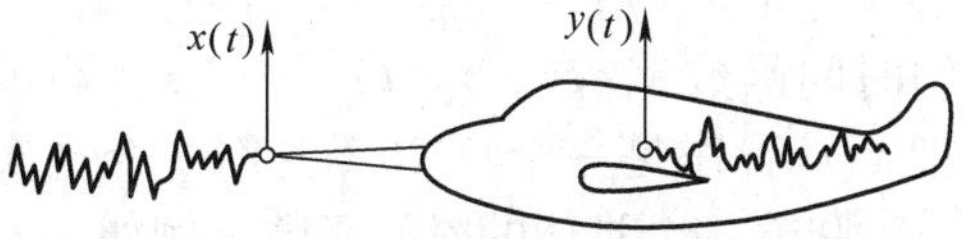

图　7-9

几何量、机械量测量，过去以静态测量为主。今天，随着生产过程的自动化，几何量、机械量的动态测量日益增加，如机械量测量中的振动测量，动载和动态应变测量，速度加速度连续测量，以及流量、压力、温度等物理量的连续测量等；几何量测量中的线纹尺和圆分度的动态测量、丝杠或齿轮参数的动态测量、磨削加工中尺寸的测量和控制、圆度测量、表面粗糙度测量等。图 7-10 为用轮廓仪测量某磨削表面粗糙度的记录曲线，任一点的表面轮廓高度是一个随机变量，而沿任一方向的轮廓曲线是一个随机函数，因而连续测量表面粗糙度可以看作是一个随机过程。图 7-11 是用动态丝杠检查仪检查丝杠螺旋线误差的记录曲线。由于丝杠不同截面的几何形状不同，仪器各机械、电气、记录部件的随机误差，以及长丝杠对温度变动的敏感性等因素对测量的影响，使重复多次测量同一根丝杠所得记录曲线不可能完全一致，每条记录曲线都是一个随机函数，整个测量过程是个随机过程。

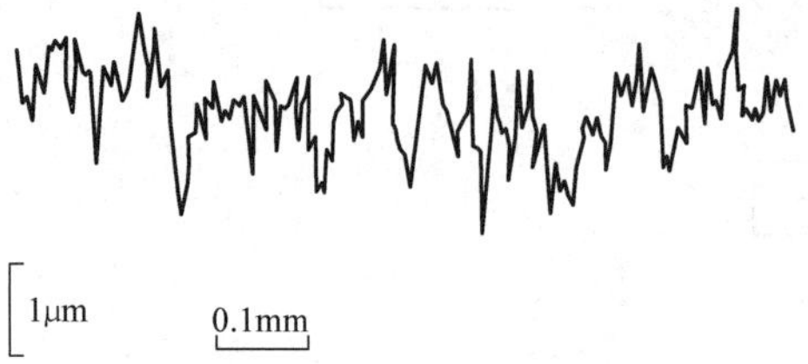

图 7-10

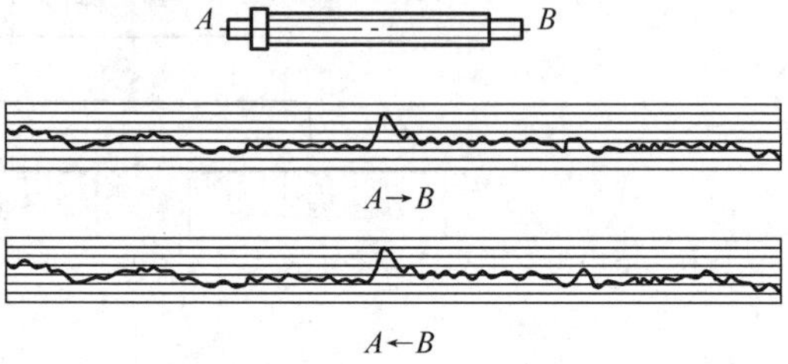

图 7-11

显然，用过去静态测量精度评定方法（如前几章所述）是不能正确评定动态测量结果的，而且不能进一步分析动态测量中的特殊现象（例如测量速度、频率响应、记录失真等）。因此，有必要在本章进一步介绍动态测量及误差计算的理论基础——随机过程理论。

二、随机过程的基本概念

在动态测量中，对某一个不断变化着的量进行测量（见图 7-11），每一个测量结果是一个确定的随时间或空间变化的函数（例如一条记录曲线），对于测量的时间间隔内的每一瞬时，该函数都有一个确定的数值。但由于随机误差的存在，使得重复多次测量会得到不完全相同的函数结果（例如一组记录曲线）。这种函数，对于自变量（时间或空间）的每一个给定值，它是一个随机变量，我们称这种函数为随机函数。

自变量为时间 t 的随机函数，通常叫随机过程，例如磨加工尺寸是磨削时间的随机函数。自变量为空间坐标 l 的随机函数，通常叫随机场，例如丝杠螺旋线误差是丝杠长度的随机函数。随机场和随机过程的研究方法是一样的，因此以下统称随机过程或随机函数。所有对自变量为时间 t 的随机函数计算公式，同样适用于自变量为空间坐标 l 或其他参量的随机函数。

随机函数用 $x(t)$ 表示。图 7-12 中每个测量结果 $x_i(t)$ 叫做随机函数的一个现实或一个样本，如 $x_1(t)$，$x_2(t)$，…，$x_N(t)$。而 $x(t)$ 表示这些随机函数样本的集合（总体）：

$$x(t)=\{x_1(t),x_2(t),\cdots,x_N(t)\}$$

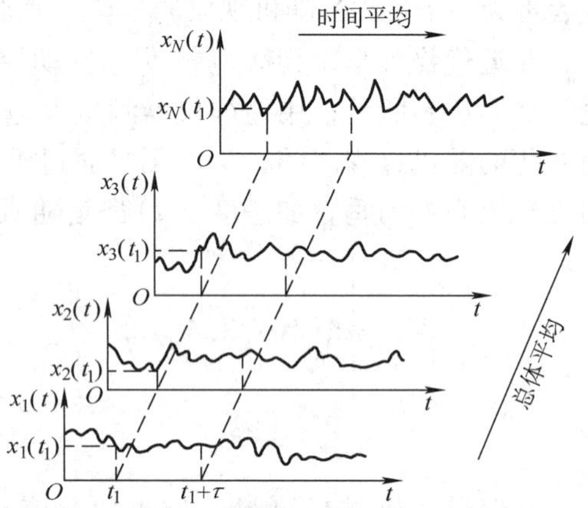

图 7-12

因此，随机过程或随机函数 $x(t)$ 包含如下内容：①把 $x(t)$ 看作是样本集合时，$x(t)$ 意味着一组时间函数 $x_1(t)$，$x_2(t)$，…，$x_N(t)$ 的集合；②把 $x(t)$ 看作是一个样本（也称一个现实）时，$x(t)$ 意味着一个具体的时间函数，例如 $x(t)=x_3(t)$；③当 $t=t_1$ 时，则 $x(t)$ 意味着一组随机变量 $x_1(t_1)$，$x_2(t_1)$，…，$x_N(t_1)$ 的集合。这就是随机函数或随机过程 $x(t)$ 的全部含义。

实际上，含义①、②、③的本质是一样的，只是对随机过程的描述方式不同。含义①是从总体集合意义上讲的。含义②是从一个时间历程（一个现实）上描述。一个现实表示一次实验给定的结果，这时，随机函数表现为一个非随机的确定性函数。例如地震波测量是一个随机过程，这是从总体上说的。但对某一次地震的水平加速度记录，不论其波形、频率成分、持续时间等是如何复杂，由于它是时间 t 的确定函数，已由这次记录所给定，因而这次记录是非随机性的。含义③则是从一个固定的 t_1 值上描述，例如由图 7-12 截取各个现实，得一组 $x_1(t_1)$，$x_2(t_1)$，…，$x_N(t_1)$值，这是一组随机变量，同样反映随机过程 $x(t)$的特征。

由此可见，随机函数兼有随机变量与函数的特点。在一般实际测量中，多采用含义②描述的随机过程，而在理论分析中，多采用含义③进行研究。

三、随机过程的特征量

随机变量通常用它的概率分布函数、算术平均值和标准差作为特征量来表示。同样，随机过程也有它的特征量，这些特征量不像随机变量的特征量那样表现为一个确定的数，而是表现为一个函数。常用 4 种统计函数来表示，即：①概率密度函数；②均值、方差和方均值；③自相关函数；④谱密度函数。

（一）概率密度函数

概率密度函数是描述随机数据落在给定区间内的概率。对于图 7-13 所示的随机过程，在任意时刻，$x(t)$落在以 ξ 为中心、给定区间为 Δx 的振幅窗内的概率为

$$P[x < x(t) \leqslant x + \Delta x] = \lim_{T \to \infty} \frac{T[x < x(t) \leqslant x + \Delta x]}{T} \tag{7-9}$$

式中，$T[x < x(t) \leqslant x + \Delta x]$是 $x(t)$落在以 ξ 为中心的区间 Δx 振幅窗内的时间，它等于 $\Delta t_1 + \Delta t_2 + \Delta t_3 + \cdots + \Delta t_k = \sum_{i=1}^{k} \Delta t_i$ 。

用式（7-9）的概率除以 Δx，并取 $\Delta x \to 0$ 的极限，就得到概率密度函数

$$f(x) = \lim_{\Delta x \to 0} \frac{P[x < x(t) \leqslant x + \Delta x]}{\Delta x} = \lim_{\Delta x \to 0} \frac{1}{\Delta x}\left[\lim_{T \to \infty} \frac{\sum_{i=1}^{k} \Delta t_i}{T}\right] \tag{7-10}$$

由式（7-10）可见，概率密度函数是概率相对于振幅的变化率。由概率密度函数进行积分，即由图 7-14 中计算 $f(x)$在两个振幅 x_1、x_2 之间所围面积，可得

$$P[x_1 < x(t) \leqslant x_2] = \int_{x_1}^{x_2} f(x)\mathrm{d}x = F(x_2) - F(x_1) \tag{7-11}$$

令 $x_1 \to -\infty$，得

$$P[-\infty < x(t) \leqslant x_2] = \int_{-\infty}^{x_2} f(x)\mathrm{d}x = F(x_2) \tag{7-12}$$

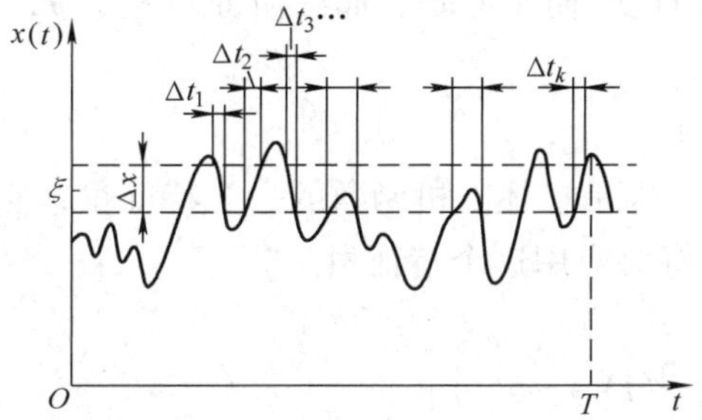

图 7-13

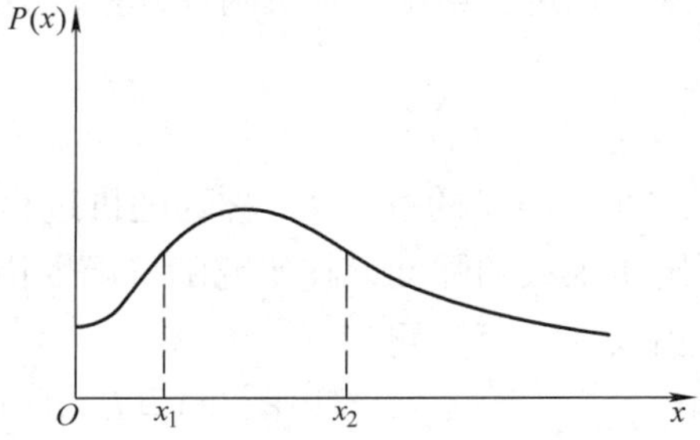

图 7-14

也就是说，在振幅 x_2 之下的概率密度函数所围的面积 $F(x_2)$ 表示随机数据小于 x_2 的概率，称之为概率分布函数。概率分布函数 $F(x)$ 与概率密度函数 $f(x)$ 互为微积分关系，即

$$f(x)=\frac{\mathrm{d}F(x)}{\mathrm{d}x}$$

$$F(x)=\int_{-\infty}^{x}f(x)\mathrm{d}x$$

（二）均值、方差和方均值

随机函数 $x(t)$ 的均值（或称平均值、数学期望）是一个时间函数 $m_x(t)$。对于自变量 t 的每一个给定值，$m_x(t)$ 等于随机函数 $x(t)$ 在该 t 值时的所有数值的平均值（数学期望），即

$$m_x(t)=E[x(t)] \tag{7-13}$$

式（7-13）给出的随机函数均值，实质上是 $x(t)$ 的一阶原点矩。

如图 7-15 所示，在 $t=t_1$ 时刻，随机函数 $x(t)$ 的均值 $m_x(t_1)=E[x(t_1)]$，而 $E[x(t)]$ 的计算方法与第二章随机误差的算术平均值计算方法相同。

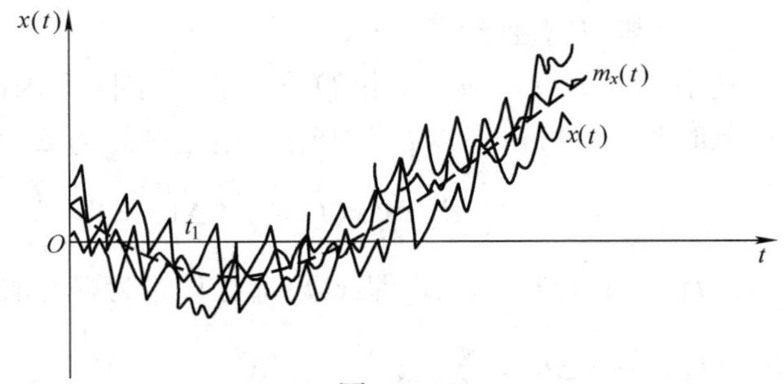

图　7-15

由此可见，随机过程的均值是一个非随机的平均函数，它确定了随机函数 $x(t)$ 的中心趋势，随机过程的各个现实（样本）都围绕它变动，而变动的分散程度则可用方差或标准差来评定。

随机函数的方差也是一个时间函数 $D[x(t)]$，对于自变量 t 的每一个给定值，$D[x(t)]$ 等于随机函数 $x(t)$ 在该 t 值时的数值对均值偏差平方的平均值（数学期望），即

$$D[x(t)]=E[\{x(t)-m_x(t)\}^2] \tag{7-14}$$

而随机函数的标准差则为

$$\sigma_x(t)=\sqrt{D[x(t)]}=\sqrt{E\{[x(t)-m_x(t)]^2\}} \tag{7-15}$$

由此可见，随机函数的方差和标准差也是一个非随机的时间函数（见图 7-15），它确定了随机函数所有现实相对于均值的分散程度。在 $t=t_1$ 时刻，随机函数的方差和标准差计算类似于第二章随机误差的方差和标准差计算方法。

式（7-14）给出的随机函数方差，实质上是 $x(t)$ 的二阶中心矩，而二阶原点矩为 $\psi_x^2(t)$，即

$$\psi_x^2(t)=E[x^2(t)] \tag{7-16}$$

式（7-16）的 ψ_x^2（t）称为随机过程的方均值，也是描述随机函数的一个特征量，它反映了随机函数的强度，在研究随机函数谱密度时，将要应用这个特征量。

由式（7-15）可得

$$\begin{aligned}\sigma_x^2(t)&=E[x^2(t)-2m_x(t)x(t)+m_x^2(t)]\\&=E[x^2(t)]-2m_x(t)E[x(t)]+m_x^2(t)\end{aligned}$$

$$=\psi_x^2(t)-m_x^2(t)$$

所以

$$\psi_x^2(t)=m_x^2(t)+\sigma_x^2(t) \tag{7-17}$$

由此可见，方均值既反映随机过程的中心趋势，也反映随机过程的分散度。

例 7-1 在自动记录式齿轮渐开线检查仪上，测量同一齿轮不同齿面所得的齿形误差可看作是一个随机过程。图 7-16 所示为对同一齿轮 5 个不同齿面和截面的齿形误差记录曲线，组成了齿形测量随机过程 5 个样本的集合。对每个样本自右至左取 22 个点（即记录纸上每格一点），把各点的齿形实际偏差值列表如下。这里以算术平均值近似地表示数学期望，于是按式（7-13）、式（7-15）的定义，可分别求得各点的 $m_x(t)$ 及 $\sigma_x(t)$（表中单位为格，图 7-16 上纵坐标 1 格 =2μm）。

序　号	1	2	3	4	5	6	7	8	9	10	11
Ⅰ	0.1	0.7	0.7	0.4	0.4	0.4	0.7	0.6	0.6	0.3	0.3
Ⅱ	0.7	0.7	0.7	0.7	0.6	0.8	0.9	0.8	0.7	0.7	0.4
Ⅲ	0.5	0.7	1.1	1.5	1.5	1.3	1.3	1.4	1.4	1.3	0.9
Ⅳ	0.4	1.0	1.2	1.2	1.2	1.3	1.5	1.6	1.7	1.7	1.6
Ⅴ	0.3	0.3	0.5	0.5	0.7	0.8	0.9	0.8	0.9	0.9	1.1
$m_x(t)$/格	0.4	0.68	0.84	0.86	0.88	0.92	1.06	1.04	1.06	0.98	0.86
$\sigma_x(t)$/格	0.22	0.25	0.30	0.47	0.45	0.38	0.33	0.43	0.47	0.54	0.53
序　号	12	13	14	15	16	17	18	19	20	21	22
Ⅰ	0.2	0.3	0.2	0.1	0.1	0.1	0	-0.2	-1.0	-1.9	-3.0
Ⅱ	0.4	0.5	0.7	0.4	0.4	0	0	-0.4	-1.2	-2.2	-3.4
Ⅲ	1.3	1.3	1.2	1.0	0.9	0.5	0.6	0.4	0.1	-0.2	-1.9
Ⅳ	1.5	1.7	2.0	2.3	2.3	2.3	2.3	2.3	1.8	1.3	0.5
Ⅴ	1.3	1.4	1.4	1.3	1.4	1.4	0.8	0.4	-0.6	-1.5	-2.7
$m_x(t)$/格	0.94	1.04	1.1	1.02	1.02	0.86	0.74	0.58	-0.18	-0.9	-2.1
$\sigma_x(t)$/格	0.59	0.61	0.69	0.86	0.87	0.98	0.94	0.99	1.21	1.45	1.55

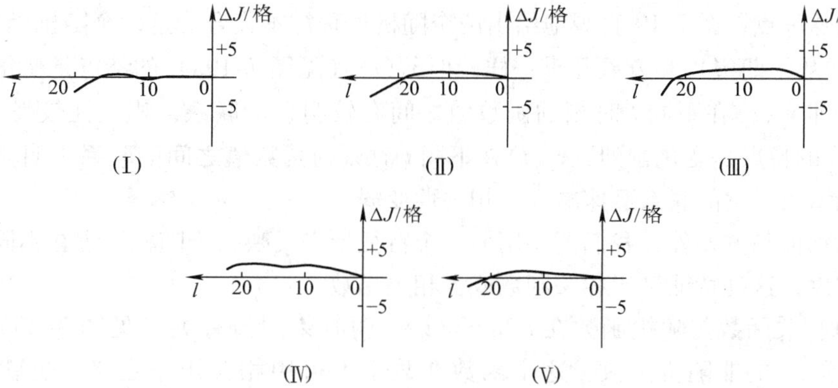

图　7-16

将齿形误差曲线放大，并与 $m_x(t)$、$\pm 3\sigma_x(t)$ 同示于图 7-17 上。可见 $m_x(t)$ 与 $\sigma_x(t)$ 均为 t 的函数，在这个具体例子中，自变量 t 代表齿面自齿根到齿顶的坐标位置或齿面检验部位起始点到终止点展开角坐标。由图 7-17 可知，平均齿形误差为 6μm，齿顶修正量过大，且齿大，这是不同齿面基圆半径变动大所造成的。

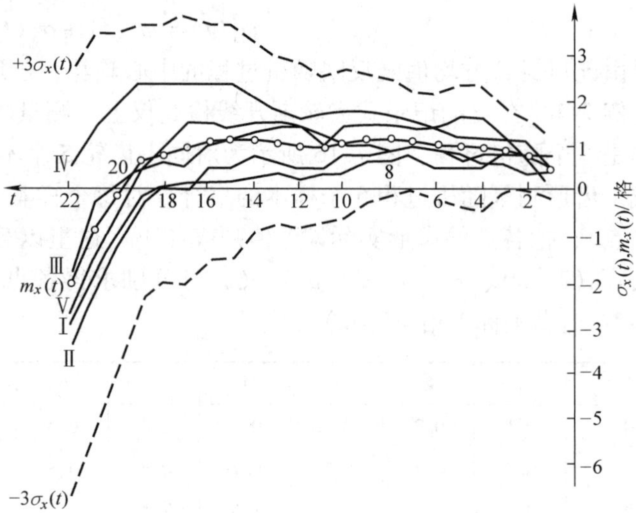

图　7-17

例 7-2　图 7-18 是 HJY05 动态丝杠检查仪上转位 12 次测得丝杠周期误差曲线的均值及其分散。图中中间曲线为均值 $m_x(t)$，三个周期中最大均值变化（丝杠螺距周期误差）≈3.5μm。而标准差 $\sigma_x(t)$ 的最大值在 $t=3.5\pi$ 处，$3\sigma\approx 1\mu m$。此例中，随机过程自变量 t 代表丝杠转动的角度（它正比于丝杠长度坐标）。

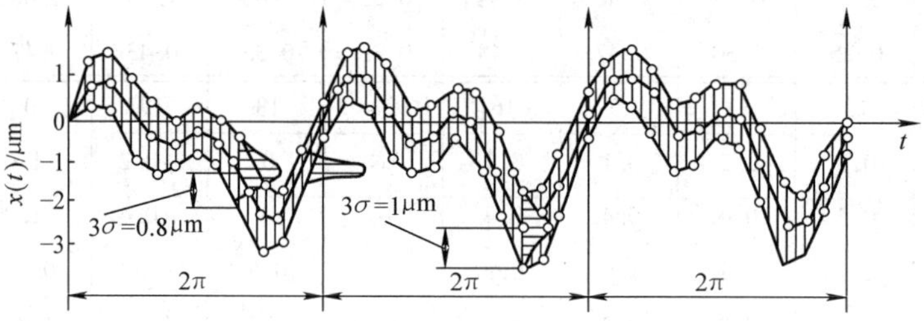

图　7-18

（三）自相关函数

均值和方差是表征随机过程在各个孤立时刻的统计特性的重要特征量，但不能反映随机过程不同时刻之间的关系。

为了说明这一点，图 7-19 直观地给出两个随机过程样本集合。这两个随机函数 $x_1(t)$ 和 $x_2(t)$ 的均值（数学期望）和方差几乎一样，但 $x_1(t)$（见图 7-19a）的特点是变化缓慢，规律性较明显，即 $x_1(t)$ 在不同 t 时刻的函数值之间有较明显的联系，相关性较强。而 $x_2(t)$（见图 7-19b）的特点是变化剧烈，$x_2(t)$ 在不同 t 时刻的函数值之间的联系不明显，而且随着两时刻间隔增大，它的联系迅速减少，相关性变弱。

因此，除均值和方差外，我们还要用另一个特征量来反映一个随机过程在不同时刻之间的线性相关程度，这种特征量叫相关函数或自相关函数。

显然，自相关函数与随机函数在 t 和 $t'=t+\tau$ 两时刻的值有关（见图 7-20），即自相关函数是一个二元的非随机函数，这个函数在数学上可用相关矩来定义，也就是把随机函数的自相关函数定义为 $[x(t)-m_x(t)]$ 与 $[x(t+\tau)-m_x(t+\tau)]$ 的乘积的平均值（数学期望），即

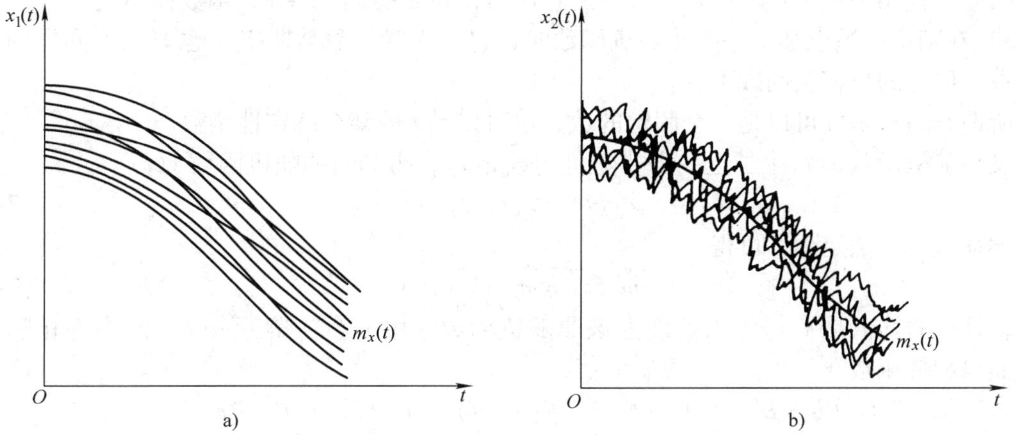

图 7-19

$$R_x(t,t+\tau)=E[\{x(t)-m_x(t)\}\{x(t+\tau)-m_x(t+\tau)\}] \tag{7-18}$$

若在随机函数 $x(t)$ 上面加一个"∘"表示相应的随机函数对其均值的偏差 $x(t)-m_x(t)$，即用 $\overset{\circ}{x}(t)$ 表示中心化随机函数，则式(7-18)可表示为

$$R_x(t,t+\tau)=E[\overset{\circ}{x}(t)\overset{\circ}{x}(t+\tau)] \tag{7-19}$$

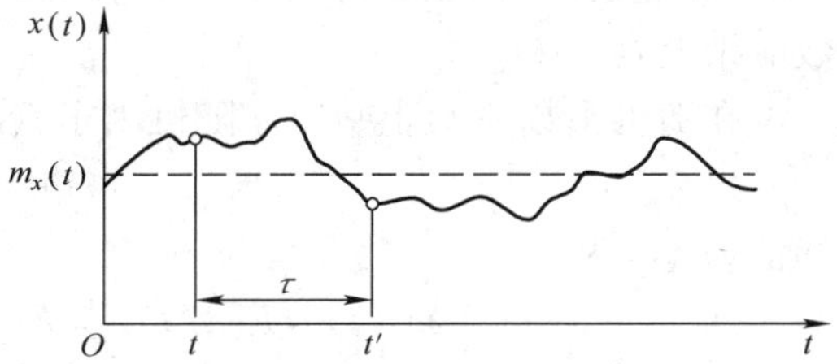

图 7-20

在实际应用中，自相关函数还有一种更常用的表示式，称为标准自相关函数，其定义是

$$\rho_x(t,t+\tau)=\frac{R_x(t,t+\tau)}{\sigma_x(t)\sigma_x(t+\tau)} \tag{7-20}$$

自相关函数具有以下性质：

1）当 $t'=t$，即 $\tau=0$ 时，自相关函数等于随机函数的方差。因为 $\tau=0$ 时，式(7-18)为

$$\begin{aligned}R_x(t,t)&=E[\{x(t)-m_x(t)\}\{x(t)-m_x(t)\}]\\&=E[\{x(t)-m_x(t)\}^2]\\&=D[x(t)]\end{aligned} \tag{7-21}$$

此时，标准自相关函数等于 1，即

$$\rho_x(t,t)=\frac{R_x(t,t)}{\sigma_x(t)\sigma_x(t)}=\frac{D[x(t)]}{D[x(t)]}=1 \tag{7-22}$$

由于方差可以由自相关函数表示，故随机函数的基本特征量仅为均值与自相关函数。

2）自相关函数是对称的。自相关函数的定义是两个随机变量 $[x(t)-m_x(t)]$ 和 $[x(t+\tau)-m_x(t+\tau)]$ 的相关矩，而相关矩不决定于 t 和 $t+\tau$ 的顺序，即

$$\begin{aligned}R_x(t,t+\tau)&=E[\{x(t)-m_x(t)\}\{x(t+\tau)-m_x(t+\tau)\}]\\&=E[\{x(t+\tau)-m_x(t+\tau)\}\{x(t)-m_x(t)\}]\\&=R_x(t+\tau,t)\end{aligned} \tag{7-23}$$

因此，自相关函数对 t 和 $t+\tau$ 来说是对称的，即交换 t 与 $t+\tau$，函数值不变。

3）在随机函数上加上一个非随机函数时，它的均值（数学期望）也要加上同样的非随机函数，但它的自相关函数不变。

所谓非随机函数可以是一个固定的数，也可以是 t 的某个确定性函数。

设在随机函数 $x(t)$ 上加上一个非随机函数 $g(t)$，得到新的随机函数 $y(t)$

$$y(t)=x(t)+g(t) \tag{7-24}$$

按数学期望的加法定理，可得

$$m_y(t)=m_x(t)+g(t) \tag{7-25}$$

因此，$y(t)$ 的均值是 $x(t)$ 的均值加上该非随机函数。用 $y^{\circ}(t')$ 表示 $y(t')$ 的中心化随机函数。而自相关函数

$$\begin{aligned}R_y(t,t')&=E[y^{\circ}(t)y^{\circ}(t')]=E[\{y(t)-m_y(t)\}\{y(t')-m_y(t')\}]\\&=E[\{x(t)+g(t)-m_x(t)-g(t)\}\{x(t')+g(t')-m_x(t')-g(t')\}]\\&=E[\{x(t)-m_x(t)\}\{x(t')-m_x(t')\}]=R_x(t,t')\end{aligned} \tag{7-26}$$

故加上非随机函数后，自相关函数不变。

4）在随机函数上乘以非随机因子 $f(t)$ 时，它的均值也应乘上同一因子，而它的自相关函数应乘上 $f(t)f(t')$。

设在随机函数 $x(t)$ 上乘以非随机因子 $f(t)$，得新的随机函数 $y(t)$

$$y(t)=f(t)x(t) \tag{7-27}$$

则均值 $m_y(t)$ 为

$$\begin{aligned}m_y(t)&=E[y(t)]=E[f(t)x(t)]=f(t)E[x(t)]\\&=f(t)m_x(t)\end{aligned} \tag{7-28}$$

而自相关函数 $R_y(t,t')$ 为

$$\begin{aligned}R_y(t,t')&=E[y^{\circ}(t)y^{\circ}(t')]\\&=E[\{y(t)-m_y(t)\}\{y(t')-m_y(t')\}]\\&=E[f(t)\{x(t)-m_x(t)\}f(t')\{x(t')-m_x(t')\}]\\&=f(t)f(t')R_x(t,t')\end{aligned} \tag{7-29}$$

特别是当 $f(t)=$ 常数 C 时，它的自相关函数应乘上 C^2。

（四）谱密度函数

在实用中，人们不仅关心作为随机过程的数据的均值和相关函数，而且往往更关心其在频域上的频率分布情况，也就是要研究随机过程是由哪些频率成分所组成，不同频率的分量各占多大比重等。这种分析方法就是所谓的频谱分析法，它在测量误差理论中占有重要地位。

由上节已知，对于确定性数据或函数，可用一定的频率—振幅图（见图 7-3 ~ 图 7-5）来表示其频谱。

对于随机函数，由于它的振幅和相位是随机的，故不能作出确定的频谱图。但随机过程的均方值 ψ_x^2［见式（7-16）］可用来表示随机函数的强度。这样，随机过程的频谱不用频率 f 上的振幅来描述，而是用频率 f 到 $f+\Delta f$ 范围内的方均值 ψ_x^2（f，Δf）来描述。当 Δf 具有一定宽度时，在 Δf 范围内的方均值可能是变动的，因此我们取 Δf 范围内的平均方均值，也就是单位频率范围内的平均方均值来描述频率 f 到 $f+\Delta f$ 范围内的随机过程强度，如图 7-21中有阴影线的矩形所示，即

$$G_x(f,\Delta f)=\frac{\psi_x^2(f,\Delta f)}{\Delta f} \tag{7-30}$$

当随机过程的长度趋于 +∞，而频率元素 Δf 趋于零时，图 7-21 的阶梯曲线趋于图7-22的光滑曲线 $G_x(f)$，则有

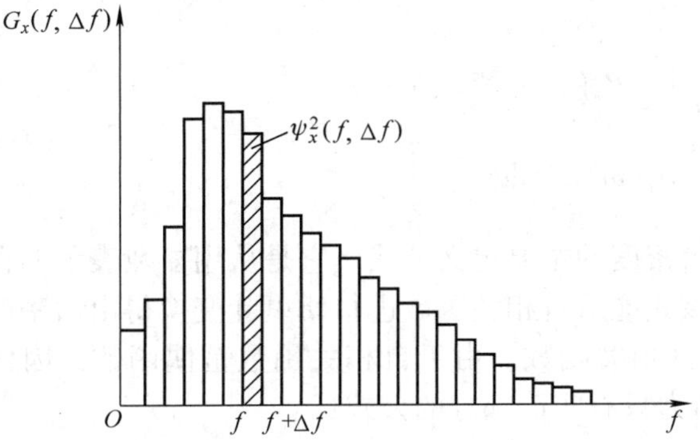

图 7-21

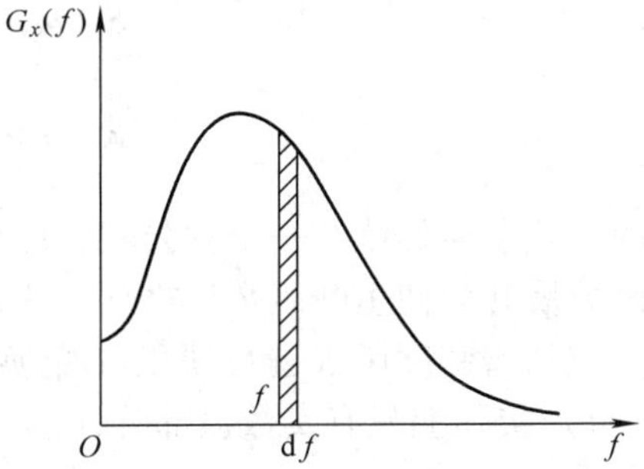

图 7-22

$$G_x(f)=\lim_{\Delta f\to 0}\frac{\psi_x^2(f,\ \Delta f)}{\Delta f} \tag{7-31}$$

变换式（7-31）为定积分形式，则有

$$\psi_x^2=\int_0^\infty G_x(f)\,\mathrm{d}f \tag{7-32}$$

$G_x(f)$描述了过程的强度沿 f 轴的分布密度，称为随机过程的频谱密度或谱密度。如果把 $x(t)$看作是电流，则 $x^2(t)$表示该电流在负载上产生的功率。

由此可见，谱密度的物理意义是表示 $x(t)$产生的功率 ψ_x^2 在频率轴上的分布，而 $G_x(f)$曲线与横坐标所围面积表示了随机过程的总功率，因此 $G_x(f)$也称功率谱密度或功率谱。

这样，我们便引进了一个描述平稳随机过程的新的特征——谱密度函数。它是从频率的领域描述随机过程，而自相关函数是从时间的领域描述随机过程。

因式（7-31）是定义在 0 ~ +∞ 的频率范围上，因此 $G_x(f)$称为“单边”谱密度。但谱密度函数也可以定义在 -∞ ~ +∞ 的频率范围上，称为“双边”谱密度，记作 $S_x(f)$。因随机过程的总功率不变，故有

$$S_x(f)=\frac{1}{2}G_x(f)\quad f\geqslant 0 \tag{7-33}$$

图 7-23 显示了 $G_x(f)$与 $S_x(f)$的关系，两条曲线与横坐标所围的面积应相等。

通常，式(7-30) ~ 式(7-33)中的自变量 f 可用圆频率 ω 代替，由 $\omega=2\pi f$ 得

$$\psi_x^2=\int_0^\infty G_x(f)\,\mathrm{d}f=\int_0^\infty G_x\left(\frac{\omega}{2\pi}\right)\mathrm{d}\left(\frac{\omega}{2\pi}\right)$$

$$=\frac{1}{2\pi}\int_0^\infty G_x\left(\frac{\omega}{2\pi}\right)\mathrm{d}\omega$$

即谱密度函数用 f 或 ω 表示，仅有坐标比例上的差别。

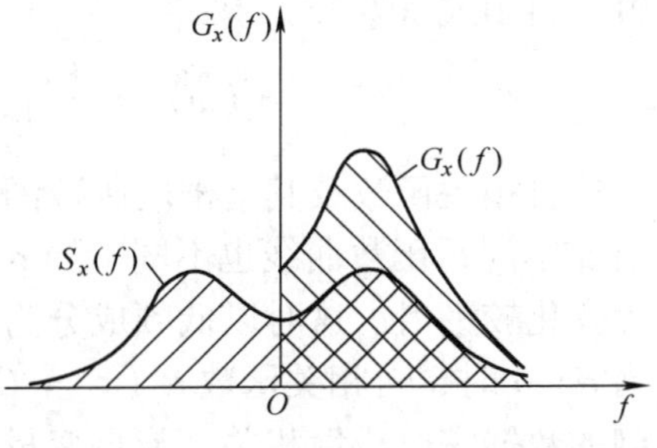

图 7-23

谱密度有以下重要性质：

1）谱密度 $S_x(f)$ 是非负的实偶函数。由式（7-31）、式（7-33）可见，不论 f 是正或负，所得 ψ_x^2（f，Δf）都是正实数，即非负的实偶函数，故其极限也是非负的实偶函数。

2）谱密度函数与自相关函数互为傅里叶变换。

谱密度函数与自相关函数是从频率和时间两个不同的领域描述同一随机过程的，通过傅里叶积分可以互相变换，即

$$\left.\begin{aligned} S_x(\omega) &= \frac{1}{2\pi}\int_{-\infty}^{+\infty} R_x(\tau)\,e^{-j\omega\tau}\,d\tau \\ R_x(\tau) &= \int_{-\infty}^{+\infty} S_x(\omega)\,e^{j\omega\tau}\,d\omega \end{aligned}\right\} \tag{7-34}$$

这两个式子通称维纳—辛钦公式，已作为谱密度的主要定义公式。它是从用复数表示的自相关函数展开为傅里叶级数后推导出来的，该式能从自相关函数进行傅里叶变换得出谱密度函数，或从谱密度函数进行傅里叶变换得出自相关函数。由于自相关函数是偶函数，因此式（7-34）实际上只有实数值部分，故可化简为只有实值部分的公式：

$$\left.\begin{aligned} S_x(\omega) &= \frac{1}{2\pi}\int_{-\infty}^{+\infty} R_x(\tau)\cos\omega\tau\,d\tau = \frac{1}{\pi}\int_{0}^{\infty} R_x(\tau)\cos\omega\tau\,d\tau \\ R_x(\tau) &= \int_{-\infty}^{+\infty} S_x(\omega)\cos\omega\tau\,d\omega = 2\int_{0}^{\infty} S_x(\omega)\cos\omega\tau\,d\omega \end{aligned}\right\} \tag{7-35}$$

或

$$\left.\begin{aligned} G_x(\omega) &= \frac{2}{\pi}\int_{0}^{\infty} R_x(\tau)\cos\omega\tau\,d\tau \\ R_x(\tau) &= \int_{0}^{\infty} G_x(\omega)\cos\omega\tau\,d\omega \end{aligned}\right\} \tag{7-36}$$

或

$$\left.\begin{aligned} G_x(f) &= 4\int_{0}^{\infty} R_x(\tau)\cos2\pi f\tau\,d\tau \\ R_x(\tau) &= \int_{0}^{\infty} G_x(f)\cos2\pi f\tau\,df \end{aligned}\right\} \tag{7-37}$$

以及维纳—辛钦公式的其他表示式。这些表示式只是相差一个坐标比例尺，实质是一样的。

以下举例说明自相关函数与谱密度函数的相互转换。

例 7-3 已知某随机函数 $x(t)$ 的相关函数为指数函数型：

$$R_x(\tau) = Ce^{-\alpha|\tau|} \tag{7-38}$$

式中，$\alpha>0$；C 为常数。

试求该过程的谱密度 $S_x(\omega)$。

解 引用式（7-35）有

$$S_x(\omega) = \frac{1}{\pi}\int_{0}^{\infty} Ce^{-\alpha\tau}\cos\omega\tau\,d\tau = \frac{C}{\pi}\,\frac{\alpha}{\alpha^2+\omega^2}$$

上述自相关函数及其谱密度函数图形见表 7-1 序号 1。

当 α 不同，函数曲线也不同。当 α 减小时，相关函数随着 τ 增加而减少得缓慢，表示随机过程变化较平滑。这时以低频成分为主，频谱上小频率部分占优势。

当 $\alpha=0$ 时，自相关函数 $R_x(\tau)=C$，如表 7-1 序号 4 所示。它意味着随机过程前后任意两时刻的数据完全线性相关，与自变量 t 无关。随机过程不包含任何频率成分的波动，故频谱为 $\omega=0$。该过程纯可预测，但如前所述，频谱曲线与横坐标所夹面积为总功率 C。因此

$\omega=0$ 的谱线高度应为无限大。这样的特殊频谱可借用数学上的 δ 函数表示。δ 函数定义为除坐标原点外处处等于零，在坐标原点处等于无穷大，而它在包含坐标原点的任意小的区间内的积分等于 1，即

$$\delta(x)=\begin{cases}0 & x\neq 0\\ \infty & x=0\end{cases} \tag{7-39}$$

$$\int_{-\varepsilon}^{\varepsilon}\delta(x)\,\mathrm{d}x=1(\text{对于任意 }\varepsilon>0) \tag{7-40}$$

对于本例而言，自变量 x 就是 ω，因此自相关函数为常数的随机过程谱密度是 $C\delta(\omega)$，如表 7-1 序号 4 所示。

表 7-1

序号	自相关函数图	谱密度函数图
1	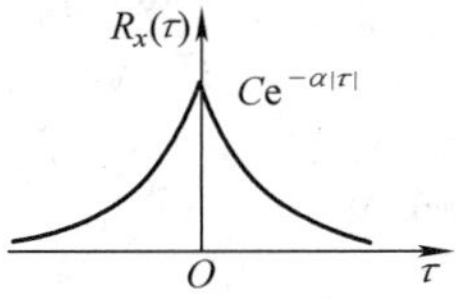	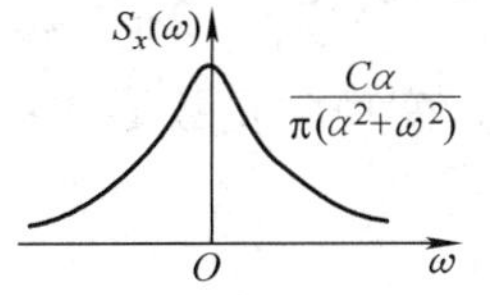
2	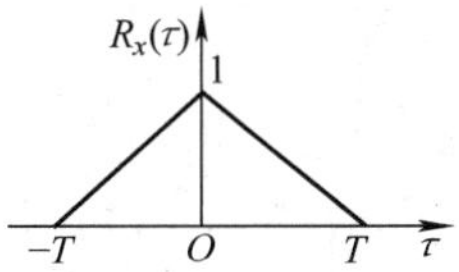	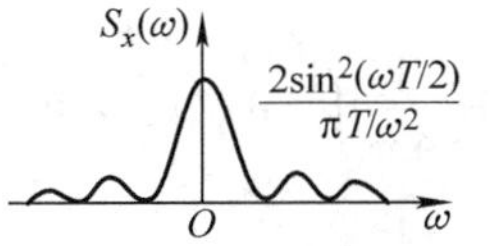
3	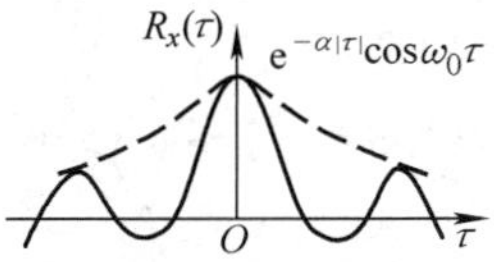	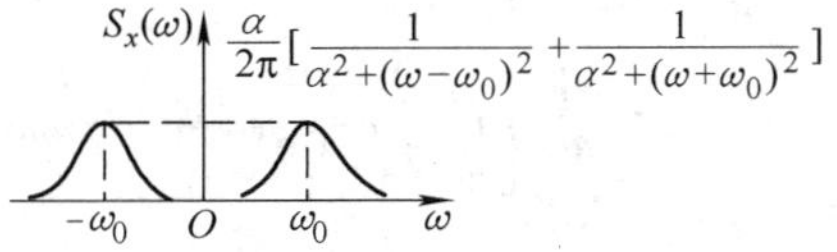
4	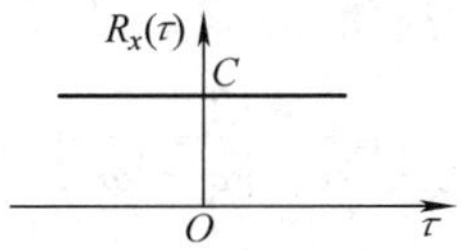	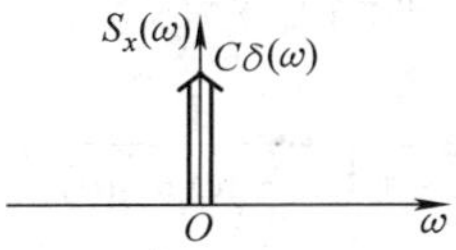
5	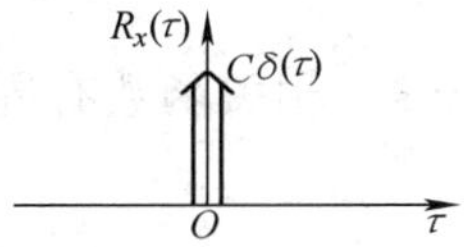	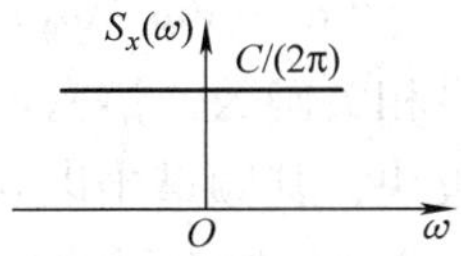
6	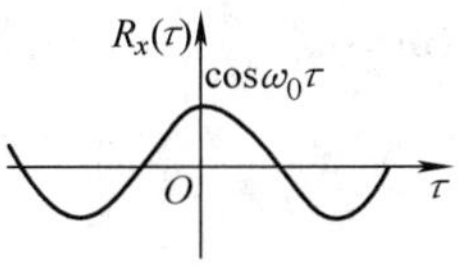	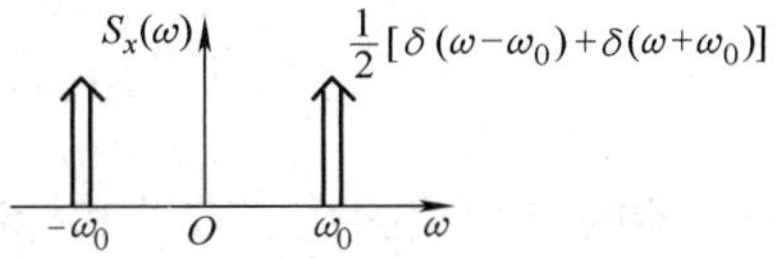
7	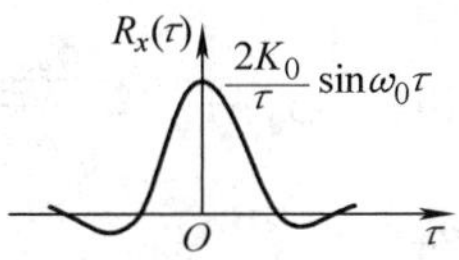	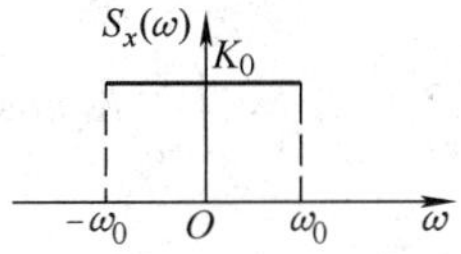

当 α 增加时，相关函数随 τ 增大而减小得很快，这意味着随机过程前后相关较弱，过程

变动剧烈，过程所含高频成分与低频成分均起作用。

当 $\alpha\to\infty$ 时，相关函数→0，变成在 $\tau=0$ 处的 δ 函数形式。此时各种频率成分在随机过程中均起作用，且各个作用几乎一样。于是该过程的频谱表示为一常数，由式（7-34）得此常数的各种频率的噪声合成的随机噪声过程也被称为"白噪声"，该过程纯不可预测。表7-1 序号 5 便是白噪声的自相关函数与谱密度函数，它在工程实际中是很有用的。

例 7-4 已知某随机过程 $x(t)$ 的相关函数为指数余弦函数型：

$$R_x(\tau)=e^{-\alpha|\tau|}\cos\omega_0\tau$$

试求该过程的谱密度 $S_x(\omega)$。

解 引用式（7-34）有

$$S_x(\omega)=\frac{1}{2\pi}\int_{-\infty}^{+\infty}R_x(\tau)e^{-j\omega\tau}d\tau=\frac{1}{2\pi}\int_{-\infty}^{+\infty}e^{-\alpha|\tau|}\cos\omega_0\tau e^{-j\omega\tau}d\tau$$

将 $\cos\omega_0\tau$ 变换为复数形式：

$$\cos\omega_0\tau=\frac{1}{2}(e^{j\omega_0\tau}+e^{-j\omega_0\tau})$$

代入得

$$\begin{aligned}
S_x(\omega)&=\frac{1}{4\pi}\int_{-\infty}^{\infty}e^{-\alpha|\tau|}(e^{j\omega_0\tau}+e^{-j\omega_0\tau})e^{-j\omega\tau}d\tau\\
&=\frac{1}{4\pi}\left\{\int_{-\infty}^{0}e^{+\alpha\tau}(e^{j\omega_0\tau}+e^{-j\omega_0\tau})e^{-j\omega\tau}d\tau+\int_{0}^{\infty}e^{-\alpha\tau}(e^{j\omega_0\tau}+e^{-j\omega_0\tau})e^{-j\omega\tau}d\tau\right\}\\
&=\frac{1}{4\pi}\left\{\int_{0}^{\infty}e^{-\alpha\tau}(e^{-j\omega_0\tau}+e^{j\omega_0\tau})e^{j\omega\tau}d\tau+\int_{0}^{\infty}e^{-\alpha\tau}(e^{j\omega_0\tau}+e^{-j\omega_0\tau})e^{-j\omega\tau}d\tau\right\}\\
&=\frac{1}{4\pi}\left\{\int_{0}^{\infty}e^{-(\alpha-j\omega+j\omega_0)\tau}d\tau+\int_{0}^{\infty}e^{-(\alpha-j\omega-j\omega_0)\tau}d\tau+\int_{0}^{\infty}e^{-(\alpha+j\omega-j\omega_0)\tau}d\tau+\int_{0}^{\infty}e^{-(\alpha+j\omega+j\omega_0\tau)}d\tau\right\}\\
&=\frac{1}{4\pi}\left[\frac{1}{\alpha-j\omega+j\omega_0}+\frac{1}{\alpha-j\omega-j\omega_0}+\frac{1}{\alpha+j\omega-j\omega_0}+\frac{1}{\alpha+j\omega+j\omega_0}\right]\\
&=\frac{\alpha}{2\pi}\left[\frac{1}{\alpha^2+(\omega-\omega_0)^2}+\frac{1}{\alpha^2+(\omega+\omega_0)^2}\right]
\end{aligned}$$

本例的自相关函数及谱密度函数曲线见表 7-1 序号 3。相关函数有周期性变化，且幅度随指数下降很快，其频谱中以 ω_0 占优势。

例 7-5 已知某放大器的频谱为

$$S_x(\omega)=\begin{cases}K_0 & -\omega_0\leqslant\omega\leqslant\omega_0\\0 & 其他\end{cases}$$

试求放大器的自相关函数、方差和标准相关函数。

解 引用式（7-35）有

$$R_x(\tau)=\int_{-\omega_0}^{\omega_0}K_0\cos\omega\tau d\omega=\frac{K_0}{\tau}[\sin\omega_0\tau-\sin(-\omega_0\tau)]=\frac{2K_0}{\tau}\sin\omega_0\tau$$

$$D_x=R_x(0)=2K_0\omega_0$$

$$\rho_x(\tau)=\frac{R_x(\tau)}{D_x}=\frac{1}{\omega_0\tau}\sin\omega_0\tau$$

由本例可见，从谱密度函数可以反过来求自相关函数，它们的函数曲线见表 7-1 序号 7。其频谱也是白噪声类型，但只有低频段存在，故称低通白噪声。

直线型或余弦型自相关函数及其谱密度函数分别见表 7-1 序号 2 和 6。

随机数据的谱密度函数主要用来建立数据的频率结构，分析其频率组成和每种频率成分的大小，为动态测试误差分析从频域信息上提供依据。在几何量和机械量测试中，频谱分析方法已得到重视和应用，例如圆度测量的谱分析、振动测量的谱分析、动态测试仪器的误差分析与修正等。

第三节　随机过程特征量的实际估计

如前所述，随机过程分为平稳随机过程和非平稳随机过程两大类。平稳过程又可分为各态历经过程及非各态历经过程。由于它们各具特点，因此其特征量的计算方法亦有不同。但正如前几章所述，对一物理量作系列测量后，不可能求得被测量的真值。同样，由于随机误差的存在及测量次数有限，因而对一随机过程作一系列动态测试后，也不可能求得随机过程特征量的真值，而只能通过有限个样本作出估计。在工程实际中的随机过程大多是接近平稳随机过程，对于具有 N 个样本的平稳随机过程通常采用总体平均法（几何平均法）求其特征量的估计，而对各态历经随机过程，则可采用时间平均法求其特征量的估计值。下面分别介绍这些实际估计方法及其精度。

一、平稳随机过程及其特征量

（一）平稳随机过程

研究图 7-24 和图 7-25 两个不同的随机过程，可以看出它们的区别。图 7-24 的随机过程 $x(t)$，其特征量（如均值、方差）显然是不随 t_1 的变化而有明显的变化，而且所选择的 t_1 的起点可以是任意的。例如机床在正常加工条件下工作时，机床振动是个随机过程，但其平均的振幅、频率范围等是基本上不变的，在工作过程任一段时间测量机床的振动，所得特征量是基本上不变的，因此这个过程是随机的，也是平稳的。

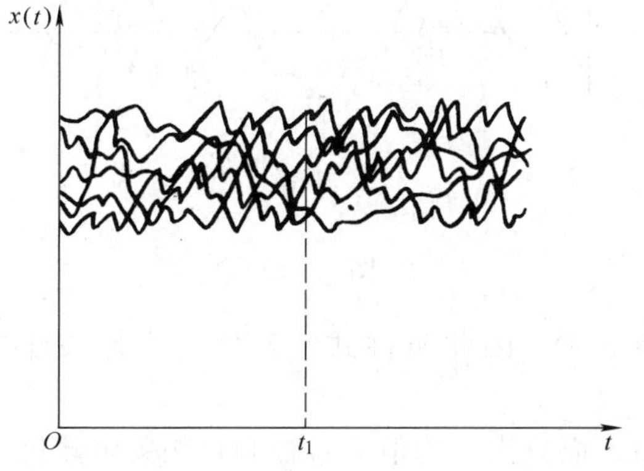

图　7-24

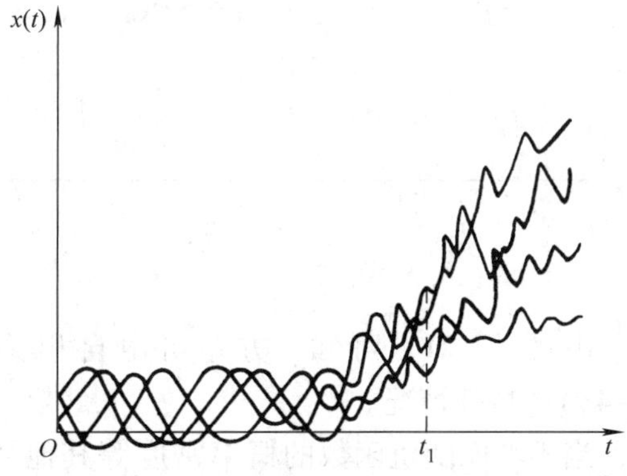

图　7-25

但图 7-25 显示另一种特点，即随机过程的均值及自相关函数显然随着 t_1 的推移而有明显的变化。就像机床在起动阶段、变速阶段或停车阶段中，机床的振动的平均振幅、频率范围等都随时间不断变化，因而该振动是随机的，也是不平稳的。

由此定义，若随机过程 $x(t)$ 的所有特征量与 t 无关，即其特征量不随 t 的推移而变化，则称 $x(t)$ 为平稳随机过程。否则，称为非平稳随机过程。

由定义可见，随机过程是“平稳”的第一个条件是其均值为常数：

$$m_x(t)=m_x=\text{常数} \tag{7-41}$$

当然，这个条件不是本质的，因为如式（7-19）那样，我们可以把均值不为常数的随机过程变换成中心化随机函数，使其均变为0。因而可将均值不为常数的随机过程变换为满足条件式（7-41）的随机过程。

随机过程是“平稳”的第二个条件是其方差为常数：

$$D_x(t)=D_x=\text{常数} \tag{7-42}$$

如图 7-26 所示的随机过程，虽然其均值为常数，但过程的分散程度随着时间 t 的推移有明显的增加，因此也不是平稳的。

满足“平稳”的第三个条件是随机函数的自相关函数 $R_x(t,\ t+\tau)$ 应不随 t 的位置推移而变化，即与 t 无关：

$$R_x(t,t+\tau)=R_x(\tau) \tag{7-43}$$

如图 7-27 所示，不论 τ 取在 t 轴上什么位置，$R_x(t,\ t+\tau)$ 应等于 $R_x(t_1,\ t_1+\tau)$，该随机过程才是平稳的。换句话说，平稳随机过程的自相关函数只依赖于自变量 t 与（$t+\tau$）之差 τ，即自相关函数只是一个自变量 τ 的函数。

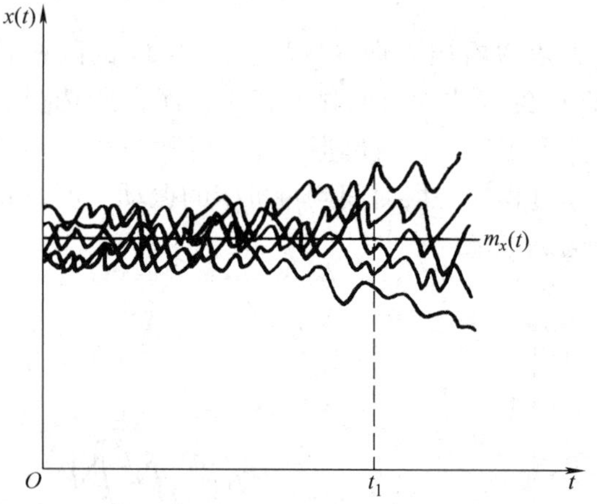

图 7-26

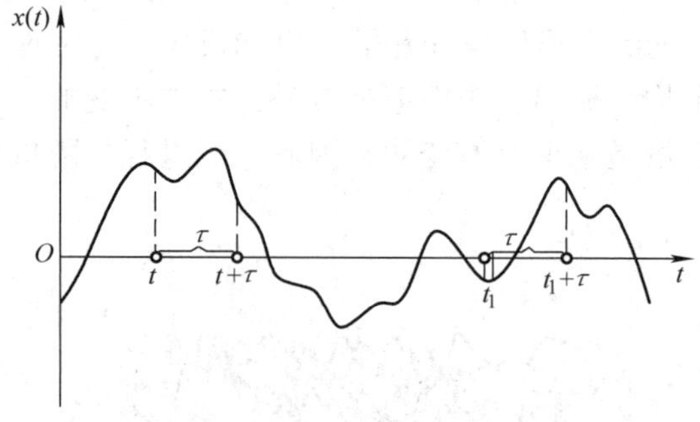

图 7-27

由式（7-21）可知，方差可由自相关函数表示，因此条件式（7-42）只是条件式（7-43）的特殊情况。

当不考虑随机函数的概率密度等其他特征量，而只满足均值为常数和自相关函数仅与 τ 有关这两条件时，这样的随机函数称为宽平稳随机函数或广义平稳随机函数。

在工程实际中，很多随机过程都满足平稳的条件，或者可以近似看作平稳的。如照明电网的电压波动、电阻热电噪声、机床的振动、切削加工平面的表面粗糙度等都是平稳的。因此，要对平稳随机过程作进一步的研究。

（二）平稳随机过程的特征量

1. 平稳随机过程的均值和方差

按照平稳过程的定义可知，$t=t_1$，t_2，…的均值不变，即由式（7-13）得

$$m_x(t)=E[x(t_1)]=E[x(t_2)]=\cdots=\text{常数} \tag{7-44}$$

同时，平稳过程的方差由式（7-14）、式（7-21）可知：

$$D[x(t)]=R_x(t,t)=R_x(0)=\text{常数} \tag{7-45}$$

因此平稳随机过程的均值和方差都是常数，且方差等于τ为0的自相关函数值。

2. 平稳随机过程的自相关函数

因为平稳过程的均值为常数，它的自相关函数就可直接用中心化的自相关函数式(7-19)表示：

$$R_x(\tau)=E[x^0(t)x^0(t+\tau)] \tag{7-46}$$

自相关函数还可以类似于式（7-20），表示为标准化自相关函数

$$\rho_x(\tau)=\frac{R_x(\tau)}{D_x} \tag{7-47}$$

平稳随机过程的自相关函数主要性质如下：

1）当$\tau=0$时，自相关函数取得最大值，且等于其方差。

为证明此性质，可取非负的函数$\{x(0)\pm x(\tau)\}^2$，此函数的数学期望也是非负的

$$E[\{x(0)\pm x(\tau)\}^2]\geqslant 0 \tag{7-48}$$

展开得

$$E[x^2(0)]\pm 2E[x(0)x(\tau)]+E[x^2(\tau)]\geqslant 0 \tag{7-49}$$

由于$x(t)$是平稳的，按式（7-45）和式（7-46）可知

$$E[x^2(0)]=E[x^2(\tau)]=R_x(0)$$

及

$$E[x(0)x(\tau)]=R_x(\tau)$$

则式（7-49）为

$$R_x(0)\pm R_x(\tau)\geqslant 0$$

即

$$R_x(0)\geqslant|R_x(\tau)| \tag{7-50}$$

由此证明$\tau=0$时，平稳过程的自相关函数值必大于任意$\tau\neq 0$时的自相关函数值。至于$R_x(0)$等于方差值，已由式（7-45）给出。

2）平稳过程的自相关函数是偶函数，即

$$R_x(-\tau)=R_x(\tau) \tag{7-51}$$

因为由式（7-46）可知

$$R_x(-\tau)=E[x^0(t)x^0(t-\tau)]$$

今取$t=t'+\tau$代入上式，则

$$R_x(-\tau)=E[x^0(t'+\tau)x^0(t')]=R_x(\tau)$$

故平稳过程自相关函数是偶函数，在实用中这个性质是重要的。据此，只需计算或测量$\tau\geqslant 0$的自相关函数值，不必重复研究$\tau<0$的自相关函数值。

3）均值为零的平稳随机过程，若$\tau\to\infty$时$x(t)$与$x(t+\tau)$不相关，则其相关函数趋于0，即

$$\lim_{\tau\to\infty}R_x(\tau)=0 \tag{7-52}$$

这是因为

$$\lim_{\tau\to\infty} R_x(\tau) = \lim_{\tau\to\infty} E[x(t)x(t+\tau)] = 0$$

4）平稳随机过程 $x(t)$ 若含有周期性成分，则它的自相关函数中亦含有周期成分，且其周期与过程的周期相同。

因为平稳过程 $x(t)$ 含有周期为 T 的成分时，必有 $x(t)=x(t+T)$。则

$$R_x(\tau+T)=E[x(t)x(t+\tau+T)]=E[x(t)x(t+\tau)]=R_x(\tau) \tag{7-53}$$

在实际应用中，性质3)、4）是重要的。当 $\tau\to\infty$ 时，不含周期信号成分的平稳过程 $x(t)$ 与 $x(t+\tau)$ 的依赖性甚微（即不相关），其自相关函数趋于零。而含有周期信号成分的平稳过程，$x(t)$ 与 $x(t+\tau)$ 仍有周期性依赖关系，其自相关函数仍保持一定值。因此可从自相关函数是否趋于零来鉴别出均值为零的平稳过程是否混有周期信号。

3. 平稳随机过程的谱密度函数

平稳随机过程的特征量之一是其谱密度函数，在本章第二节已作详细介绍。

（三）平稳随机过程特征量的实验估计

上面给出了描述平稳随机过程的特征量的各个定义，若知道随机函数的类型，便可知其特征量。但在工程实际中，更多的情况是预先不知道随机数据的函数形式，而是通过实验测得如图7-12所示的随机函数样本集合，这时可由实验结果来求特征量。

首先对 N 个连续的记录采样（采集断续的数字样本），取等间距的 t_1，t_2，…，t_n，截取图7-12的连续记录，得函数值，见表7-2。

表 7-2

$x(t)$	t					
	t_1	t_2	…	t_m	…	t_n
$x_1(t)$	$x_1(t_1)$	$x_1(t_2)$		$x_1(t_m)$		$x_1(t_n)$
$x_2(t)$	$x_2(t_1)$	$x_2(t_2)$		$x_2(t_m)$		$x_2(t_n)$
⋮	⋮	⋮		⋮		⋮
$x_N(t)$	$x_N(t_1)$	$x_N(t_2)$		$x_N(t_m)$		$x_N(t_n)$

采样数目的确定：若图7-12的记录长度为 T，首先将 T 分成等间距的 n 等分，即 $t_k-t_{k-1}=T/n$，为了可靠地计算均值和自相关函数，n 要取得足够大，具体确定办法参见有关书籍的采样定理。

采样数目确定后，计算平稳随机过程的特征量，就不必用积分形式运算，而可以用代数和估计，即

$$m_x(t_k) = \frac{1}{N}\sum_{i=1}^{N} x_i(t_k) \tag{7-54}$$

$$D_x(t_k) = \frac{1}{N-1}\sum_{i=1}^{N}\{x_i(t_k)-m_x(t_k)\}^2 \tag{7-55}$$

$$R_x(t_k,t_l) = \frac{1}{N-1}\sum_{i=1}^{N}\{x_i(t_k)-m_x(t_k)\}\{x_i(t_l)-m_x(t_l)\} \tag{7-56}$$

$$\rho_x(t_k,t_l) = \frac{R_x(t_k,t_l)}{\sigma_{tk}\sigma_{tl}} = \frac{\sum_{i=1}^{N}\{x_i(t_k)-m_x(t_k)\}\{x_i(t_l)-m_x(t_l)\}}{\sqrt{\sum_{i=1}^{N}\{x_i(t_k)-m_x(t_k)\}^2\sum_{i=1}^{N}\{x_i(t_l)-m_x(t_l)\}^2}} \tag{7-57}$$

式中，$i=1, 2, \cdots, N$；$k, l=1, 2, \cdots, n$；$t_l=t_k+\tau$。

这样，就可以从实验结果有限个现实的总体中，按照不同时刻 t_k 求出随机数据各特征量的估计值。这就是总体平均法，或称几何平均法。

例 7-6 在线纹比长仪上对 0 ~ 1000mm 线纹尺测量 6 次，所得各段长度对公称值偏差 Δ 见下表（各尺寸段单位：mm，表中偏差值单位：μm）：

序号	尺寸段									
	0 ~ 100	0 ~ 200	0 ~ 300	0 ~ 400	0 ~ 500	0 ~ 600	0 ~ 700	0 ~ 800	0 ~ 900	0 ~ 1000
1	0.18	0.34	0.63	1.20	1.51	2.02	2.22	2.62	2.54	2.64
2	0.30	0.38	0.70	1.26	1.55	2.10	2.26	2.66	2.56	2.66
3	0.30	0.42	0.67	1.22	1.52	2.01	2.16	2.69	2.60	2.67
4	0.25	0.34	0.69	1.22	1.54	1.96	2.22	2.72	2.64	2.66
5	0.30	0.38	0.73	1.30	1.58	2.03	2.28	2.71	2.69	2.71
6	0.33	0.44	0.76	1.28	1.60	2.08	2.31	2.78	2.70	2.81
m_x	0.277	0.383	0.697	1.247	1.550	2.033	2.242	2.697	2.622	2.692
σ_x	0.054	0.041	0.045	0.039	0.035	0.050	0.053	0.055	0.066	0.062

由表列出的 6 次测量数据可见，线纹尺刻划偏差 Δ 是空间坐标 L 的函数，而且多次重复测量，不能获得规律性的结果。因此，线纹尺的测量可看作是随机过程，每次测量可看作是随机过程的一个现实。按式（7-54）可算出每个尺寸段的均值，例如 $m_x(0\sim100)$：

$$m_x(0\sim100)=\frac{1}{6}(0.18+0.30+0.30+0.25+0.30+0.30)\mu\text{m}$$
$$=0.277\mu\text{m}$$

又由式（7-55）可算出它的标准差，例如 $\sigma_x(0\sim100)$：

$$\sigma_x(0\sim100)=\left\{\frac{1}{6-1}[(0.18-0.277)^2+(0.30-0.277)^2+(0.30-0.277)^2+(0.25-0.277)^2+(0.30-0.277)^2+(0.33-0.277)^2]\right\}^{1/2}\mu\text{m}$$
$$=0.054\mu\text{m}$$

全部 m_x、σ_x 算出列于上表，并作图 7-28。图中阴影线部分为 $\pm3\sigma_x$ 范围。

这里把线纹尺测量结果看作是空间坐标 L 的随机函数，但上列测量结果中只含随机误差还是既有随机误差又有规律性误差呢？我们可以根据上面介绍的自相关函数性质，检验混杂在随机误差中的系统误差。由图 7-28 看出，线纹尺刻划偏差 Δ 随着 L 增大而呈线性增长趋势，可见存在线性系统误差。

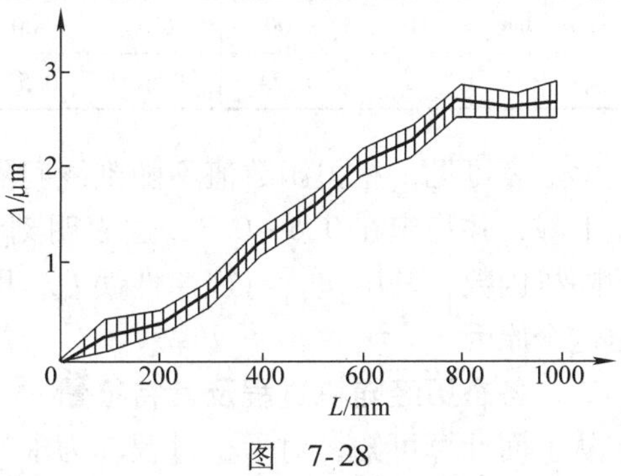

图 7-28

应用式（7-57）计算标准自相关函数。今 $N=6$，当 $t_k=t_l$ 时，不论 t_k、t_l 都是 0 ~ 100，或就是 0 ~ 200，均有

$$\rho_x(t_k,t_l)=\rho_x(t_k,t_k)\equiv1$$

当 $t_k\neq t_1$ 时，例如 $t_k=0\sim300\text{mm}$，$t_1=0\sim100\text{mm}$，则有

$$\rho_x(0\sim300,0\sim100)=\{(0.63-0.697)(0.18-0.277)+(0.70-0.697)(0.30-0.277)+(0.67-0.697)(0.30-0.277)+(0.69-0.697)(0.25-0.277)+(0.73-0.697)(0.30-0.277)+(0.76-0.697)(0.33-0.277)\}\div\{[(0.63-0.697)^2+(0.70-0.697)^2+(0.67-0.697)^2+(0.69-0.697)^2+(0.73-0.697)^2+(0.76-0.697)^2]\times[(0.18-0.277)^2+(0.30-0.277)^2+(0.30-0.277)^2+(0.25-0.277)^2+(0.30-0.277)^2+(0.33-0.277)^2]\}^{1/2}\approx0.84$$

同理可计算出各尺寸段对各尺寸段的标准自相关函数，列于下表中：

t_l/mm	t_k/mm									
	0～100	0～200	0～300	0～400	0～500	0～600	0～700	0～800	0～900	0～1000
0～100	1	0.82	0.84	0.75	0.72	0.50	0.40	0.71	0.63	0.68
0～200		1	0.62	0.49	0.53	0.52	0.25	0.61	0.47	0.76
0～300			1	0.90	0.98	0.45	0.79	0.86	0.87	0.87
0～400				1	0.98	0.56	0.80	0.57	0.72	0.60
0～500					1	0.48	0.63	0.79	0.84	0.88
0～600						1	0.63	0.07	-0.02	0.45
0～700							1	0.49	0.57	0.72
0～800								1	0.91	0.86
0～900									1	0.81
0～1000										1

对相同间隔 t_k-t_l 的 ρ_x 值（即平行于表中主对角线的数据）取平均值，如 $t_k-t_l=100$mm 的 $\rho_x(0\sim200,\ 0\sim100)=0.82$；$\rho_x(0\sim300,\ 0\sim200)=0.62$；$\rho_x(0\sim400,\ 0\sim300)=0.90\cdots$，取平均值：

$$\rho_{100}=\frac{1}{9}(0.82+0.62+0.90+0.98+0.48+0.63+0.49+0.91+0.81)=0.74$$

同理可计算间隔为200，300，…，900mm 各尺寸段的标准相关函数值，见下表：

(t_k-t_l)/mm	0	100	200	300	400	500	600	700	800	900
ρ_x	1	0.74	0.62	0.57	0.65	0.64	0.64	0.68	0.70	0.68

由上表可见，相关函数值不随刻线间隔拉长而减小，标准自相关函数从刻线零位开始而迅速下降，并稳定在0.6～0.7，这表明刻线偏差数据具有自相关性，即此测量结果并非纯粹的随机函数，其中包含有规律性误差，即线性渐增的刻划累积误差，图7-28 曲线的斜升就是这个原因。

二、各态历经随机过程及其特征量

从上面计算可知，对平稳过程，为求特征量，需作大量实验，获得很多个随机过程的现实，然后在各 t 时刻上求特征量估计值。但是能不能从一个 t 足够大的现实来求特征量呢？实际上，许多平稳随机过程都可以这样做，我们把这一类的平稳过程称为各态历经随机过程。

让我们来研究一下图7-29 和图7-30 两个平稳随机过程的区别。

随机过程 $x_1(t)$ 有下面的特点：每一现实围绕同一数学期望（均值）上下波动，且这些

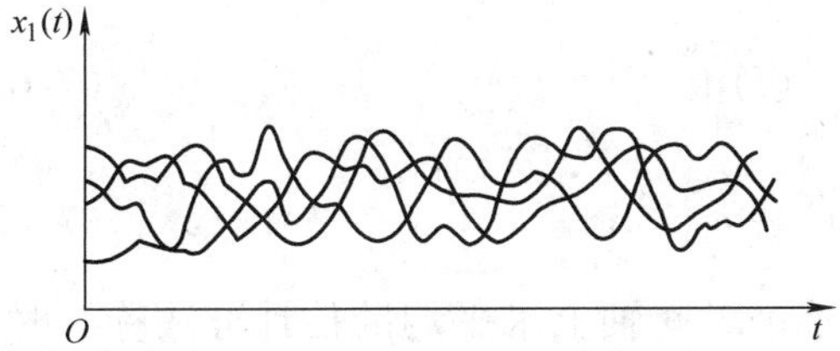

图　7-29

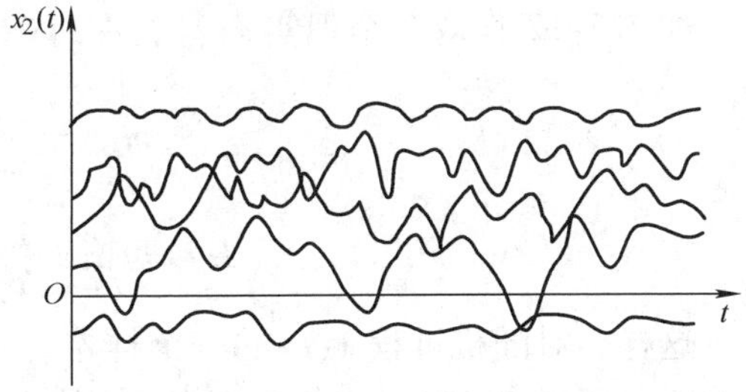

图　7-30

波动的平均振幅是大致相等的。如果我们适当延长一个现实的记录时间，显然，可以取这个现实代表整个样本集合的特征。这时，这个现实沿 t 轴的均值近似代表整个随机过程样本集合的均值，这个平均值的方差近似代表整个过程的方差。

而对随机过程 $x_2(t)$ 来说，显然，每个现实本身，各具不同的均值和方差，因此不能用任一个现实代表整个样本集合。

这样，我们把图 7-29 的平稳随机过程称为各态历经随机过程。也就是在一次实验中，对足够长的时间内的不同 t 值观察的随机过程，等价于在许多次实验中，对同一 t 值观察的随机过程。具有这种性质的平稳随机过程称为各态历经随机过程。各态历经性又称历遍性或埃尔古德性，即 Ergodic 的译音。用数学语言讲，各态历经性就是，当观测区间无限增加时，平稳随机过程观测的平均值，以任意给定的准确度逼近整个过程数学期望的概率趋于 1。

如何判别一个平稳随机过程是否各态历经，一方面可以根据我们的物理知识和实际经验判断，另一方面可以从过程的相关函数观察。试看图 7-30 的随机过程特例，它可以表示为

$$x(t)=Z(t)+Y \tag{7-58}$$

此处，$Z(t)$ 是具有各态历经性质的平稳过程，其特征量为 m_z，$R_z(\tau)$。Y 是表示各个现实的均值的随机变量，具有特征量 m_y，D_y。假设 $Z(t)$ 与 Y 互不相关。则由概率论加法定理知，$x(t)$ 的均值（数学期望）等于 $Z(t)$ 与 Y 的均值（数学期望）之和：

$$m_x=m_z+m_y \tag{7-59}$$

$$R_x(\tau)=R_z(\tau)+D_y \tag{7-60}$$

如果 $R_z(t)$ 具有图 7-31 之形状，特别是当 τ 增加，$Z(t)$ 与 $Z(t+\tau)$ 值之间的相关程度迅速减少，即 $\tau\to\infty$ 时，$R_z(t)\to 0$。但对 $x(t)$ 来说各点 τ 上 $R_x(\tau)$ 都比 $R_z(\tau)$ 多一个 D_y。因而 $\tau\to\infty$ 时，$R_x(\tau)$ 不趋于零，而趋于一个常数 D_y。

由此可知，具有各态历经性的平稳随机过程的充分条件是其相关函数当 τ 增加时趋于零，即：

$$R_x(\tau)\to 0 \text{ 当 } \tau\to\infty \tag{7-61}$$

而非各态历经的平稳随机过程的相关函数当 τ 增加时趋于某一常数。由此可判定被研究的平稳过程是否各态历经的。

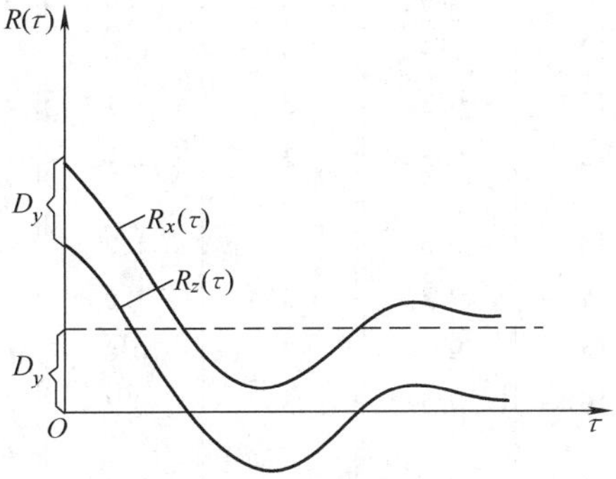

图　7-31

另外，还要指明，各态历经随机过程一定是平稳的，但平稳随机过程则不一定是各态历经的（见图 7-30）。

各态历经随机过程的特征量计算如下：

如图 7-12 任取一个现实 $x(t)$，在 [0、T] 区间内计算，有

$$m_x = \lim_{T\to\infty}\frac{1}{T}\int_0^T x(t)\,\mathrm{d}t \tag{7-62}$$

$$D_x = \lim_{T\to\infty}\frac{1}{T}\int_0^T \{x(t) - m_x\}^2\mathrm{d}t \tag{7-63}$$

这样，对随机过程 $x(t)$的一个样本，在它的整个时间轴上求平均的估计方法称为时间平均法（见图 7-12）。因而，对各态历经随机过程就可用时间平均代替总体平均来估计其特征量。

实际中，常用代数和式代替积分式：

$$m_x = \frac{1}{n}\sum_{i=1}^{n} x(t_i) \tag{7-64}$$

$$D_x = \frac{1}{n}\sum_{i=1}^{n}(x_i - m_x)^2 \tag{7-65}$$

$$\rho(\tau) = \frac{1}{n-m}\frac{1}{D_x}\sum_{i=1}^{n-m}(x_i - m_x)(x_{i+m} - m_x) \tag{7-66}$$

例 7-7 飞机水平飞行，其垂直负荷数 $N(t)$在 200s 内每隔 2s 记录一次，得下表所列数据。考虑负重的变化是各态历经随机过程，试求其特征量。

i(2s)	$N(t)$	i(2s)	$N(t)$	i(2s)	$N(t)$	i(2s)	$N(t)$	i(2s)	$N(t)$
1	1.0	21	0.5	41	1.5	61	1.3	81	0.9
2	1.3	22	1.0	42	1.0	62	1.6	82	1.3
3	1.1	23	0.9	43	0.6	63	0.8	83	1.5
4	0.7	24	1.4	44	0.9	64	1.2	84	1.2
5	0.7	25	1.4	45	0.8	65	0.6	85	1.4
6	1.1	26	1.0	46	0.8	66	1.0	86	1.4
7	1.3	27	1.1	47	0.9	67	0.6	87	0.8
8	0.8	28	1.5	48	0.9	68	0.8	88	0.8
9	0.8	29	1.0	49	0.6	69	0.7	89	1.3
10	0.4	30	0.8	50	0.4	70	0.9	90	1.0
11	0.3	31	1.1	51	1.2	71	1.3	91	0.7
12	0.3	32	1.1	52	1.4	72	1.5	92	1.1
13	0.6	33	1.2	53	0.8	73	1.1	93	0.9
14	0.3	34	1.0	54	0.9	74	0.7	94	0.9
15	0.5	35	0.8	55	1.0	75	1.0	95	1.1
16	0.5	36	0.8	56	0.8	76	0.8	96	1.2
17	0.7	37	1.2	57	0.8	77	0.6	97	1.3
18	0.8	38	0.7	58	1.4	78	0.9	98	1.3
19	0.6	39	0.7	59	1.6	79	1.2	99	1.6
20	1.0	40	1.1	60	1.7	80	1.3	100	1.5

按式（7-64）、式（7-65）可计算出

$$m_x = \frac{1}{100}\sum_{i=1}^{100} N(t_i) = 0.98$$

$$D_x = \frac{1}{100}\sum_{i=1}^{100} \{N(t_i) - m_x\}^2 = 0.1045$$

按式（7-66），将相隔$\tau=2$，4，6，…，s（即相邻点、隔一点、隔两点…）的 x_1 减去 m_x，相乘求和，再除 D_x，得$\tau=0$，2，4，6，…，s 的标准自相关函数值$\rho(\tau)$，再对同一τ的$\rho(\tau)$值取平均，得下表

τ/s	0	2	4	6	8	10	12	14	…
$\rho(\tau)$	1	0.505	0.276	0.277	0.231	−0.015	0.014	0.071	…

按表中$\rho(\tau)$值可作图，见图 7-32 中的虚线。虚线不够平滑是因为实验数据有限、实验时间不够长，因此随机性仍较明显。今用指数函数$\rho(\tau)=e^{-\alpha|\tau|}$逼近图 7-32 的实验结果，可得 $\alpha\approx0.257$，由表 7-1 可知，指数函数的功率谱密度函数为

$$S_x(\omega)=\frac{\alpha}{\pi(\alpha^2+\omega^2)}=\frac{0.257}{\pi(0.257^2+\omega^2)}$$

ω	0	0.25	0.5	0.75	1
$S_x(\omega)$	1.24	0.64	0.26	0.13	0.08

上列功率谱密度函数是个连续谱，频谱图见图 7-33，这是个低频频谱。

各态历经随机过程可省去大量实验和计算，但任一随机过程是否各态历经的，要经过检验。主要根据各态历经性的充分条件式（7-61）来检验。

正如图 7-32 所示，上例 7-7 符合上述充分条件，确是各态历经的。而例 7-6 不符合，故不是各态历经的。实验研究表明，大多数平稳随机的物理现象都具有各态历经性。

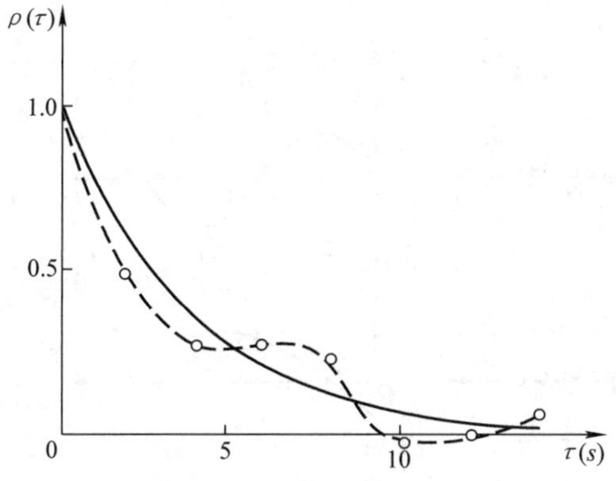

图 7-32

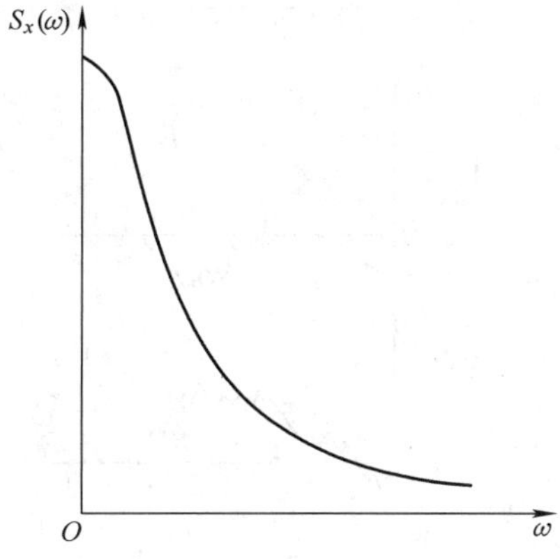

图 7-33

三、非平稳过程的随机函数

上面给出了平稳过程特征量的实际计算方法。对非平稳过程是否能运用这些方法呢？一般是不能的。但实际应用中，常常碰到一些非平稳过程，它们可以比较简单地用平稳随机函数加上某一定的非随机的规律性函数表示。这种随机函数称为可化为平稳过程的随机函数，

用函数式表示如下：

$$y(t)=f(t)x(t)+g(t) \tag{7-67}$$

式中，$y(t)$为非平稳随机函数；$x(t)$为平稳随机函数；$f(t)$和$g(t)$为非随机实函数。

这时，随机函数$y(t)$的均值、方差和自相关函数为

$$m_y(t)=f(t)m_x(t)+g(t) \tag{7-68}$$

$$D_y(t)=f^2(t)R_x(0) \tag{7-69}$$

$$R_y(t,t+\tau)=f(t)f(t+\tau)R_x(\tau) \tag{7-70}$$

图 7-34 给出几个可化为平稳过程的特例：

对于一组随机样本的集合，也可以像图 7-15 那样，取$m_x(t)$为$g(t)$，然后化为平稳过程，寻找$g(t)$的办法可以有：

1）作图并凭经验估计——把一个现实或几个现实重迭画在一个图上，选取比较合适的坐标比例，使得曲线图不过密或过疏。然后凭经验画出这些现实的中线，即为$g(t)$函数曲线，见图 7-34a。

2）沿t坐标选取若干点t_i，计算各现实的均值$m_y(t_i)$列表如下：

t_i	0	1	2	…	n
$m_y(t_i)$	$m_y(0)$	$m_y(t_1)$	$m_y(t_2)$	…	$m_y(t_n)$

用最小二乘法或其他解析方法拟合该曲线，即得$g(t)$函数式。这种方法适合于$g(t)$的变化周期长于记录长度T的情况，见图 7-34c。

3）用低通滤波器滤去高频随机噪声，即得规律性函数$g(t)$波形。这种方法适合于$g(t)$的变化周期短于记录长度T的情况，见图 7-34b。

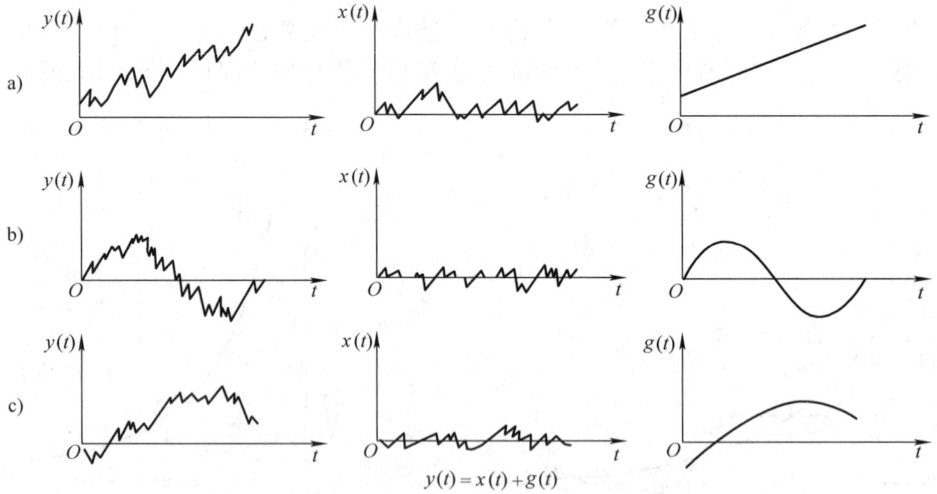

图 7-34

实际测量中，为了从动态测量结果中分离随机干扰、短周期被测误差和长周期被测误差，我们就采用这个方法，从高通滤波器中可获得随机测量误差信号。

例 7-8 试用随机过程理论分析大量生产的刻度量具的精度。

成批生产的刻线量具的加工精度是随机的。在同一批量具中取N件，每件由 0 刻度开

始，每隔等间距 Δl，检定全刻度上 m 个点上的示值误差，可得下表的实验结果，构成以刻度 l 为坐标的随机过程样本集合。然后用式（7-54）、式（7-55）、式（7-57）可求出该批刻度量具示值误差的均值 $m_x(l)$，标准误差 $\sigma_x(l)$，标准自相关函数 $\rho_x(l_k, l_i)$ 及频谱。据此可分析刻度量具的误差根源及正确评定该批量具的精度。

1）取某厂生产的 20 支 100mm 玻璃刻尺，每隔 10mm 检定该点的刻度误差，得 20 把刻尺的检定数据，计算出每点刻度误差的均值 $m_x(l)$ 及相应的 $\sigma_x(l)$ 和 $\rho_x(l_k, l_i)$。具体计算过程如前面各例，计算结果如下表：

序号	1	2	3	4	5	6	7	8	9	10
刻线位置/mm	10	20	30	40	50	60	70	80	90	100
$m_x(l)$/μm	+0.03	+0.40	0	−0.06	−0.10	−0.06	−0.04	+0.06	+0.01	+0.02
$\sigma_x(l)$/μm	0.20	0.24	0.35	0.34	0.36	0.38	0.42	0.45	0.48	0.54
$\rho_x(l_k, l_i)$	1	0.96	0.80	0.84	0.70	0.70	0.68	0.65	0.55	0.55

由此求出均值的函数式为

$$m_x(l)/\mu\text{m} = -0.01 + 0.06\sin(\varphi + 84°) + 0.03\sin(2\varphi + 84°)$$
$$+ 0.01\sin(3\varphi + 170°) + 0.015\sin(4\varphi + 2°) + 0.02\cos 5\varphi$$

式中，$\varphi = \dfrac{360°}{10}t$。

标准差式为

$$\sigma_x(l) = (0.2\mu\text{m} + 0.033l)$$

标准自相关函数式为

$$\rho_x(l_k, l_i) = 1.18e^{-0.0731}$$

式中，l 为检定点与零点所隔的间距数，$l=1$，2，…，10。

由周期变化的均值 $m_x(l)$ 可寻找刻线机的分度机构误差根源，而自相关函数衰减甚慢，显示随机过程前后相关程度大，即随机过程中混杂着规律性误差。实际上，$m_x(l)$ 就是该批刻线尺的系统误差式，$\sigma_x(l)$ 就是该批刻线尺的随机误差式（标准差）。

2）为研究 A 厂生产的钟表式百分表精度，取 50 只刻度值为 0.01mm，测量范围为 0 ~ 10mm 的百分表和 50 只刻度值 0.01mm，测量范围为 0 ~ 5mm 的百分表，分别多次重复检定指针每转一圈（增加 1mm）的示意误差。对于 0 ~ 10mm 的百分表，计算得下表：

结果	圈数									
	1	2	3	4	5	6	7	8	9	10
$m_x(l)$/μm	2.2	1.8	2.3	2.2	2.1	2.0	1.9	1.8	2.0	1.5
$\sigma_x(l)$/μm	3.9	4.5	4.7	5.1	5.4	6.5	6.6	6.6	7.1	7.0
$\rho_x(l_k, l_i)$	1	0.89	0.76	0.64	0.57	0.52	0.46	0.44	0.42	0.40

由表可见，$m_x(l) \approx 2.0\mu$m（常数），在 0 ~ 10mm 范围内示值误差变动很小，但 $\sigma_x(l)$ 和 $\rho_x(l_k, l_i)$ 与示值有关，可求出函数式：

$$\sigma_x(l) = (3.7 + 0.37l)\mu\text{m}$$

$$\rho_x(l_k, l_i) = 1.19e^{-0.131}$$

而 0 ~ 5mm 的百分表经同样检定，得

$$m_x(l) \approx 1.7\mu m(常数)$$

$$\sigma_x(l) = (3.8 + 0.40l)\mu m$$

可见同一工厂的百分表，型号不同，但工艺水平一样，装配成的产品精度大致一样，$m_x(l)$表示该批百分表示值系统误差，$\sigma_x(l)$表示该批百分表示值分散性。

3）又取 A 厂与 B 厂生产的 0 ~ 25mm 千分尺各 50 只，重复检定微分套筒每转一圈的示值误差，得

结　果	B 厂	A 厂
$m_x(l)/\mu m$	$(-1.2 + 0.08l)/\mu m$	$(-0.05 + 0.08l)/\mu m$
$\sigma_x(l)/\mu m$	$(1.8 + 0.05l)/\mu m$	$(2.3 + 0.25l)/\mu m$
$\rho_x(l_k, l_i)$	$1.5e^{-0.301}$	$1.6e^{-0.331}$

由此可见两工厂生产的千分尺系统误差差不多，但示值分散性不同，B 厂的精度较高。但与②比较，同是 A 厂生产的 0 ~ 10mm 百分表与 0 ~ 25mm 千分尺比较，从 $\rho_x(l_k, l_i)$的指数可见，0 ~ 25mm 千分尺测试结果的自相关函数衰减比 0 ~ 10mm 百分表快，显示随机过程前后相关小，随机误差大。而百分表测试结果的自相关函数衰减较慢，显示随机过程前后相关大，随机误差小。这也就是图 7-10 表示的自相关函数的实际意义和应用。

第四节　动态测试误差及其评定

动态测试数据与静态测量数据一样，不可避免地存在误差。为了可靠地给出动态测试数据处理结果的精度，必须对动态测试数据分离出测试误差并对其评定进行分析研究。

动态测试误差评定的内容是：在采用分析方法，或由动态测试数据中分离出动态测试误差的基础上，给出表征这一误差的数学模型及评定指标，从而对动态测试误差有一个定量的评价。本节将从动态测试误差概念和特点、误差分离和误差评定指标等三个方面初步叙述动态测试误差评定的主要问题。

一、概述

（一）动态测试误差的基本概念

动态测试误差是指动态测试中，被测量任一时刻的测得值减去被测量同一时刻的真值所得的代数差，即

$$e(t) = x(t) - x_0(t) \tag{7-71}$$

式中，$x(t)$为被测量的测得值；$x_0(t)$为被测量的真值；$e(t)$为动态测试误差：t 为一个参变量，一般是指测量时间或与测量时间有确定关系的其他物理量。

动态测试误差例子有：雷达跟踪目标的三个测量误差（瞬时径向距离、仰角和方位角误差），用轮廓仪测量表面粗糙度，用圆度仪测量工件圆度，用应变式动态测力系统进行动态测力，用加速度计和振动计测量振动加速度，用接触法测量瞬变温度以及高温燃气工频脉动压力的测量等。

实际上，直接使用动态测试中被测量测得值的时间历程并不方便，常需把测得的一个时间历程（一个样本）或多个时间历程（多个样本）在时域、频域及幅域中进行处理，得到

若干评定指标来表征被测量测得值的主要特征。这些指标可能不是时变量，但却是来自以时间历程表示的测得值 。所以这些指标的误差也与动态测试误差密切相关。因此，可以把评定指标也看作广义的测得值。

例如冲击波形的峰值和加速度持续时间（脉宽）就是波形的指标，也是冲击测量仪的测得值。测量工件圆度误差的指标，也就是园度仪的测得值。这些评定指标的误差当然不是时变量，但误差中必然含有对应时间历程的误差成分，故与动态测试误差密切相关。

在动态测试中，被测量的测得值是多种因素共同综合作用的结果，即测量系统的输出量是受被测量、影响量、测量系统的传递特性、数据计算方法等综合影响。因此，动态测试误差的研究范围应包含参与动态测试的各种量的误差。

例 7-9 在冲击试验中，正确测量冲击试验台施加在试样上的冲击加速度波形，保证它在允许的范围内，是判定试验是否合格的必要手段。根据试验规范，冲击加速度波形标称值为峰值加速度 $50g$，脉冲持续时间 3ms 的半正弦波（$1g \approx 10\text{m/s}^2$）。现用压电加速度计—前置放大器—数字示波器并配以规定的滤波器在每个方位上，重复 6 次测得冲击加速度波形曲线 1。将这 6 次数据取平均，得到冲击加速度波形曲线的均值 2，将它代替真值，称为约定真值或真实值，见图 7-35，则差值就是冲击加速度波形的动态测试误差。

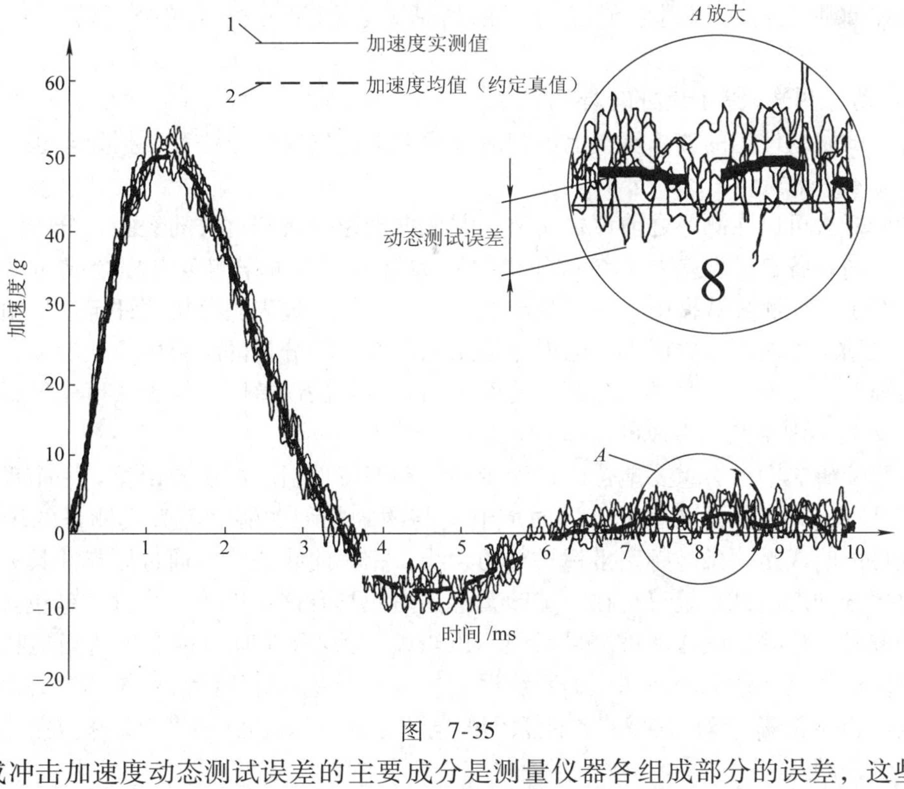

图 7-35

构成冲击加速度动态测试误差的主要成分是测量仪器各组成部分的误差，这些误差可能是确定性的，也可能是随机的。如测量系统的动态误差为系统误差，测量系统的本底噪声，地回路引起的变压器噪声等为随机误差。所以与静态测量误差相似，动态测试误差中可能既包含系统误差，也包含随机误差，只是这些误差一般都是时间函数而已。

总之，动态测试误差隐含于动态测试数据之中，同样地表现为由时间的确定性函数—系统误差和时间的随机性函数—随机误差所组成的随机过程。可见在评定指标上应计及此特点。

（二）动态测试数据与动态测试误差

动态测试数据隐含有动态测试误差，首先，在数据处理中应尽可能将动态测试误差从动态测试数据中分离出来。此外，必须认识到它们是两个不同的概念，不能把对动态测试数据的特征量看作是动态测试误差的评定参数。

动态测试数据是通过动态测试所获得的包含被测量信息与含有测量误差影响的数据，测得值就是一种动态测试数据，图 7-35 所示的冲击加速度曲线就是动态测试数据的例子。所以动态测试数据是对被测量的初步描述，是进一步作分离测量误差处理的原始素材，它通常是时变的、自相关的随机过程，包含了与测量安装及调整、测量环境控制等有关的各种动态测试误差成分。

动态测试误差是指动态测试中被测量测得值的误差，例如图 7-35 所示的冲击加速度的动态测试误差。动态测试误差是动态测试数据经误差处理后的结果。显然，动态测试误差本身也可以有各种评定指标，类似于动态测试数据的特征量参数。

在另一方面，动态测试误差和动态测试数据都属于动态数据，是一个随机过程，并具有时变性、动态性、自相关性和随机过程性，可以通过动态数据处理的各种手段加以处理和评定。例如在原则上都可以对它们进行指标的估计、相关分析和谱分析等，最终评定其特性。

（三）动态测试误差评定的基本方法

动态测试误差评定的方法基本上可归纳成两大类：先验分析法和数据处理法。

1. 先验分析法

先验分析法可以在测量之前评定误差。它根据理论分析和过去的经验，分析测量误差的各种来源，估计各自的误差（系统或随机的）的指标，再根据测量方程合成为最终的误差估计值。对于有些测量数据中无法反映出的误差，必须通过先验分析法评定。但由于未考虑本次测量数据，本次测量中所得到的误差信息无法在先验分析的结果中反映出来，影响了该法的可信程度。此外，一些事先分析不周而遗漏、重复的误差因素或无法事先分析的误差因素（如许多微小因素共同造成的误差）不适用于先验分析法。

在先验分析法中占有重要地位的是测量系统动态特性引起的系统误差。一个理想的测量系统应该具有不失真测量的性质，即时域响应与激励相似。能够不失真测量的理想测量系统，幅频特性曲线是一条与频率坐标平行的直线；相频曲线是一条通过原点并具有负斜率的直线。大部分动态测试系统只是在一定频率范围内才具有这一性质。当输入量包含超出这个范围的谐波时，这些谐波必然被测量系统不适当缩放或/和在时间轴上不适当地移位，使最终的输出波形失真，造成动态测试的系统误差。这一误差常称为测量系统的动态误差或动态系统误差（以下简称“动态误差”，注意不要与本节的“动态测试误差”相混淆）。静态测量不存在这一问题。

2. 数据处理法

数据处理法只能在测量后评定误差。它是从实际测得的动态测试数据本身出发，分离出其中动态测试的系统误差和随机误差，再求出其评定指标，所以是一种后验法。数据处理法求得的是误差的时间历程或时间序列，而不仅仅是评定指标，有时还可进一步求出本次动态测试的系统误差和随机误差的数学模型，并据此修正和抑制本次测量或与本次类似的下次动态测试误差。但有些误差在测量数据中无法体现出来，尤其是一些测量装置引起的系统误差或原始数据的误差，如在例 7-9 中加速度计频响引起的误差、加速度计安装引起的误差、数字滤波器示值误差、测量系统标定误差等，单纯用数据处理法无法鉴别出来。实际上数据处理法依赖于对测量数据真值、数据中的系统误差和随机误差特性的了解程度。为了取得这些信息，除了依赖经验和工程判断外，数据处理法常辅以一定的先验手段，例如在正式测量前先对系统误差进行分析和测定，甚至用高精度的测量方案测得数据作为待评定测量数据的真值（实际值），再用误差定义来求得误差数值，来揭示本次动态测试误差的规律。

现代还经常应用测试技术措施，如多测头法、多转位或移位法等，结合数据处理来分离测量误差，也常应用仿真实验方法求得测量误差。总之数据处理法常需借助其他技术措施才能求得动态测试误差。

总之，在实际测量中，动态测试误差比静态测量时更难求得，为了给出比较可靠的动态测试误差，必须将先验分析法和数据处理法及仿真实验、测试技术有机结合起来使用。

二、动态测试数据预处理

动态测试的原始数据一般应首先进行截取、离散化、剔除异常数据、初辨统计特性及所含数学成分等预处理，为拟定误差分离及修止的处理方案提供必要的信息，也是进行动态测试误差评定的依据。

（一）数据截断和采样

为了避免原始数据太多，也为了避免引入粗大误差，经分析后截取原始数据中的一部分进行处理，称为截断。截断长度至少应包括被测量全长或一个动态测试全过程。为了充分反映动态测试误差的各种统计特性和满足各态历经性的要求，截断长度应足够长，并需重复动态测试全过程足够多次，例如尽可能取连续 5 次以上。

尽管动态测试数据常常是时间的连续函数，但为了数字处理上的方便，往往只按一定的时间间隔离散化取值，称为采样。采样一般是等间隔的。若测量全过程时间为 T，起始时间为 t_0，并记采样间隔为 Δ，T 被等分成 $N=T/\Delta$ 段，在每段的两端采样，则连续的时间函数 $x(t)$，$(t_0 \leqslant t \leqslant t_0+T)$ 经采样后成为 $N+1$ 个数据的离散化时间序列

$$x_1,\ x_2,\ \cdots,\ x_i,\ \cdots,\ x_N,\ x_{N+1} \tag{7-72}$$

其中第 i 个数据

$$x_i = x(t_{i-1}) = x[t_0+(i-1)\Delta],\quad i=1,\ 2,\ \cdots,\ N+1 \tag{7-73}$$

为了使采样数据能复现连续的时间函数 $x(t)$，采样间隔不得大于 Shannon（香农）采样定理给出的理论采样时间间隔。Shannon 采样定理指出，为了能从采样数据复现原来信号中频率不大于频率为 f_m 的成分，最大采样时间间隔 $\Delta_{\max}$ 为（相当与于 f_m 相应的周期内取 2 点）

$$\Delta_{\max} = \frac{1}{2f_m}$$

考虑到时间序列不至于太长，可选定测量数据中所感兴趣的最高频率分量后，再根据采样定理选择适当的采样间隔。例如感兴趣的最高频率为 f，则采样间隔 Δ 为（相当于与 f 相应的周期内应取 2～4 点以上）

$$\Delta \leqslant \frac{1}{(2\sim4)f} \tag{7-74}$$

（二）剔点处理

在动态测试原始数据中会混入一些虚假数据，称为异点。异点是粗大误差引起的，必须首先将这些异常数据剔除。剔除异点的关键是恰如其分地检测出异点。尽管手段并不十分完善，但还是有一些方法，如 Tukey 提出稳健性的 53H 法，可检测出异点。检测异点的基本想法是认为正常数据是“平滑”的，而异点是“突变”的。可首先作原始数据的平滑估计，并设定系数 k 表示正常数据偏离平滑估计范围。若原始数据中有的数值超出此范围，则判断该数是异点。此法的关键在于产生平滑估计和选取 k。

用“中位数”的方法可以抑制概率分布偏离与异常值的影响而产生平滑估计：

首先从原始数据 $\{x_i\}(i=1, 2, \cdots, N+1)$ 构造一个新序列 $\{x'_i\}$：取 $\{x_i\}$ 中前 5 个数 x_1、x_2、x_3、x_4、x_5，按数值大小重新排列为 $x_{(1)} \leqslant x_{(2)} \leqslant x_{(3)} \leqslant x_{(4)} \leqslant x_{(5)}$，取其中位数 $x_{(3)}$，记作 x'_3，然后舍去 x_1 加入 x_6，取 x_2、x_3、x_4、x_5、x_6 的中位数 x'_4，…。依此类推得到 $N-3$ 个中位数，最后组成相邻 5 个原始数据的中位数序列

$\{x'_i\}$　　$(i=3, 4, \cdots, N-1)$；

再用类似的方法从序列 $\{x'_i\}$ 构成相邻三个数据的中位数序列

$\{x''_i\}$　　$(i=4, 5, \cdots, N-2)$；

最后构成序列

$$\{x'''_i\}：x'''_i=(x''_{i-1}/4)+(x''_i/2)+(x''_{i+1}/4), (i=5, 6, \cdots, N-3) \tag{7-75}$$

令设定适当的数值 Δ_H，若 $|x_i-x'''_i|>\Delta_H$，则应剔除 x_i，并根据相邻数据平滑的假设，用一个内插值（例如线性插值）代替它。

（三）动态测试数据检验与初辨

为了进行动态测试误差分离与评定，在分离前必须对测量数据有一个基本了解，有必要初步辨识随机数据的统计特性（独立性、平稳性、正态性、各态历经性等）和确定性成分（数据真实值利系统误差）的变化规律（线性、周期性等）。对统计特性的初辨是对数据进行各种数学运算来构造某些统计量，并通过统计检验来实现的。动态测试数据所含成分的初辨可通过对数据探测、拟合模型的特征判别等多种方法来进行。具体方法见参考文献［9, 17, 22, 35］。

三、动态测试误差分离

动态测试误差处理与评定的必要前提及关键是，必须首先从动态测试数据中将动态测试误差分离出来。原则上可用适当的数学方法把误差与被测量的真值数据分离开来，然而在一般情况下进行全面的动态测试误差分离是很困难的，可分离的情况也不多。本章仅叙述一些分离测量误差的某些具体方法。为了分离动态测试误差，一般首先建立表示数据构成的组合模型，然后根据数据组成分析与特征，分离出动态测试误差。

（一）动态测试数据的组合模型

在一般情况下，动态测试数据可以归纳成一个随机过程（连续系统）或随机序列（离散化系统），两者有类似的公式。以连续系统为例，动态测试数据 $X(t)$ 由确定性函数 $f(t)$ 和随机函数 $Y(t)$ 组成。一般可对 $f(t)$ 进一步划分成非周期函数 $d(t)$ 和周期函数 $p(t)$ 两类，即

$$X(t)=f(t)+Y(t)=d(t)+p(t)+Y(t) \tag{7-76}$$

而动态测试数据 $X(t)$ 又是由被测变量真实值 $X_0(t)$ 及其测量误差 $e(t)$ 组成（以下均用下标 0 表示真实值），真实值 $X_0(t)$ 由确定性真实值 $f_0(t)$ 和随机性真实值 $Y_0(t)$ 组成；误差 $e(t)$ 由系统误差 $e_s(t)$ 和随机误差 $e_r(t)=e(t)-e_s(t)$ 组成，即

$$X(t)=X_0(t)+e(t)=f_0(t)+Y_0(t)+e_s(t)+e_r(t)=d_0(t)+p_0(t)+Y_0(t)+e_s(t)+e_r(t) \tag{7-77}$$

式中，$d_0(t)$和$p_0(t)$分别是确定性成分的真实值$f_0(t)$的非周期分量和周期分量。

式（7-77）称为动态测试数据的组合模型，动态测试误差分离的任务就是求出式（7-77）的右方各项，从其中分离出$e_s(t)$和$e_r(t)$。

（二）系统误差分离

重复测量数据误差曲线的均值可作为系统误差，即$E[e(t)]=e_s(t)$。然而许多系统误差需用先验分析法事先计算出来。如电路的动态特性引起的动态误差就可以根据电路中各元器件的电参数来计算。冲击测量系统的动态误差可以通过引起该动态误差的频响特性来计算。有时系统误差必须通过特定的测量逐个求出，如齿轮偏心误差可通过对径方向两次测量分离出来。通过数据处理，即用求均值函数的方法分离出系统误差$e_s(t)$，只有当$e_s(t)$的函数形成不同于被测量$x_0(t)$时才能实现。将原始数据$X(t)$减去系统误差$e_s(t)$后得到实测数据真实值$X_0(t)$与随机误差$e_r(t)$之和，它是进一步分离随机误差的基础。

（三）统计处理法

统计处理法是对具有某种统计特性的动态测试数据进行求均值、方差、协方差、谱密度等统计处理，最后分离出随机误差的一种方法。这种方法必须事前对测量数据中各种组成成分的特性有所判断，如先验性分析、初辨等，且对动态测试数据进行统计处理后，依据统计特性不同，能够分离出动态测试随机误差。当被测量含有$r_0(t)$时，则$e_r(t)$与$r_0(t)$的统计特性有显著差异时才可能分离。

例如当动态测试数据只包含随机误差，而随机误差为零均值的平稳随机过程$n_\varepsilon(t)$，被测量的真实值仅为确定性函数$X_0(t)$时，则不但动态测试随机误差可求出，而且随机误差的评定指标——方差$\sigma^2(t)$，可通过对测量数据直接进行统计运算求得。由于动态测试数据可表示为

$$X(t)=X_0(t)+e_r(t)=[d_0(t)+p_0(t)]+e_r(t) \tag{7-78}$$

故对式（7-78）两边求期望就能可得被测量的真实值，即

$$X_0(t)=E[X(t)]=E[X_0(t)+e_r(t)]=d_0(t)+p_0(t) \tag{7-79}$$

动态测试随机误差为

$$e_r(t)=X(t)-X_0(t)=X(t)-E[X(t)] \tag{7-80}$$

随机误差的方差为

$$\sigma_r^2(t)=D[X(t)-X_0(t)]=D[X(t)] \tag{7-81}$$

可见，可分离真实值基本方法之一是：若被测量的真实值是一个确定性函数，且其变化规律已知，根据组合模型式（7-77），首先设法在测量数据中分离出系统误差，得到只含有确定性真值叠加随机误差的组合模型

$$X'(t)=d_0(t)+p_0(t)+e_r(t) \tag{7-82}$$

然后可对符合组合模型式（7-82）的数据采用某种拟合的方法（用以消除随机误差），求得被测量真实值的估计函数，测量数据减去估计函数就是动态测试误差。

综上，根据动态测试误差的组合模型式（7-77）和对实际动态测试数据组成成分的判断，综合运用上面所介绍的三种方法基本原理，对某些情况是能够将动态测试误差由动态测试数据中分离出来。图7-36为动态测试误差处理流程，可以看出由动态测试原始数据分离

成被测量真实值和动态测试误差的路径。

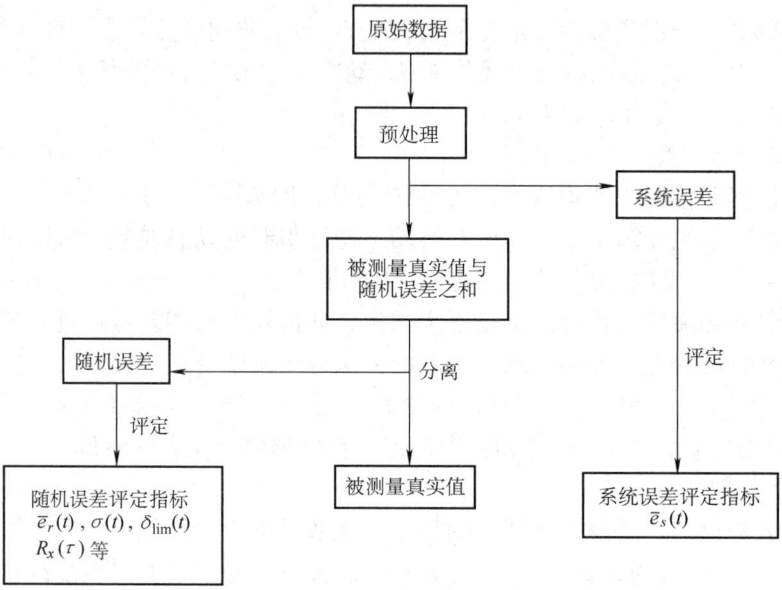

图 7-36

四、动态测试误差的评定

动态测试误差的评定就是根据测量数据确定表征误差大小和其他特性的参数，并称为评定指标。

随机过程是动态测试误差最一般的形式。因此，原则上可以用随机过程的评定参数来评定动态测试误差。与静态测量误差一样，动态测试误差按性质同样也应分为系统误差和随机误差两类来分别评定，有时还需处理偶尔含有的粗大误差。

实际处理动态测试误差时一般要对连续数据进行离散化等间隔采样。对于 n 个样本，若测量全过程时间为 T，采样间隔为 Δ。每个样本得到 $N+1$ 个动态测试数据，$N=T/\Delta$，得到 $n(N+1)$ 个动态测试数据组成的序列

$$x_{11}, x_{12}, \cdots, x_{1N}, x_{1(N+1)}; x_{21}, x_{22}, \cdots, x_{2N}, x_{2(N+1)}, \cdots; x_{n1}, x_{n2}, \cdots, x_{nN}, x_{n(N+1)}$$

由于动态测试误差表现为随机过程，故可按其各态历经性，将其评定指标分别按总体平均和时间平均两种类型来估计。实用中多数采用数字计算的离散形式。且视不同情况，评定指标可能是确定性的时变量，也可能是常数。

1. 动态测试系统误差的评定参数

动态测试的系统误差具有确定性变化规律，既可用误差的均值函数作为评定参数，也可用其均值的最大值作为评定参数。

例 7-9 中的冲击测量系统的动态特性引起的动态误差是系统误差，并表现为确定性的时变函数。如图 7-37 所示，加速度计的不正确安装会引起测量系统共振频率过低，或由于低通滤波上限频率过低都会使测得值中的部分高频成分不适当地增大或丧失，构成加速度测量的系统误差。这一类动态测试误差可用式（7-71）求得的测得值误差作为评定参数。但在实际操作中，由于误差真值的不确知性，可用满足规定准确度的量值（实际值）代替

真值。

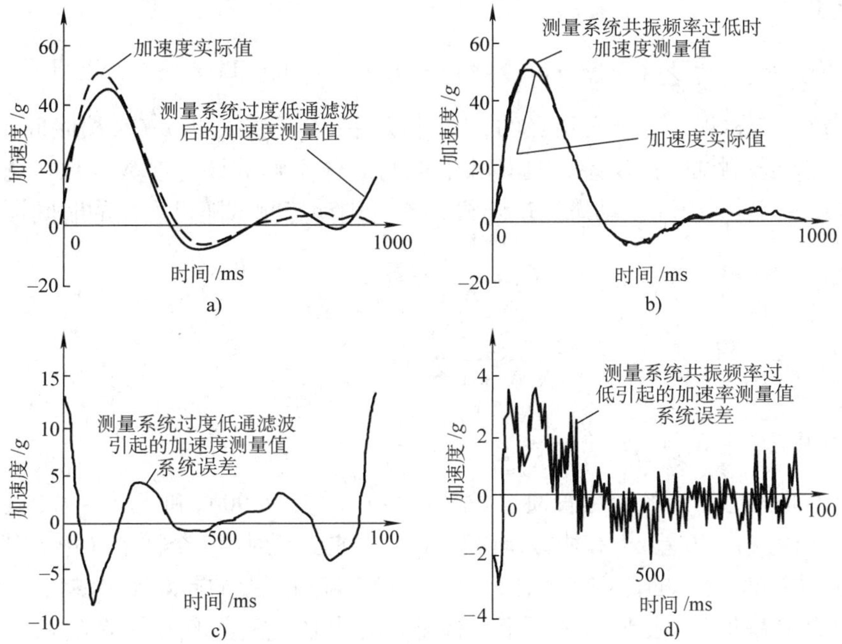

图 7-37

若重复进行 n 次测量，通过测量及数据处理得到 n 个表示该系统误差的确定性时变量，记第 l 个样本中含有 N 个系统误差的第 i 个为 e_{sli}，则应把它们的算术平均值 m_{si} 或最大值 m_{sm}

$$m_{si} = \sum_{l=1}^{n} \frac{e_{sli}}{n},\ i = 1,\ 2,\ \cdots,\ N \tag{7-83}$$

$$m_{sim}(t) = \max_{l=1}^{n} \{e_{sli}\},\ i = 1,\ 2,\ \cdots,\ N \tag{7-84}$$

作为评定参数。这里下标 s 表示系统误差。$\max\limits_{l=1}^{n} \{e_{sli}\}$ 表示在 n 个 e_{sli} 中取绝对值最大的那个值。

通常按式（7-71）减去（约定）真值后求得的各条重复测量曲线的算术平均值曲线，所得结果反映了误差的平均变化规律，可以此为依据来确定总的系统误差评定参数。

2. 动态测试随机误差的评定参数

对于多次重复测量的动态测试误差，若各次测量相互独立且测量条件相同，则可以选取若干随机过程总体平均的评定参数，作为动态测试随机误差的评定参数。

若进行了 n 次重复的动态测试，记 e_{rli} 和 e_{rlj} 分别是第 l 个样本中第 i 个和第 j 个动态测试随机误差，$l \in [1,\ n]$，$i,\ j \in [1,\ N+1]$。这里下标 r 表示随机误差。则动态测试随机误差的总体评定参数为

总体均值
$$m_{ri} = \frac{1}{n} \sum_{l=1}^{n} e_{rli} \tag{7-85}$$

总体标准差
$$\sigma_i = \sqrt{\frac{1}{n-1} \sum_{l=1}^{n} (e_{rli} - m_{ri})^2} \tag{7-86}$$

总体极限误差 $\delta_{\lim i}=k_P\sigma_i$ （一般 $k_P=3$） （7-87）

总体协方差

$$R_{i,j}=\frac{1}{n-1}\sum_{l=1}^{n}[(e_{rli}-m_{ri})(e_{rlj}-m_{ri})],\ i,j=1,2,\cdots,N+1 \tag{7-88}$$

如果动态测试随机误差是各态历经的，则可以用一个误差样本 $e_r(t)$ 按时间平均的误差评定参数来评定动态测试随机误差，且其数值应与总体平均的评定参数一致。记 e_{ri} 和 e_{ji} 是任意一个样本中第 i 个和第 j 个动态测试随机误差，则动态测试随机误差的时间评定参数为

时间均值 $$\bar{e}_r=\frac{1}{N+1}\sum_{i=1}^{N+1}e_{ri} \tag{7-89}$$

时间平均方差 $$\sigma^2=\frac{1}{N+1}\sum_{i=1}^{N+1}(e_{ri}-\bar{e}_r)^2 \tag{7-90}$$

时间平均协方差 $$R_j=\frac{1}{N-j+1}\sum_{i=1}^{N-j+1}[(e_{ri}-\bar{e}_r)(e_{r(i+j)}-\bar{e}_r)] \tag{7-91}$$

如果误差不是各态历经的，尽管通过式（7-89）、式（7-90）和式（7-91）也能求出第 l 个样本的时间均值 $\bar{e}_{rl}$、方差 σ_l^2 和协方差函数 R_{lj}。但它们只对第 l 个样本（第 l 次动态测试）有意义，而还不能作为总体的评定参数，只可作平稳性随机误差的局部评定参数。

在实际评定中并非必须把所有的评定指标都计算出来。究竟采用那些指标，不但要考虑动态测试误差的表现形式，而且要具体考虑误差评定的目的。如果误差评定后还要进行合成，则必须求出协方差参数。

例 7-10 设例 7-9 中的加速度测量误差经 6 次重复测量和处理后得到动态测试误差的 6 个样本，如图 7-35（6 条细折线与粗虚线的纵坐标代数差）。对它进行离散化。由于滤波器的上限频率为 10kHz，根据采样定理式（7-74），采样频率最好大于 40kHz，故确定采样间隔$\Delta=0.01$ms，得到 6 个长度均为 1001 的离散误差序列，部分数据见表 7-3。根据式（7-85）~式（7-90），取 $n=6$，$N=1000$，则动态测试随机误差的部分评定参数计算举例如下：

时间为 5×10^{-2}ms（以下简称时间 5）的总体均值

$$m_{r5}=\frac{1}{6}\sum_{l=1}^{6}e_{rl5}=[-1.129+0.444+\cdots+(-2.848)]g=-1.340g$$

时间 8 的总体标准差

$$\sigma_8=\sqrt{\frac{1}{6-1}\sum_{l=1}^{6}(e_{rl8}-m_{r8})^2}=\sqrt{\frac{1}{5}\left[(-0.858+1.549)^2+\cdots+(-1.632+1.549^2)\right]}g=0.856g$$

时间为 3 的总体误差下限 $m_{r3}-3\sigma_3=(-1.462-3\times1.879)g=-7.099g$

时间为 3 的总体误差上限 $m_{r3}+3\sigma_3=(-1.462+3\times1.879)g=4.175g$

第 2 次测量的时间均值 $\bar{e}_{r2}=\frac{1}{1001}\sum_{i=1}^{1001}e_{r2i}=[(1.873+1.734+\cdots+1.798)/1001]g=0.106g$

第 2 次测量的时间平均方差

$$\sigma_2^2=\frac{1}{1001}\sum_{i=1}^{1001}(e_{r2i}-\bar{e}_{r2})^2=[(1.873-0.106)^2+\cdots+(1.798-0.106)^2]/1001g^2=4.430g^2$$

所有样本计算结果见表 7-3 和图 7-38。

表 7-3

时间 i/0.01ms	样本 1 e_{r1i}/g	样本 2 e_{r2i}/g	样本 3 e_{r3i}/g	样本 4 e_{r4i}/g	样本 5 e_{r5i}/g	样本 6 e_{r6i}/g	总体均值 m_{ri}/g	总体标准差 σ_i/g	总体误差上下限 $(m_{ri}\pm3\sigma_i)/g$	
									下限	上限
1	-2.048	1.873	-1.518	-1.167	-1.707	-4.586	-1.525	2.065	-7.719	4.670
2	-1.723	1.734	-1.027	-1.644	-1.902	-4.538	-1.517	2.007	-7.539	4.505
3	-1.431	1.397	-0.355	-2.100	-2.090	-4.190	-1.462	1.879	-7.099	4.175
4	-1.231	0.933	0.264	-2.451	-2.274	-3.584	-1.390	1.725	-6.565	3.784
5	-1.129	0.444	0.585	-2.642	-2.449	-2.848	-1.340	1.558	-6.012	3.334
6	-1.080	0.023	0.435	-2.662	-2.591	-2.164	-1.340	1.347	-5.380	2.700
7	-1.013	-0.275	-0.236	-2.548	-2.671	-1.715	-1.410	1.077	-4.641	1.822
8	-0.858	-0.443	-1.328	-2.376	-2.656	-1.632	-1.549	0.856	-4.117	1.020
9	-0.586	-0.517	-2.611	-2.237	-2.527	-1.952	-1.738	0.949	-4.584	1.108
10	-0.220	-0.554	-3.798	-2.211	-2.283	-2.605	-1.945	1.339	-5.962	2.072
⋮	⋮	⋮	⋮	⋮	⋮	⋮	⋮	⋮	⋮	⋮
997	-1.432	1.124	0.361	-0.471	-0.747	-2.792	-0.660	1.372	-4.774	3.455
998	-1.937	1.092	-0.252	-0.381	-0.847	-3.116	-0.907	1.459	-5.285	3.471
999	-2.286	1.280	-0.917	-0.361	-1.036	-3.518	-1.140	1.643	-6.067	3.788
1000	-2.409	1.562	-1.445	-0.478	-1.265	-3.962	-1.333	1.855	-6.897	4.231
1001	-2.309	1.798	-1.671	-0.756	-1.495	-4.355	-1.465	2.013	-7.503	4.574
时间均值 $\bar{e}_r/g$	-0.124	0.106	0.034	0.057	-0.020	-0.054				
时间平均方差 σ_l^2/g^2	3.539	4.430	3.858	4.366	3.698	3.964				

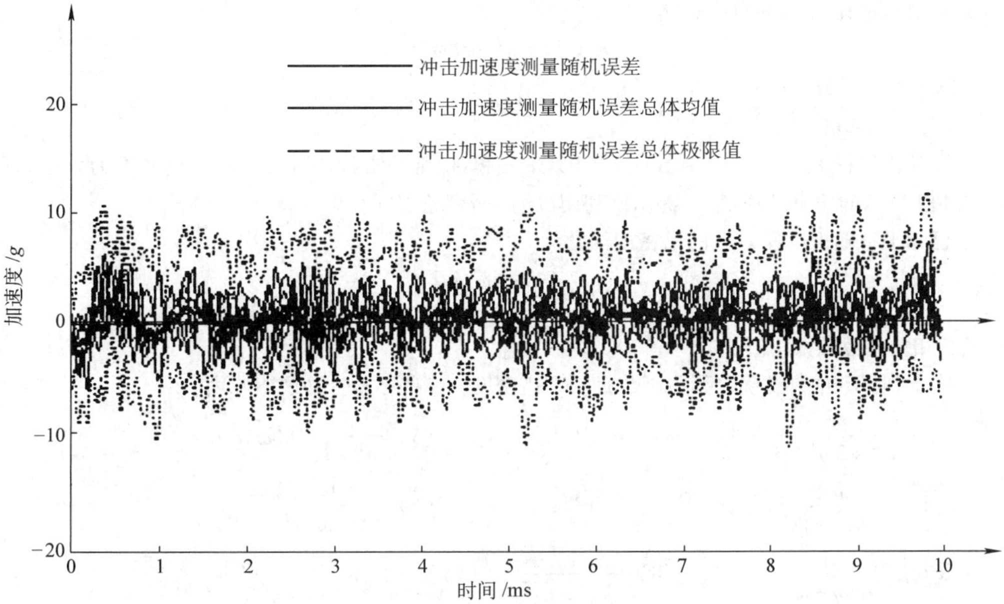

图 7-38

习　题

7-1　有如图 7-39 所示的连续锯齿波信号，求其频谱，并作幅值频谱图。

7-2　有如图 7-40 所示的单个锯齿波信号，求其频谱，并作幅值频谱图。

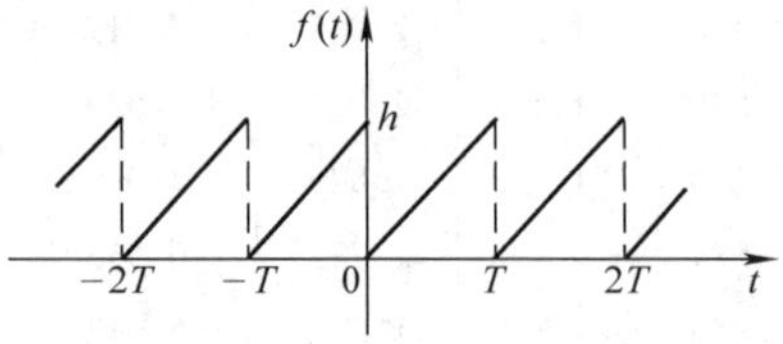

图　7-39

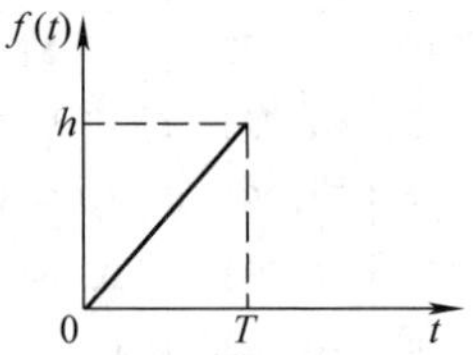

图　7-40

7-3　随机过程 $x(t)$ 为

$$x(t)=A\cos(\omega_0 t+\varphi)$$

式中，ω_0 为常数；A 和 φ 是两个独立的随机变量。

概率密度分别为

$$f(A)=1,0\leqslant A\leqslant 1;f(\varphi)=1/(2\pi),0\leqslant\varphi\leqslant 2\pi$$

求 $x(t)$ 的均值 $m_x(t)$，方均值 $\psi_x^2(t)$，方差 $D_x(t)$，自相关函数 $R_x(t,\ t+\tau)$ 和标准自相关函数 $\rho_x(t,\ t+\tau)$，并判断 $x(t)$ 是否属平稳随机过程。

7-4　写出维纳—辛钦公式的表达式，并说明该定理在谱估计中的作用。

7-5　有一随机相位正弦波

$$x(t)=a\sin(\Omega_0 t+\varphi)$$

式中，a、Ω_0 均为常数；φ 是一随机变量，在 $0\sim 2\pi$ 内服从均匀分布，即

$$p(\varphi)=\begin{cases}\dfrac{1}{2\pi} & 0\leqslant\varphi\leqslant 2\pi\\ 0 & \text{其他}\end{cases}$$

试求其均值、自相关函数和功率谱密度。

7-6　设平稳过程 $X(t)$ 的自相关函数为

$$R_x(\tau)=a^2\cos(\omega_0\tau)$$

式中，a 和 ω_0 均为常数。

求该过程的功率谱密度。

7-7　设随机过程 $Y(t)=aX(t)\sin(\omega_0\tau)$，其中 a 和 ω_0 都是常数，$X(t)$ 是功率谱密度为 $S_X(\omega)$ 的平稳过程。求过程 $Y(t)$ 的功率谱密度。（提示：利用维纳—辛钦公式）

7-8　已知平稳随机过程 $x(t)$ 的谱密度函数为

$$S(\omega)=\frac{\omega^2+2}{\omega^4+5\omega^2+6}$$

求 $x(t)$ 的自相关函数及方均值。

7-9　在下列函数中，试确定哪些函数是功率谱密度？哪些不是？并说明原因。

（1）$\dfrac{\omega^2}{\omega^6+3\omega^2+3}$；　（2）$e^{-(\omega-1)^2}$；　（3）$\dfrac{\omega^2}{\omega^4+1}-\delta(\omega)$；

（4）$\dfrac{\omega^4}{1+\omega^2+j\omega^6}$；　（5）$\dfrac{\cos 3\omega}{1+\omega^2}$；　（6）$\dfrac{1}{(1+\omega^2)^2}$；

（7）$\dfrac{|\omega|}{1+2\omega+\omega^2}$；　（8）$\dfrac{1}{\sqrt{1-3\omega^2}}$

7-10　下列有理函数是否是功率谱密度的正确表达式？为什么？

$$S_1(\omega)=\frac{\omega^2+9}{(\omega^2+4)(\omega+1)^2};\qquad S_2(\omega)=\frac{\omega^2+1}{\omega^4+5\omega^2+6};$$

$$S_3(\omega)=\frac{\omega^2+4}{\omega^4-4\omega^2+3};\qquad S_4(\omega)=\frac{e^{-j\omega^2}}{\omega^2+2}$$

并且，对正确的功率谱密度表达式，求自相关函数和方均值。

7-11　随机过程为

$$x(t)=A\cos(\omega_0 t+\varphi)$$

式中，A、ω_0 为常数；φ 为区间［0，π/2］上均匀分布的随机变量。

求 $x(t)$的平均功率。

7-12　有一随机振幅正弦波 $x(t)=A\sin\Omega_0 t$，式中 Ω_0 为常数，A 是正态随机变量，且 $A\sim N(0,\sigma^2)$，试讨论 $x(t)$的平稳性及各态历经性。

7-13　电网监测站对电压进行连续 6 天的观测，每天仪器记录的曲线见图 7-41。求此电压过程的均值、方差和自协方差函数。用这些特征量分析电压变化的统计规律。

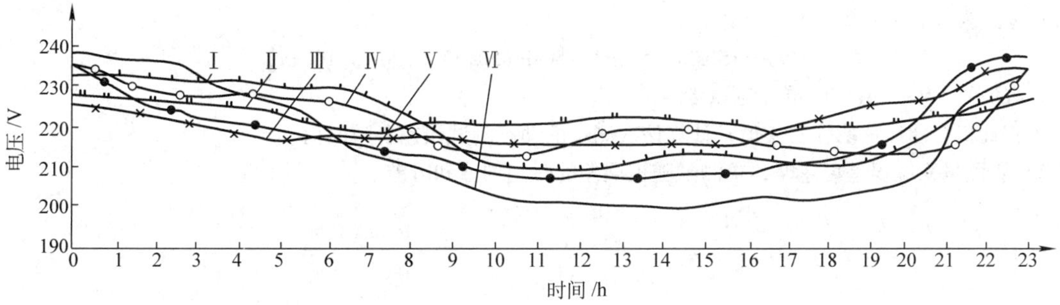

图　7-41

7-14　试采用周期图法计算图 7-41 中曲线Ⅲ的功率谱密度估计值。

7-15　在橡胶厂的胶带生产流水线上，对胶带的厚度进行测量。假设测得的数据为各态历经随机过程。现有记录纸上的一段曲线，见图 7-42。试估计胶带厚度的平均值及厚度的波动。

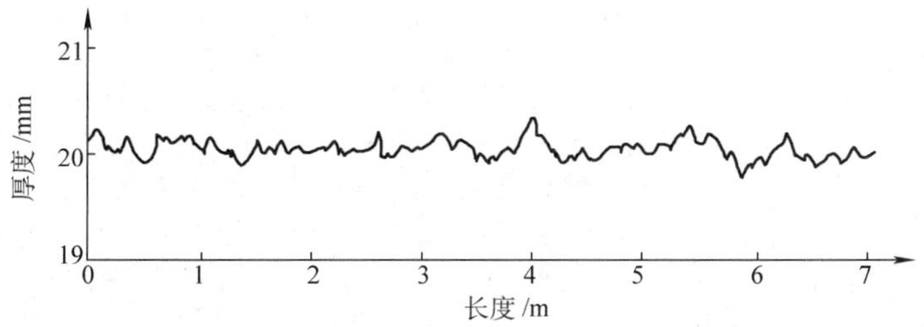

图　7-42

7-16　试以采用间隔为 0.05mm，采用自相关法计算图 7-42 中胶带厚度的功率谱密度。

7-17　使用书中表 7-3 前 10 行数据，计算冲击加速度动态测试随机误差的总体协方差 $R_{1,5}$ 和 $R_{3,3}$。

7-18　设有质量—弹簧系统如图 7-43a 所示，现基础下方受到一个垂直向上的半正弦波加速度冲击激励，如图 7-43b 所示，用数字记忆示波器测得 m 的冲击加速度响应 $a(t)$数值为

时间 t/s	0.001	0.002	0.003	0.004	0.005
加速度 $a(t)$/$m\cdot s^{-2}$	87	163	207	205	174
时间 t/s	0.006	0.007	0.008	0.009	0.010
加速度 $a(t)$/$m\cdot s^{-2}$	102	11	−78	−149	−197

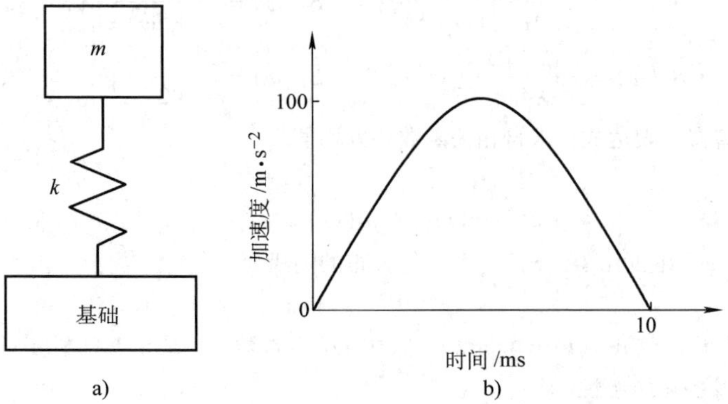

图 7-43

1）已知该质量—弹簧系统的自振频率为25Hz，通过理论推导后进行曲线拟合，m 的冲击加速度响应 a（t）公式为（π 为圆周率）：

$$a(t)=150\sin(150\pi t)-50\sin(50\pi t)+100\sin(100\pi t)$$

式中，t 的单位为 s；$a(t)$的单位为 m/s^2。

若将此拟合曲线值取作真实值，计算该次测量的动态测试误差各瞬时值。

2）若测量系统误差可忽略，求测量随机误差的时间均值和方差。

附　　录

附表 1　正态分布积分表

$$\Phi(t) = \frac{1}{\sqrt{2\pi}}\int_0^t e^{-t^2/2}\mathrm{d}t$$

t	$\Phi(t)$	t	$\Phi(t)$	t	$\Phi(t)$	t	$\Phi(t)$
0.00	0.0000	0.75	0.2734	1.50	0.4332	2.50	0.4938
0.05	0.0199	0.80	0.2881	1.55	0.4394	2.60	0.4953
0.10	0.0398	0.85	0.3023	1.60	0.4452	2.70	0.4965
0.15	0.0596	0.90	0.3159	1.65	0.4505	2.80	0.4974
0.20	0.0793	0.95	0.3289	1.70	0.4554	2.90	0.4981
0.25	0.0987	1.00	0.3413	1.75	0.4599	3.00	0.49865
0.30	0.1179	1.05	0.3531	1.80	0.4641	3.20	0.49931
0.35	0.1368	1.10	0.3643	1.85	0.4678	3.40	0.49966
0.40	0.1554	1.15	0.3749	1.90	0.4713	3.60	0.499841
0.45	0.1736	1.20	0.3849	1.95	0.4744	3.80	0.499928
0.50	0.1915	1.25	0.3944	2.00	0.4772	4.00	0.499968
0.55	0.2088	1.30	0.4032	2.10	0.4821	4.50	0.499997
0.60	0.2257	1.35	0.4115	2.20	0.4861	5.00	0.49999997
0.65	0.2422	1.40	0.4192	2.30	0.4893		
0.70	0.2580	1.45	0.4265	2.40	0.4918		

附表 2　χ^2 分布表

$P(\chi^2 \geqslant \chi_\alpha^2) = \alpha$ 的 χ^2 值

（ν：自由度　α：显著信度）

ν	α				ν	α			
	0.1	0.02	0.05	0.01		0.1	0.02	0.05	0.01
1	2.71	5.41	3.84	6.64	16	23.54	29.63	26.30	32.00
2	4.61	7.82	5.99	9.21	17	24.77	31.00	27.59	33.41
3	6.25	9.84	7.82	11.34	18	25.99	32.35	28.87	34.81
4	7.78	11.67	9.49	13.28	19	27.20	33.69	30.14	36.19
5	9.24	13.39	11.07	15.09	20	28.41	35.02	31.41	37.57
6	10.61	15.03	12.59	16.81	21	29.62	36.34	32.67	38.93
7	12.02	16.62	14.07	18.48	22	30.81	37.66	33.92	40.29
8	13.36	18.17	15.51	20.09	23	32.00	38.97	35.17	41.64
9	14.68	19.68	16.92	21.67	24	33.20	40.27	36.42	42.98
10	15.99	21.16	18.31	23.21	25	34.38	41.57	37.65	44.31
11	17.28	22.62	19.68	24.73	26	35.56	42.86	38.89	45.64
12	18.55	24.05	21.03	26.22	27	36.71	44.14	40.11	46.96
13	19.81	25.47	22.36	27.69	28	37.92	45.42	41.34	48.28
14	20.06	26.87	23.69	29.14	29	39.09	46.70	42.56	49.59
15	22.31	28.26	25.00	30.58	30	40.26	47.96	43.77	50.89

附表 3　t 分布表

$P(|t| \geqslant t_{\alpha}) = \alpha$ 的 t_{α} 值

（ν：自由度　α：显著度）

ν	α			ν	α		
	0.05	0.01	0.0027		0.05	0.01	0.0027
1	12.71	63.66	235.80	20	2.09	2.85	3.42
2	4.30	9.92	19.21	21	2.08	2.83	3.40
3	3.18	5.84	9.21	22	2.07	2.82	3.38
4	2.78	4.60	6.62	23	2.07	2.81	3.36
5	2.57	4.03	5.51	24	2.06	2.80	3.34
6	2.45	3.71	4.90	25	2.06	2.79	3.33
7	2.36	3.50	4.53	26	2.06	2.78	3.32
8	2.31	3.36	4.28	27	2.05	2.77	3.30
9	2.26	3.25	4.09	28	2.05	2.76	3.29
10	2.23	3.17	3.96	29	2.05	2.76	3.28
11	2.20	3.11	3.85	30	2.04	2.75	3.27
12	2.18	3.05	3.76	40	2.02	2.70	3.20
13	2.16	3.01	3.69	50	2.01	2.68	3.16
14	2.14	2.98	3.64	60	2.00	2.66	3.13
15	2.13	2.95	3.59	70	1.99	2.65	3.11
16	2.12	2.92	3.54	80	1.99	2.64	3.10
17	2.11	2.90	3.51	90	1.99	2.63	3.09
18	2.10	2.88	3.48	100	1.98	2.63	3.08
19	2.09	2.86	3.45	∞	1.96	2.58	3.00

附表 4　F 分布表

$P(F \geqslant F_{\alpha}) = \alpha$ 的 F_{α} 值(1)

$\alpha = 0.10$

ν_2	ν_1									
	1	2	3	4	5	6	8	12	24	∞
1	39.86	49.50	53.59	55.83	57.24	58.20	59.44	60.70	62.00	63.33
2	8.53	9.00	9.16	9.24	9.29	9.33	9.37	9.41	9.45	9.49
3	5.54	5.46	5.39	5.34	5.31	5.28	5.25	5.22	5.18	5.13
4	4.54	4.32	4.19	4.11	4.05	4.01	3.95	3.90	3.83	3.76
5	4.06	3.78	3.62	3.52	3.45	3.40	3.34	3.27	3.19	3.10
6	3.78	3.46	3.29	3.18	3.11	3.05	2.98	2.90	2.82	2.72
7	3.59	3.26	3.07	2.96	2.88	2.83	2.75	2.67	2.58	2.47
8	3.46	3.11	2.92	2.81	2.73	2.67	2.59	2.50	2.40	2.29
9	3.36	3.01	2.81	2.69	2.61	2.55	2.47	2.38	2.28	2.16
10	3.28	2.92	2.73	2.61	2.52	2.46	2.38	2.28	2.18	2.06
11	3.23	2.86	2.66	2.54	2.45	2.39	2.30	2.21	2.10	1.97
12	3.18	2.81	2.61	2.48	2.39	2.33	2.24	2.15	2.04	1.90
13	3.14	2.76	2.56	2.43	2.35	2.28	2.20	2.10	1.98	1.85
14	3.10	2.73	2.52	2.39	2.31	2.24	2.15	2.05	1.94	1.80
15	3.07	2.70	2.49	2.36	2.27	2.21	2.12	2.02	1.90	1.76
16	3.05	2.67	2.46	2.33	2.24	2.18	2.09	1.99	1.87	1.72
17	3.03	2.64	2.44	2.31	2.22	2.15	2.06	1.96	1.84	1.69
18	3.01	2.62	2.42	2.29	2.20	2.13	2.04	1.93	1.81	1.66

（续）

ν_2	ν_1									
	1	2	3	4	5	6	8	12	24	∞
19	2.99	2.61	2.40	2.27	2.18	2.11	2.02	1.91	1.79	1.63
20	2.97	2.59	2.38	2.25	2.16	2.09	2.00	1.89	1.77	1.61
21	2.96	2.57	2.36	2.23	2.14	2.08	1.98	1.88	1.75	1.59
22	2.95	2.56	2.35	2.22	2.13	2.06	1.97	1.86	1.73	1.57
23	2.94	2.55	2.34	2.21	2.11	2.05	1.95	1.84	1.72	1.55
24	2.93	2.54	2.33	2.19	2.10	2.04	1.94	1.83	1.70	1.53
25	2.92	2.53	2.32	2.18	2.09	2.02	1.93	1.82	1.69	1.52
26	2.91	2.52	2.31	2.17	2.08	2.01	1.92	1.81	1.68	1.50
27	2.90	2.51	2.30	2.17	2.07	2.00	1.91	1.80	1.67	1.49
28	2.89	2.50	2.29	2.16	2.06	2.00	1.90	1.79	1.66	1.48
29	2.89	2.50	2.28	2.15	2.06	1.99	1.89	1.78	1.65	1.47
30	2.88	2.49	2.28	2.14	2.05	1.98	1.88	1.77	1.64	1.46
40	2.84	2.44	2.23	2.09	2.00	1.93	1.83	1.71	1.57	1.38
60	2.79	2.39	2.18	2.04	1.95	1.97	1.77	1.66	1.51	1.29
120	2.75	2.35	2.13	1.99	1.90	1.82	1.72	1.60	1.45	1.19
∞	2.71	2.30	2.08	1.94	1.85	1.77	1.67	1.55	1.38	1.00

$P(F \geqslant F_a) = \alpha$ 的 F_a 值(2)

$\alpha = 0.05$

ν_2	ν_1									
	1	2	3	4	5	6	8	12	14	∞
1	161.4	199.5	215.7	224.6	230.2	234.0	238.9	243.9	249.0	254.3
2	18.51	19.00	19.16	19.25	19.30	19.33	19.37	19.41	19.45	19.50
3	10.13	9.55	9.28	9.12	9.01	8.94	8.84	8.74	8.64	8.53
4	7.71	6.94	6.59	9.39	6.26	6.16	6.04	5.91	5.77	5.63
5	6.61	5.79	5.41	5.19	5.05	4.95	4.82	4.68	4.53	4.36
6	5.99	5.14	4.76	4.53	4.39	4.28	4.15	4.00	3.84	3.67
7	5.59	4.74	4.35	4.12	3.97	3.87	3.73	3.57	3.41	3.23
8	5.32	4.46	4.07	3.84	3.69	3.58	3.44	3.28	3.12	2.93
9	5.12	4.26	3.86	3.63	3.48	3.37	3.23	3.07	2.90	2.71
10	4.96	4.10	3.71	3.48	3.33	3.22	3.07	2.91	2.74	2.54
11	4.84	3.98	3.59	3.36	3.20	3.09	2.95	2.79	2.61	2.40
12	4.75	3.88	3.49	3.26	3.11	3.00	2.85	2.69	2.50	2.30
13	4.67	3.80	3.41	3.18	3.02	2.92	2.77	2.60	2.42	2.21
14	4.60	3.74	3.34	3.11	2.96	2.85	2.70	2.53	2.35	2.13
15	4.54	3.68	3.29	3.06	2.90	2.79	2.64	2.48	2.29	2.07
16	4.49	3.63	3.24	3.01	2.85	2.74	2.59	2.42	2.24	2.01
17	4.45	3.59	3.20	2.96	2.81	2.70	2.55	2.38	2.19	1.96
18	4.41	3.55	3.16	2.93	2.77	2.66	2.51	2.34	2.15	1.92
19	4.38	3.52	3.13	2.90	2.74	2.63	2.48	2.31	2.11	1.88
20	4.35	3.49	3.10	2.87	2.71	2.60	2.45	2.28	2.08	1.84
21	4.32	3.47	3.07	2.84	2.68	2.57	2.42	2.25	2.05	1.81
22	4.30	3.44	3.05	2.82	2.66	2.55	2.40	2.23	2.03	1.78

（续）

ν_2	ν_1									
	1	2	3	4	5	6	8	12	14	∞
23	4.28	3.42	3.03	2.80	2.64	2.53	2.38	2.20	2.00	1.76
24	4.26	3.40	3.01	2.78	2.62	2.51	2.36	2.18	1.98	1.73
25	4.24	3.38	2.99	2.76	2.60	2.49	2.34	2.16	1.96	1.71
26	4.22	3.37	2.98	2.74	2.59	2.47	2.32	2.15	1.95	1.69
27	4.21	3.35	2.96	2.73	2.57	2.46	2.30	2.13	1.93	1.67
28	4.20	3.34	2.95	2.71	2.56	2.44	2.29	2.12	1.91	1.65
29	4.18	3.33	2.93	2.70	2.54	2.43	2.28	2.10	1.90	1.64
30	4.17	3.32	2.92	2.69	2.53	2.42	2.27	2.09	1.89	1.62
40	4.08	3.23	2.84	2.61	2.45	2.34	2.18	2.00	1.79	1.51
60	4.00	3.15	2.76	2.52	2.37	2.25	2.10	1.92	1.70	1.39
120	3.92	3.07	2.68	2.45	2.29	2.17	2.02	1.83	1.61	1.25
∞	3.84	2.99	2.60	2.37	2.21	2.10	1.94	1.75	1.52	1.00

$P(F \geqslant F_a)=\alpha$ 的 F_a 值(3)

$\alpha=0.01$

ν_2	ν_1									
	1	2	3	4	5	6	8	12	24	∞
1	4052	4999	5403	5625	5764	5859	5982	6106	6234	6366
2	98.50	99.00	99.17	99.25	99.30	99.33	99.37	99.42	99.46	99.50
3	34.12	30.82	29.46	28.71	28.24	27.91	27.49	27.05	26.60	26.12
4	21.20	18.00	16.69	15.98	15.52	15.21	14.80	14.37	13.93	13.46
5	16.26	13.27	12.06	11.39	10.97	10.67	10.29	9.89	9.47	9.02
6	13.74	10.92	9.78	9.15	8.75	8.47	8.10	7.72	7.31	6.88
7	12.25	9.55	8.45	7.85	7.46	7.19	6.84	6.47	6.07	5.65
8	11.26	8.65	7.59	7.01	6.63	6.37	6.03	5.67	5.28	4.86
9	10.56	8.02	6.99	6.42	6.06	5.80	5.47	5.11	4.73	4.31
10	10.04	7.56	6.55	5.99	5.64	5.39	5.06	4.71	4.33	3.91
11	9.65	7.20	6.22	5.67	5.32	5.07	4.74	4.40	4.02	3.60
12	9.33	6.93	5.95	5.41	5.06	4.82	4.50	4.16	3.78	3.36
13	9.07	6.70	5.74	5.20	4.86	4.62	4.30	3.96	3.59	3.16
14	8.86	6.51	5.56	5.03	4.69	4.46	4.14	3.80	3.43	3.00
15	8.68	6.36	5.42	4.89	4.56	4.32	4.00	3.67	3.29	2.87
16	8.58	6.23	5.29	4.77	4.44	4.20	3.89	3.55	3.18	2.75
17	8.40	6.11	5.18	4.67	4.34	4.10	3.79	3.45	3.08	2.65
18	8.28	6.01	5.09	4.58	4.25	4.01	3.71	3.37	3.00	2.57
19	8.18	5.93	5.01	4.50	4.17	3.94	3.63	3.30	2.92	2.49
20	8.10	5.85	4.94	4.43	4.10	3.87	3.56	3.23	2.86	2.42
21	8.02	5.78	4.87	4.37	4.04	3.81	3.51	3.17	2.80	2.36
22	7.94	5.72	4.82	4.31	3.99	3.76	3.45	3.12	2.75	2.31

（续）

ν_2	ν_1									
	1	2	3	4	5	6	8	12	24	∞
23	7. 88	5. 66	4. 76	4. 26	3. 94	3. 71	3. 41	3. 07	2. 70	2. 26
24	7. 82	5. 61	4. 72	4. 22	3. 90	3. 67	3. 36	3. 03	2. 66	2. 21
25	7. 77	5. 57	4. 68	4. 18	3. 86	3. 63	3. 32	2. 99	2. 62	2. 17
26	7. 72	5. 53	4. 64	4. 14	3. 82	3. 59	3. 29	2. 96	2. 58	2. 13
27	7. 68	5. 49	4. 60	4. 11	3. 78	3. 56	3. 26	2. 93	2. 55	2. 10
28	7. 64	5. 45	4. 57	4. 07	3. 75	3. 53	3. 23	2. 90	2. 52	2. 06
29	7. 60	5. 42	4. 54	4. 04	3. 73	3. 50	3. 20	2. 87	2. 49	2. 03
30	7. 56	5. 39	4. 51	4. 02	3. 70	3. 47	3. 17	2. 84	2. 47	2. 01
40	7. 31	5. 18	4. 31	3. 83	3. 51	3. 29	2. 99	2. 66	2. 29	1. 80
60	7. 08	4. 98	4. 13	3. 65	3. 34	3. 12	2. 82	2. 50	2. 12	1. 60
120	6. 85	4. 79	3. 95	3. 48	3. 17	2. 96	2. 66	2. 34	1. 95	1. 38
∞	6. 64	4. 60	3. 78	3. 32	3. 02	2. 80	2. 51	2. 18	1. 79	1. 00

参考文献

[1] 张世英，刘智敏. 测量实践的数据处理［M］. 北京：科学出版社，1977.

[2] 肖明耀. 实验误差估计与数据处理［M］. 北京：科学出版社，1980.

[3] 力值与硬度计量手册编写组. 力值与硬度计量手册［M］. 北京：科学出版社，1978.

[4] 中国科学院数学研究所统计组. 常用数理统计方法［M］. 北京：科学出版社，1973.

[5] 中国科学院数学研究所数理统计组. 回归分析方法［M］. 北京：科学出版社，1975.

[6] 上海师范大学概率统计组. 回归分析及其试验设计［M］. 上海：上海教育出版社，1978.

[7] 戴维斯. 自适应控制的系统识别［M］. 潘裕焕，译. 北京：科学出版社，1977.

[8] 星谷胜. 随机振动分析［M］. 常宝琦，译. 北京：地震出版社，1977.

[9] 贝达特 J S，皮尔索 A G. 随机数据分析方法［M］. 凌福根，译. 北京：国防工业出版社，1976.

[10] 应怀樵. 波形和频谱分析与随机数据处理［M］. 北京：中国铁道出版社，1984.

[11] BIPM – IEC – IFCC – ISO – IUPAP – OIML. Guide to the Expression of Uncertainty in Measurement (GUM). ISO，1995.

[12] 刘智敏. 不确定度原理［M］. 北京：中国计量出版社，1993.

[13] 刘智敏，刘风. 现代不确定度方法与应用［M］. 北京：中国计量出版社，1997.

[14] 沙定国，刘智敏. 测量不确定度的表示方法［M］. 北京：中国科学技术出版社，1994.

[15] 宗孔德，胡广出. 数字信号处理［M］. 北京：清华大学出版社，1988.

[16] 王宏禹. 随机数字信号处理［M］. 北京. 科学出版社，1988.

[17] 林洪桦. 动态测试数据处理［M］. 北京：北京理工大学出版社，1995.

[18] 李桂成，等. 测量误差与数据处理原理［M］. 长春：吉林大学出版社，1991.

[19] 吴伯修，等. 信息论与编码［M］. 北京：电子工业出版社，1987.

[20] 格拉诺夫斯基 B A. 动态测量［M］. 傅烈堂，等译. 北京：中国计量出版社，1989.

[21] 费业泰，刘小君. 精密仪器随机误差分离与修正技术的研究［J］. 仪器仪表学报. 1990 (2).

[22] 杨立钦，顾岚. 时间序列分析与动态数据建模［M］. 北京：北京理工大学出版社，1988.

[23] 安鸿志. 时间序列的分析与应用［M］. 北京：科学出版社，1983.

[24] 王江. 现代计量测试技术［M］. 北京：中国计量出版社，1990.

[25] 林明邦，赵鸿林. 机械量测量［M］. 北京：机械工业出版社，1992.

[26] 潘锋. 自动量仪动态精度［M］. 北京：机械工业出版社，1983.

[27] 别里涅茨 B C. 冲击加速度的测量［M］. 董显荃，等译. 北京：新时代出版社，1982.

[28] Shestakov A L. Dynamic Error Correction Method. IEEE Tran［J］. On Insdtrument and measurement，1996，45 (1).

[29] 贝达特 J S，皮尔索 A G. 相关分析和谱分析的工程应用［M］. 凌福根，译. 北京：国防工业出版社，1983.

[30] 黄俊钦. 随机信号处理［M］. 北京：北京航空航天大学出版社，1990.

[31] 费业泰. 卢荣胜. 动态测量误差修正原理与技术［M］. 北京：中国计量出版社，2001.

[32] 费业泰. 现代误差理论及其基本问题［J］. 宇航计测技术，1996 (4，5)：2–5.

[33] 刘智敏. 不确定度及其实践［M］. 北京：中国标准出版社，2000.

[34] 王树荣. 李志清. 环境试验［M］. 北京：人民邮电出版社，1988.

[35] 胡少杰. 数字信号与处理理论、算法与实现［M］. 2 版. 北京：清华大学出版社，2003.

[36] 倪育才. 实用测量不确定度评定［M］. 北京：中国计量出版社，2007.

[37] 沙定国. 误差分析与测量不确定度评定［M］. 北京：中国计量出版社，2003.

[38] 秦岚. 误差理论与数据处理习题集与典型题解［M］. 北京：机械工业出版社，2013.

[39] 古天祥，等. 电子测量原理［M］. 北京：机械工业出版社，2004.

[40] 钱政，王中宇，刘桂礼. 测试误差分析与数据处理［M］. 北京：北京航空航天大学出版社，2008.